F 2942

Sibylle Meyer, Rolf G. Heinze, Michael Neitzel, Manuel Sudau, Claus Wedemeier

Technische Assistenzsysteme für ältere Menschen – eine Zukunftsstrategie für die Bau- und Wohnungswirtschaft

Wohnen für ein langes Leben/AAL

F 2942

Bei dieser Veröffentlichung handelt es sich um die Kopie des Abschlussberichtes einer vom Bundesministerium für Verkehr, Bau und Stadtentwicklung -BMVBS- im Rahmen der Forschungsinitiative »Zukunft Bau« geförderten Forschungsarbeit. Die in dieser Forschungsarbeit enthaltenen Darstellungen und Empfehlungen geben die fachlichen Auffassungen der Verfasser wieder. Diese werden hier unverändert wiedergegeben, sie geben nicht unbedingt die Meinung des Zuwendungsgebers oder des Herausgebers wieder.

Dieser Forschungsbericht wurde mit modernsten Hochleistungskopierern auf Einzelanfrage hergestellt.

Die Originalmanuskripte wurden reprotechnisch, jedoch nicht inhaltlich überarbeitet. Die Druckqualität hängt von der reprotechnischen Eignung des Originalmanuskriptes ab, das uns vom Autor bzw. von der Forschungsstelle zur Verfügung gestellt wurde.

© by Fraunhofer IRB Verlag

2015

ISBN 978-3-8167-9466-0

Vervielfältigung, auch auszugsweise, nur mit ausdrücklicher Zustimmung des Verlages.

Fraunhofer IRB Verlag
Fraunhofer-Informationszentrum Raum und Bau

Postfach 80 04 69
70504 Stuttgart

Nobelstraße 12
70569 Stuttgart

Telefon 07 11 9 70 - 25 00
Telefax 07 11 9 70 - 25 08

E-Mail irb@irb.fraunhofer.de

www.baufachinformation.de

www.irb.fraunhofer.de/bauforschung

GdW Endbericht

Technische Assistenzsysteme für ältere Menschen – eine Zukunftsstrategie für die Bau- und Wohnungswirtschaft Wohnen für ein langes Leben/AAL

Autoren:
Dr. Sibylle Meyer
SIBIS Institut für Sozialforschung und Projektberatung GmbH, Berlin

Prof. Dr. Rolf G. Heinze,
Dipl.-Ökonom Michael Neitzel,
Dipl.-Geograf Manuel Sudau,
InWIS GmbH, Bochum

Dr. Claus Wedemeier
GdW Bundesverband deutscher Wohnungs- und Immobilienunternehmen e.V.
(Projektleiter)

Dezember 2014

Herausgeber:
GdW Bundesverband
deutscher Wohnungs- und
Immobilienunternehmen e.V.
Mecklenburgische Straße 57
14197 Berlin
Telefon: +49 (0)30 82403-0
Telefax: +49 (0)30 82403-199

Brüsseler Büro des GdW
3, rue du Luxembourg
1000 Bruxelles
Telefon: +32 2 5 50 16 11
Telefax: +32 2 5 03 56 07

E-Mail: mail@gdw.de
Internet: http://www.gdw.de

© GdW 2015

**Technische Assistenzsysteme für ältere Menschen –
eine Zukunftsstrategie für die Bau- und Wohnungswirtschaft
Wohnen für ein langes Leben/AAL**

Endbericht Wohnen für ein langes Leben/AAL

Autoren:
Dr. Sibylle Meyer
SIBIS Institut für Sozialforschung und Projektberatung GmbH, Berlin

Prof. Dr. Rolf G. Heinze
Dipl.-Ökonom Michael Neitzel
Dipl.-Geograf Manuel Sudau
InWIS GmbH, Bochum

Dr. Claus Wedemeier
GdW Bundesverband deutscher Wohnungs- und
Immobilienunternehmen e.V.
(Projektleiter)

Technische Assistenzsysteme für ältere Menschen – eine Zukunftsstrategie für die Bau- und Wohnungswirtschaft
Wohnen für ein langes Leben/AAL

Zuwendungsempfänger:

GdW Bundesverband deutscher
Wohnungs- und Immobilienunternehmen e.V.

Förderkennzeichen:

II 3-F20-12-1-079/SWD-10.08.18.7-12.49

Der Forschungsbericht wurde mit Mitteln der Forschungsinitiative Zukunft Bau des Bundesinstitutes für Bau-, Stadt- und Raumforschung gefördert.

Die Verantwortung für den Inhalt des Berichtes liegt bei den Autoren.

Vorhabenbezeichnung:

Technische Assistenzsysteme für ältere Menschen – eine Zukunftsstrategie für die Bau- und Wohnungswirtschaft
Kurzbezeichnung: Wohnen für ein langes Leben/AAL

Laufzeit des Vorhabens:

17.12.2012 bis 30.11.2014

Berichtszeitraum:

17.12.2012 bis 30.11.2014

Berlin/Bochum, im Dezember 2014

Inhalt

	Seite
1 Einleitung	1
2 Kurzdarstellung der untersuchten Projekte	5
2.1 Methode und Durchführung der Untersuchung	5
2.2 Laufende Projekte	9
2.2.1 GEWOBAU Erlangen – Modellprojekt "Kurt-Schumacher-Straße"	9
2.2.2 Kreiswohnbau Hildesheim – "Intelligentes Wohnen – ARGENTUM am Ried" in Sarstedt	11
2.2.3 WBG Burgstädt e. G. – Die mitalternde Wohnung	14
2.2.4 Gemeinnützige Baugesellschaft Kaiserslautern AG – Ambient Assisted Living – Wohnen mit Zukunft	18
2.2.5 Gemeinnützige Baugenossenschaft Speyer – Technisch-soziales Assistenzsystem im innerstädtischen Quartier	20
2.2.6 DOGEWO21 Dortmunder Gesellschaft für Wohnen mbH – WohnFortschritt	22
2.2.7 Joseph-Stiftung Bamberg – Wohnen mit Assistenz – Wohnen mit SOPHIA und SOPHITAL	24
2.2.8 degewo Berlin – Sicherheit und Service – SOPHIA Berlin	26
2.2.9 SWB Schönebeck – Selbstbestimmt und Sicher in den eigenen vier Wänden	28
2.2.10 Wohlfahrtswerk Baden-Württemberg – easyCare	30
2.2.11 Joseph-Stiftung/Rheinwohnungsbau GmbH – I-stay@home	33
2.2.12 WEWOBAU eG Zwickau – Technische Assistenz zur Energieoptimierung	35

2.2.13
HWB Hennigsdorfer Wohnungsbaugesellschaft GmbH – Mittendrin – ServiceWohnen ... 38

2.2.14
STÄWOG Städtische Wohnungsgesellschaft Bremerhaven mbH – "LSW – Länger selbstbestimmt Wohnen" ... 40

2.3
Abgeschlossene Projekte ... 42

2.3.1
GEWOBA Potsdam mbH – SmartSenior ... 42

2.3.2
Spar- und Bauverein eG Hannover – STADIWAMI ... 44

2.3.3
GWW Wiesbaden – WohnSelbst ... 46

2.4
Musterwohnungen ... 48

2.4.1
Wohnungsgenossenschaft "eG" Penig – Musterwohnung AlterLeben ... 48

2.4.2
LebensRäume Hoyerswerda e. G. – Musterwohnung WALLI ... 50

2.4.3
Wohnungsgenossenschaft "Fortschritt" Döbeln e. G. – VSWG-Musterwohnung ... 51

2.4.4
WBG Unitas e. G. Leipzig – Musterwohnung AlterLeben ... 52

2.4.5
Nibelungen-Wohnbau-GmbH Braunschweig – Musterwohnung Geniaal beraten ... 53

2.4.6
Wernigeröder Wohnungsgenossenschaft eG – Musterwohnung TECLA ... 54

2.4.7
WG Aufbau Dresden e. G. – Musterwohnung AutAGef ... 55

3
Attraktivität, Nutzung und Wirkung technischer Assistenzsysteme – Evaluation der Projekte aus Nutzersicht 57

3.1
Analysierte Projekte: Datenbasis der Evaluation ... 57

3.1.1
Eingesetzte Techniken und Faktoren ... 61

3.1.2 Bauliche Faktoren	63
3.2 Erwartungen der Nutzer	66
3.3 Attraktivität der Anwendungen	68
3.3.1 Sicherheit	68
3.3.2 Komfort/Alltagsunterstützung	71
3.3.3 Sozialkontakte und Kommunikation	74
3.3.4 Gesundheit und Betreuung	75
3.3.5 Technische Assistenz zur Energieoptimierung	77
3.4 Von der Attraktivität zur regelmäßigen Nutzung	78
3.4.1 Usability	78
3.4.2 Technikkompetenz und Schulung	81
3.4.3 Installation und Wartung	82
3.4.4 Vertrauen in den Vermieter und sozialen Dienstleister	83
3.5 Akzeptanzhemmende Faktoren	83
3.5.1 Mangelnde Information – unbekanntes Angebot	84
3.5.2 Mangelnde Anpassung an individuelle Anforderungen	84
3.5.3 Abstimmung auf Lebensstil und Alltagsgewohnheiten erforderlich	85
3.5.4 Privacy, Datenschutz und Haftungsfragen	86
3.6 Resümee: Von der Forschungsförderung zum Regelangebot?	87

4 Finanzierung und Geschäftsmodelle – Evaluation der Projekte aus ökonomischer Sicht … 91

4.1 Finanzierungsmodelle und -struktur der betrachteten Projekte … 92

4.1.1 Vorüberlegungen zur Kosten- und Finanzierungsstruktur … 92

4.1.2 Darstellung der Kosten- und Finanzierungsstruktur der analysierten Projekte … 98

4.1.3 Zwischenfazit zur ökonomischen Evaluation der analysierten Projekte … 109

4.2 Bausteine von AAL-Geschäftsmodellen … 113

4.2.1 Kundensegmente … 114

4.2.2 Wertangebote … 118

4.2.3 Kommunikations-, Distributions- und Verkaufskanäle … 119

4.2.4 Einnahmequellen … 119

4.2.5 Schlüsselpartnerschaften … 122

4.2.6 Kostenstruktur … 124

4.3 Alternativer Grundaufbau von AAL-Geschäftsmodellen … 126

4.3.1 Klassisches wohnungswirtschaftliches Geschäftsmodell … 127

4.3.2 Klassisches wohnungswirtschaftliches Geschäftsmodell, erweitert um Dienstleistungen … 131

4.3.3 Das Wohnungsunternehmen als Full-Service-Anbieter … 134

4.3.4 Der Technikhersteller als Anbieter von Finanzierungsmodellen … 136

4.3.5 Mieterhaushalte als Eigentümer von Komponenten … 137

4.4 Resümee und weiterführende Ansätze — 138

5 Empfehlungen und Zusammenfassung — 143

5.1 Zukunftsweisende Technikausstattung — 143

5.1.1 Externe Infrastrukturanbindung der Wohngebäude — 143

5.1.2 Infrastruktur in den Wohngebäuden — 143

5.1.3 AAL-Infrastruktur für Gebäude und Wohnung — 145

5.1.4 Umsetzungsstrategien — 146

5.1.5 Aktuelle Entwicklungen bei AAL-Infrastrukturen — 150

5.2 Empfehlungen aus Sicht der Mieter — 155

5.2.1 Technik soll mitaltern: Modularität der Systeme — 156

5.2.2 Einfache Interaktion zwischen Mensch und Technik — 157

5.2.3 Gewünscht: Plug and Play — 158

5.2.4 Stigmatisierung vermeiden — 158

5.2.5 Kulturelle Muster und Lebensstil berücksichtigen — 159

5.2.6 Transparenz, Kontrolle und Datensicherheit gewährleisten — 159

5.2.7 Technische Assistenzsysteme publik machen — 160

5.2.8 Kosten überschaubar halten — 161

5.3 Zusammenfassung: Hoher Nutzen für Mieter, Wohnungswirtschaft und Gesamtgesellschaft — 162

5.3.1 Empfehlungen an Wohnungsunternehmen — 163

5.3.2
Empfehlungen an Technikhersteller/Industrie   166

5.3.3
Empfehlungen an Kranken- und Pflegekassen   167

5.3.4
Empfehlungen an Kommunen   168

5.3.5
Empfehlungen zur Weiterentwicklung des Marktes für technikunterstütztes Wohnen   169

6 Anhang   173

6.1
Grundlagen zu Geschäftsmodellen und zur Geschäftsmodellentwicklung   173

6.2
Fragebogen der Initialerhebung   179

7 Literaturverzeichnis   181

8 Abbildungsverzeichnis   189

9 Tabellenverzeichnis   191

1
Einleitung

Der Wunsch auch im Alter selbstständig zu sein und solange wie möglich in den eigenen vier Wänden zu wohnen, ist in unserer Gesellschaft stark ausgeprägt. Dies zeigt eine Vielzahl von Studien[1]. Bis ins hohe Alter selbstbestimmt leben und an der Gesellschaft partizipieren zu können, ist eine wesentliche Herausforderung des demografischen Wandels. Sie definiert weitreichende Aufgaben für Gesellschaft, Politik und Wohnungswirtschaft, aber auch für die Entwicklung unterstützender Technologien und Dienstleistungen[2].

Wie den Herausforderungen des demografischen Wandels und den Bedürfnissen einer zunehmend alternden Gesellschaft durch bauliche Maßnahmen, technische Assistenzsysteme und adäquate Dienstleistungen begegnet werden sollte, wird seit einigen Jahren unter dem Begriff "Technische Assistenzsysteme" bzw. "Ambient Assisted Living" aufgegriffen. Dieser Bericht geht der Frage nach, wie technische Assistenzsysteme in den Wohnbeständen der Wohnungswirtschaft dazu beitragen können, den Herausforderungen des demografischen Wandels zu begegnen.

Die Fragestellung dieses Berichtes hat in Deutschland bereits Tradition, konnte jedoch bislang nicht hinreichend beantwortet werden. Die entsprechende Forschung geht zurück bis in die 80er-Jahre des letzten Jahrhunderts und bezog sich zunächst auf technische Systeme, die beeinträchtigten Menschen helfen sollten, ein selbstständiges Leben zu führen und/oder einer Erwerbstätigkeit nachzugehen. Der Begriff verweist auf die angloamerikanische Diskussion und eine Definition des amerikanischen "Technology-Related Assistance for Individuals with Disability Act" aus dem Jahre 1988: "Assistive technologies include any item, piece of equipment, or product system, whether acquired commercially off the shelf, modified or customized, that is used to increase, maintain or improve the functional capabilities of individuals with disabilities."[3]

In den 1990er-Jahren verschob sich die Forschungsperspektive von "individuals with disabilities" auf die "Technik im Alter".[4] Erste Anwendungsprojekte für das Wohnen im Alter entstanden nach der Jahrtausendwende, unter anderem in Kaiserslautern, Gifhorn, Kre-

---

[1] zum Beispiel Gohde 2014, BMG 2013, Menning 2007
[2] Bundesregierung 2012
[3] Verza et al. 2006: S. 66
[4] Friesdorf & Heine 2007

feld und Bamberg.[5] Ab 2008 wurde das Themenfeld vom BMBF aufgegriffen und in ein breites Forschungsprogramm "AAL – Ambient Assistive Technologies" übersetzt. Zwischen 2008 und 2012 wurden 54 Konsortialprojekte mit unterschiedlicher Partnerzahl durchgeführt.[6] Parallel zu den Aktivitäten des BMBF engagierten sich weitere Bundes- und Landesministerien.

In jüngerer Zeit werden immer häufiger die Begriffe AAL und Smart Home in einen Zusammenhang gesetzt. "Auf der Basis der klassischen Hausautomation kann unter einem Smart Home die intelligente und komfortorientierte Steuerung für Geräte unterschiedlicher Domänen verstanden werden, wie vor allem dem Energiemanagement, der Sicherheit, der Gesundheit/AAL und des Entertainments."[7] Anders als AAL ist der Begriff Smart Home zwar zunächst auf technische Funktionen ohne damit verbundene Dienstleistungen beschränkt. Gleichwohl greifen AAL und Smart Home auf eine gemeinsame technische Basis zurück. Ein Beispiel ist die Erfassung von Bedürfnissen der Bewohner/-innen durch Sensoren, die neben einer intuitiven Ansteuerung über eine externe Datenanbindung auch weitere Unterstützung durch Dritte ermöglichen.[8] Relevanz erhält eine Verbindung beider Begriffe auch unter dem Aspekt Geschäftsmodellentwicklung, bei dem eine völlig isolierte Betrachtung von Smart Home und AAL kaum mehr möglich ist.

Die deutsche AAL-Forschung fokussierte zunächst auf die Unterstützung älterer Menschen und legte folgende Definition zugrunde: "AAL – Ambient Assistive Technology" steht für Entwicklungen von Assistenzsystemen, die ältere Nutzer und Nutzerinnen in ihren alltäglichen Handlungen so gut wie möglich und nahezu unmerklich unterstützen und ihnen Kontroll- und Steuerleistungen abnehmen. AAL beruht auf dem Einsatz von Informations- und Kommunikationstechnik in den Gegenständen des täglichen Lebens und in der unmittelbaren Wohnung und Wohnumwelt.[9] Diese Fokussierung auf ältere und hochaltrige Menschen wurde 2010 durch die Empfehlung des damaligen AAL-Expertenrats des BMBF in zweierlei Hinsicht erweitert: a) Erweiterung der Perspektive auf alle Altersgruppen und jegliche Einschränkung und b) Erweiterung der technologieorientierten Forschung auf die Perspektive technikgestützter Dienstleistungen: "Technische Assistenzsysteme und flankierende Dienstleistungen (sollten) darauf gerichtet sein, die Potenziale und Ressourcen aller Menschen, also gleichermaßen von jungen und alten, von gesunden und chronisch kranken Personen oder von Menschen mit Behinderungen zu nutzen, sie zu bestärken und ihr Erfahrungswissen in die Gesellschaft einzubinden."[10]. Die hier vorgenommene Einbeziehung technikbasierter Dienstleistungen wurde untermauert durch die DIN SPEC 91280:2012-05 "Klassifikation von AAL Dienstleistungen im Bereich der Wohnung und des direkten Wohnumfeldes". Das von AAL-Experten verfasste Dokument postuliert, "dass nicht nur technische Artefakte und Systeme, sondern vielmehr technikgestützte Dienstleistungen notwendig seien,

---

[5] Meyer & Schulze 2008
[6] BMBF 2012
[7] VDE 2013, S. 47
[8] Vgl. ebenda, S. 12
[9] VDE 2009
[10] AAL-Expertenrat, Meyer et al. 2010

um dem Unterstützungsbedarf älterer und junger Menschen zu begegnen".[11]

Trotz umfangreicher Forschungsanstrengungen und einer Vielzahl von Erprobungsprojekten und Feldstudien fehlt bisher eine umfassende Evaluation der vielen unterschiedlichen technischen Systeme und technikgestützten Dienstleistungen sowie der Anwendungsprojekte, in denen die Technologien eingesetzt und von Mietern erprobt werden. Die Beantwortung der Frage, ob technische Assistenzsysteme und technikgestützte Dienstleistungen tatsächlich dazu beitragen können, die Autonomie im Alter zu stärken, ist aktueller denn je und wird auch im Koalitionsvertrag von CDU/CSU und SPD unter dem Thema "Alter, Gesundheit und Pflege" aufgegriffen.[12] Als richtungsweisend könnte sich die Festlegung erweisen, dass telemedizinische Leistungen, die ältere Menschen in ihrer häuslichen Umgebung in Anspruch nehmen, gefördert und vergütet werden sollen. Konkret wird vorgeschlagen, entsprechende Anwendungen in den Leistungskatalog der Krankenkassen aufzunehmen. Nicht nur Wohnungsunternehmen hoffen nun, dass diese Förderung als wichtiger Beitrag zur Stärkung des Gesundheitsstandortes "Wohnung" beiträgt und damit dem Grundsatz "ambulant vor stationär" stärker entspricht.

Mit Blick auf die Finanzierung technischer Assistenzsysteme in der Wohnung ist zudem positiv, dass die Angebote altersgerechter Begleitung sowie technischer Unterstützungssysteme gefördert und in den Leistungskatalog der Pflegeversicherung aufgenommen werden sollen. Hiervon können wichtige Anreizwirkungen für eine wohnnahe Versorgung ausgehen.

Der im Januar 2014 veröffentlichte Abschlussbericht der vom Bundesministerium für Gesundheit beauftragten Studie "Unterstützung Pflegebedürftiger durch technische Assistenzsysteme" stützt diese Erwartungen. Die Empfehlung der Autoren, das Hilfsmittelverzeichnis der Kassen breiter um technische Assistenzsysteme – auch im Vorfeld einer eingetretenen Pflegebedürftigkeit – zu öffnen[13], geht mit dem Koalitionsvertrag grundsätzlich konform. Auch wird auf die Notwendigkeit der Entwicklung geeigneter Geschäftsmodelle verwiesen.

Bislang werden diese Forderungen noch nicht hinreichend durch die neue Bundesregierung umgesetzt. Positiv ist, dass nach langer Diskussion die im Koalitionsvertrag zur Förderung des generationengerechten Umbaus vorgesehene Auflegung eines neuen Programms "Altersgerecht Umbauen", das mit Investitionszuschüssen ausgestattet und das bestehende KfW-Darlehensprogramm ergänzen soll, erstmals seit 2011 tatsächlich wieder mit Haushaltmitteln unterlegt wird.[14] Aktuell sieht der Bundeshaushalt von 2014 bis 2018 für die Neuauflage des Zuschussprogramms Mittel in Höhe von 54 Millionen EUR vor. Das Programm gilt nur für Kleineigentümer und Mieter, professionelle Wohnungsunternehmen sind von der Zuschussförderung ausgeschlossen. Längst überfällige Regelungen für eine verbesserte Koordination der Aktivitäten der jeweiligen Ressorts

---

[11] Bieber et al. 2012
[12] Wedemeier 2014
[13] BMG 2013, S. 120
[14] GdW 2014

beim Thema technisch unterstütztes Wohnen fehlen gänzlich in der Koalitionsvereinbarung.

Dieser Bericht gibt vor dem Hintergrund dieser politischen Debatte einen Überblick über die Aktivitäten der deutschen Wohnungswirtschaft zum Thema "Technische Assistenzsysteme im Alter". Ziel ist es, den Beitrag, den technische Assistenzsysteme und technikgestützte Dienstleistungen für die Anforderungen des demografischen Wandels leisten, zu analysieren und Empfehlungen für die Wohnungsunternehmen abzuleiten.

Um zunächst einen Überblick über den Stand entsprechender Aktivitäten in der deutschen Wohnungswirtschaft zu erarbeiten, wurde im Frühjahr 2013 eine Vollerhebung in den im GdW organisierten Wohnungsunternehmen mit der Bitte durchgeführt, relevante Projekte zu nennen. Dabei wurden 59 Projekte und Vorhaben identifiziert. Die interessantesten 17 dieser Projekte werden in Kapitel 2 vorgestellt.
Im Anschluss daran werden diese Projekte in drei Untersuchungsschritten analysiert:

- Welche technischen Assistenzsysteme wurden eingesetzt und welche Erfahrungen wurden mit diesen technischen Systemen und technikgestützten Dienstleistungen gemacht?

- Welche Erfahrungen haben die Mieter in den untersuchten Projekten mit technischen Assistenzsystemen in ihren vier Wänden gemacht? Sind die eingesetzten technischen Lösungen attraktiv und tragen sie zur Zufriedenheit und selbstständigen Lebensführung bei?

- Welche Erfahrungen haben die Wohnungsunternehmen mit der Finanzierung und Finanzierbarkeit der Systeme gemacht? Welcher Nutzen ist durch den Einbau technischer Assistenzsysteme in den Beständen zu erwarten? Welche Geschäftsmodelle wären förderlich, um technische Assistenzsysteme für das Wohnen der Zukunft einzusetzen?

In einem Abschlusskapitel werden die Ergebnisse dieser Untersuchungen zusammengefasst, Schlussfolgerungen gezogen und Empfehlungen für das Wohnen der Zukunft abgeleitet.

An dieser Stelle danken die Projektpartner den beteiligten Wohnungsbauunternehmen, den interviewten Experten und vor allem den befragten Bewohnern der Projektvorhaben herzlich für ihre Bereitschaft, an der Evaluation mitzuwirken.

2
Kurzdarstellung der untersuchten Projekte

2.1
Methode und Durchführung der Untersuchung

Um für das Bundesgebiet Projekte identifizieren zu können, in denen unter wohnungswirtschaftlicher Beteiligung Dienstleistungen mit technischen Unterstützungssystemen verbunden werden, wurde eine Fragebogenerhebung bei allen Mitgliedsunternehmen (ca. 3.000 Unternehmen; Vollerhebung) des GdW durchgeführt mit der Bitte, laufende und abgeschlossene Projekte zu benennen.[15] Die Befragung wurde im Zeitraum 28.02.-18.03.2013 durchgeführt, wobei nachträglich eingehende Antworten bis einschließlich 12.07.2013 berücksichtigt wurden. Insgesamt konnten 121 Antworten aus dem gesamten Bundesgebiet registriert werden.

Nach Bereinigung des Rücklaufs und erster Strukturierung der Antworten wurden schließlich 59 Projekte und Vorhaben identifiziert (vgl. Tabelle 1).

Tabelle 1: Charakterisierung des Rücklaufs

Beschreibung	Anzahl
Rücklauf (Stichtag 12.07.2013)	121
Antwort "kein Projekt vorhanden"	47
Nicht auswertbare Antworten (leere, unvollständige Datensätze)	13
Doppelmeldung desselben Projekts	2
Anzahl gemeldeter Projekte und Vorhaben	59

Quelle: Eigene Darstellung

---

[15] Der Fragebogen befindet sich im Anhang.

Die gemeldeten Projekte wurden nach sozialen, ökonomischen und technischen Kriterien analysiert:

- Technische Kriterien:
    - Eingesetzte Technik
    - Abdeckung von Anwendungsbereichen
- Soziale Kriterien:
    - Zielgruppen
    - Wohnformen
    - Sozial-kommunikative Aspekte
- Ökonomische Kriterien:
    - Finanzierung
    - Geschäftsmodelle (Nachhaltigkeit)
    - Einbindung bezahlter und ehrenamtlich erbrachter Dienstleistungen

Tabelle 2: Gemeldete Projekte nach technischen, ökonomischen und sozialwissenschaftlichen Kriterien (N=59)

	Kriterium (Mehrfachnennungen möglich)	Angaben in %
Technische Kriterien	**Eingesetzte Technik**	
	Funkbasiert	61,0
	Kabelbasiert	55,9
	Abdeckung von Anwendungsbereichen	
	Sicherheit	71,2
	Gesundheit	57,6
	Kommunikation/Information	45,8
	Komfort	42,4
	Energie	27,1
Sozialwissenschaftliche Kriterien	**Zielgruppen**	
	alle Bewohner	69,5
	Senioren	61,0
	Personen mit gesundheitlichen Einschränkungen	42,4
	Wohnformen	
	Bestand	83,1
	Neubau	44,1
Ökonomische Kriterien	**Finanzierung**	
	Privat	88,1
	Öffentlich	40,7
	Einbindung bezahlter und ehrenamtlich erbrachter Dienstleistungen (Kooperationspartner)	
	Wohlfahrtspflege	72,9
	Arzt, Klinik, andere Gesundheitsdienstleister	35,6
	Anbieter haushaltsnaher Dienstleistungen	35,6
	Ehrenamtliche	32,2
	Krankenkasse/Pflegekasse	15,3
	Kommune	13,6

Quelle: Eigene Darstellung

Aufgrund der Analyse nach den oben genannten Kriterien wurden 17 laufende und bereits abgeschlossene Projekte für die weiteren Betrachtungen ausgewählt. Zielsetzung war es, ein breites Spektrum von Vorhaben mit unterschiedlichen Schwerpunkten darzustellen, die für die verfolgten Fragestellungen besondere Relevanz besitzen und aus denen Wohnungsunternehmen konkrete Hinweise und Hilfestellung bei der Umsetzung eigener Vorhaben ableiten können. Der Fokus lag auf Aspekten wie Strategie, Umfang der gesammelten Erfahrungen, aufgebaute Kooperationsstrukturen und der Vision, die in Bezug auf die Weiterentwicklung des Konzeptes formuliert wurde.

Nach Durchführung der Erhebung wurden die Projektverantwortlichen zu Expertenrunden in den GdW eingeladen. Die Projekte wurden in mehreren Workshops vorgestellt und gemeinsam mit dem Projektbeirat[16] und dem Fördermittelgeber diskutiert. Parallel dazu wurden weitere Analysen der ausgewählten Projekte vorgenommen:

- Analyse der Mietererfahrungen aus den identifizierten Projekten: Datenbasis ist die Befragung von 90 Haushalten, die mit technischen Assistenzsystemen ausgestattet sind.

- Analyse der Finanzierungsmodelle der Projekte und der erarbeiteten Geschäftsmodelle auf der Grundlage von Experteninterviews und Dokumentenauswertungen.

13 laufende Projekte sind in der folgenden Tabelle noch einmal zusammenfassend dargestellt.

---

[16] Wir danken Frau Prof. Wilkes, Frau Dr. Narten, Herrn Dr. Brüggemann und Herrn Prof. Dr. Grinewitschus für ihre kontinuierliche Unterstützung unserer Arbeit.

Tabelle 3: Ausgewählte Projekte nach technischen, ökonomischen und sozialwissenschaftlichen Kriterien (N=14)

	Kriterium	Angaben in %
Technische Kriterien	**Eingesetzte Technik**	
	Funkbasiert	78,6
	Kabelbasiert	50,0
	Abdeckung von Anwendungsbereichen	
	Sicherheit	85,5
	Gesundheit	64,3
	Komfort	64,3
	Kommunikation/Information	64,3
	Energie	35,7
Sozialwissenschaftliche Kriterien	**Zielgruppen**	
	Alle Bewohner	78,6
	Senioren	57,1
	Personen mit gesundheitlichen Einschränkungen	35,7
	Wohnformen	
	Bestand	78,6
	Neubau	57,1
Ökonomische Kriterien	**Finanzierung**	
	Privat	78,6
	Öffentlich	71,4
	Einbindung bezahlter und ehrenamtlich erbrachter Dienstleistungen (Kooperationspartner)	
	Wohlfahrtspflege	85,7
	Arzt, Klinik, andere Gesundheitsdienstleister	35,7
	Anbieter haushaltsnaher Dienstleistungen	35,7
	Kommune	21,4
	Krankenkasse/Pflegekasse	21,4
	Ehrenamtliche	21,4

Quelle: Eigene Darstellung

2.2
Laufende Projekte

2.2.1
GEWOBAU Erlangen – Modellprojekt "Kurt-Schumacher-Straße"

Quelle: http://www.gewobau-erlangen.de/media/www.gewobau-erlangen.de/media/med_108/320_neubau_kurt-schumacher-strasse.jpg

Projektüberblick

Das Modellprojekt "Kurt-Schumacher-Straße" ist ein Neubauprojekt, welches sich grundsätzlich an alle Altersgruppen, im Speziellen jedoch an Senioren richtet. Etwa die Hälfte der Mieter sind älter als 60 Jahre. Als Technikpartner ist die InHaus GmbH eingebunden, die Arbeiterwohlfahrt Erlangen fungiert als sozialer Partner.

Das Gebäude verfügt über 60 Wohnungen (Erstbezug: Juni 2012) sowie eine betreute Gemeinschaftseinrichtung. Die Wohnungsausstattungen fokussieren auf Sicherheitsfunktionen: automatische Herdabschaltung bei Rauchentwicklung, Nachtorientierungslicht, Verlassen-/Kommen-Funktion sowie Bewegungsmelder im Flur. Die technische Ausstattung der Wohnungen kommt ohne Eingriffe durch den Benutzer aus.

Beschreibung von Technik und Dienstleistungen

Die Wohnungen sind mit je einem SPS-System (speicherprogrammierbares Steuerungssystem) ausgestattet, welches die Steuerungs- oder Regelungsaufgaben in den Wohnungen übernimmt. In den Räumen befinden sich Bewegungsmelder, die das Flurlicht sowie ein Nachtlicht zur Vermeidung von Stürzen in der Nacht automatisch steuern. Hinzu kommen Rauchmelder, insbesondere in der Küche über dem Herd, welcher via Kabel mit dem SPS-System verknüpft ist, um im Falle einer Rauchentwicklung den Herd unverzüglich stromlos zu schalten. Weiterhin kann die Stromzufuhr eines Teils der Elektroverbraucher durch einen Taster beim Verlassen der Wohnung zentral unterbrochen bzw. aktiviert werden.

Die technische Grundausstattung der Wohnungen würde eine Einbindung weiterer Funktionalitäten grundsätzlich zulassen, Gleiches gilt auch für die Möglichkeit, Statusmeldungen über aktuelle Zustände zu erhalten. Die verbauten Komponenten in Industriequalität sind sehr wartungsarm und haben seit deren Installation keinerlei Zuverlässigkeitsprobleme gezeigt.

Finanzierungskonzept

Die Finanzierung erfolgte zum größten Teil aus Eigenmitteln sowie über die oberste Baubehörde.

Nächste Schritte

Die GEWOBAU Erlangen verfolgt im Rahmen einer ganzheitlichen Betrachtung das Konzept "Wohnung der Zukunft" weiter. Hierbei wird nicht nur der AAL-Ansatz verfolgt, sondern auch die Bereiche Energiemanagement, Sicherheit und Komfort, um sämtliche Zielgruppen ansprechen zu können. Weiterhin liegt das Hauptaugenmerk auf der Entwicklung eines Betreibermodells der verbauten Technologien sowie Komponenten und deren Umsetzung in ein tragfähiges Geschäftsmodell.

2.2.2 Kreiswohnbau Hildesheim – "Intelligentes Wohnen – ARGENTUM am Ried" in Sarstedt

Quelle: http://kreiswohnbau-hi.de/wp-content/uploads/2012/09/ARGENTUM.pdf

Projektüberblick

Das Neubauprojekt "Intelligentes Wohnen – ARGENTUM am Ried" bietet Servicewohnen für ältere Mieter in Sarstedt an. Eigentümer des Objektes ist die Kreiswohnbau Hildesheim, als sozialer Partner fungiert die Johanniter-Unfall-Hilfe, die als technischen Partner die Deutsche Telekom AG eingebunden hat. Das ARGENTUM umfasst 25 Wohnungen, die am 01.09.2013 erstmals bezogen wurden. Das realisierte Servicewohnen richtet sich vorwiegend an ältere Mieter sowie Personen mit gesundheitlichen Einschränkungen.

Das Projekt verfügt als Besonderheit über einen Gemeinschaftsraum für die Mieter sowie einen Servicepunkt der Johanniter-Unfall-Hilfe im Haus. Aus technischer Sicht wird das Hausautomationskonzept der Deutsche Telekom AG mit dem Betreuungskonzept der Johanniter-Unfall-Hilfe gekoppelt. Dies ermöglicht die Unterstützung der Bedürfnisse nach Sicherheit und sozialer Teilhabe gleichermaßen. Die Kreiswohnbau Hildesheim reagiert mit dem ARGENTUM auf die Erfordernisse des demografischen Wandels und möchte vorwiegend ältere Kunden binden bzw. neue Kunden hinzugewinnen.

Beschreibung von Technik und Dienstleistungen

Technische Grundlage der hier angebotenen Leistungen ist die Qivicon-Plattform für Hausautomation der Deutsche Telekom AG, die über einen Tablet-PC vom Mieter bedient werden kann. Die Johanniter-Unfall-Hilfe steuert soziale und kommunikative Dienste bei, die teilweise über die technische Plattform und teilweise über die Betreuung im Haus realisiert werden. Jede Wohnung ist zusätzlich zu den Elementen der Hausautomation mit einem Hausnotrufsystem der Johanniter ausgestattet.

Das System bietet unterschiedliche Assistenz- und Sicherheitsfunktionen an, wie Rauchmelder mit Anschluss an die Hausnotrufzentrale, zentrale Abschaltung kritischer Elektrogeräte (zum Beispiel Herd und Bügeleisen) neben der Eingangstür (Alles-Aus-Funktion) und eine Einzelraumsteuerung der Heizung. Hinzu kommt die Möglichkeit von Szenariosteuerungen der Beleuchtung, der Jalousien und der Temperatur (zum Beispiel zeitbezogene Temperatursteuerung im Bad). Weiter besteht die Option, via Tablet individuelle Informationen auszuwählen (Politik, Kommunales, Gesundheit) und Kommunikationsdienste zu nutzen (Kommunikation der Mieter untereinander, Schwarzes-Brett-Funktion).

Das Besondere an dem Ansatz des ARGENTUM ist, dass die Mieter Unterstützung in der Benutzung der Technik durch die Mitarbeiter der im Haus aktiven Johanniter-Unfall-Hilfe erhalten. Eine Mitarbeiterin der Johanniter ist im ersten Jahr nach der Inbetriebnahme der Anlage täglich mehrere Stunden vor Ort und betreut die Mieter. Zwischen Oktober 2013 und Februar 2014 wurde eine umfassende Evaluation des ARGENTUM vorgenommen, die sich auf die Erfahrungen der Mieter richtete.[17] Auf die Ergebnisse dieser Evaluation wird in Kapitel 3 näher eingegangen.

Finanzierungskonzept

Bei marktentsprechenden Mieten von 622 bis 1.111 EUR Gesamtmiete (inkl. Neben-/Heizkostenvorauszahlung, Nutzung Gemeinschaftsbereich und Stellplatz-/Garagenmiete) waren die 2- bis 3-Zimmer-Wohnungen mit 55 m² bis 94 m² Wohnfläche bereits lange vor ihrer Fertigstellung vermietet, was eine hohe Nachfrage seitens der Senioren zeigt. Diese hohe Nachfrage resultiert jedoch nicht nur aus der technischen Ausstattung der Wohnung als vielmehr der Barrierefreiheit des Gebäudes, der exzellenten Infrastrukturanbindung und dem geringen Angebot alternativer Wohnangebote mit entsprechendem Service.

Die Kreiswohnbau Hildesheim gibt die einmaligen Investitionskosten für die Technikausstattung pro Wohnung mit 3.000 EUR an. Diese Kosten wurden durch das Unternehmen selbst getragen. Durch das Land Niedersachen (Ausschreibung "Intelligentes Wohnen") wird dieses Projekt darüber hinaus gefördert. So werden durch EFRE-Mittel (EFRE – Europäischer Fonds für regionale Entwicklung) insgesamt 150.000 EUR bereitgestellt. Zunächst werden diese für die Deckung der Installations- und Hardwarekosten sowie für die Finanzierung der laufenden Betriebs- und Wartungskosten eingesetzt, ebenso für die Personalkosten der Notrufzentrale. Langfristig sollen die Mieter die laufenden Kosten über eine zusätzliche Servicepauschale tragen: Einpersonenhaushalte zahlen 59,50 EUR pro Monat, Zweipersonenhaushalte zahlen 77 EUR pro Monat. In dieser Servicepauschale sind die Notrufbetreuung, die Beratung der Mieter sowie die Wartung der Geräte und des Systems inbegriffen. Grundvoraussetzung für die Funktionalität des Systems ist ein vom Mieter zu finanzierender Internetanschluss.

---

[17] Vgl. Meyer/ Fricke 2014.

Nächste Schritte

Neben dem ARGENTUM-Projekt in Sarstedt plant die Kreiswohnbau Hildesheim weitere Projekte: In Bad Salzdetfurth wird ein ehemaliges Hotel komplett saniert und umgebaut. Es entstehen dort 18 Mietwohnungen. An der Liegnitzer Straße in Sarstedt entstehen barrierefreie Eigentumswohnungen für alle Altersklassen, darunter zwei rollstuhlgerechte Wohnungen. In beiden Projekten sollen AAL-Elemente für die implementierte technische Basisausstattung angeboten werden. Zusätzlich wird im Projekt ARGENTUM Kaiserhof in Bad Salzdetfurth über den ASB eine Tagespflegestation eingerichtet.

Die Kreiswohnbau Hildesheim verspricht sich von einem hohen technischen Ausstattungsniveau der Wohnungen eine Aufwertung des Wohnungsangebots insbesondere in strukturschwachen Regionen, was ein Alleinstellungsmerkmal gegenüber anderen Wohnungsangeboten darstellt und dadurch einen gewissen Wettbewerbsvorteil erwarten lässt.

2.2.3
WBG Burgstädt e. G. – Die mitalternde Wohnung

Quelle: http://alter-leben.vswg.de/uploads/pics/Haus1.JPG

Quelle: http://www.wbg-burgstaedt.de/images/news/dsc00532.jpg

Projektüberblick

Das Projekt "Die mitalternde Wohnung" der Wohnungsbaugenossenschaft Burgstädt eG wurde im Juni 2012 abgeschlossen. Die erste Musterwohnung ist seit Februar 2011 vermietet. Wichtige Erkenntnisse unter Wohnbedingungen wurden gesammelt. Die gewonnenen Erfahrungen wurden bei der Modernisierung von zwei weiteren Wohnungen (eine barrierearme Wohnung wurde modular mit einem Assistenzsystem und eine Testwohnung mit einem funkgesteuerten Assistenzsystem ausgestattet) im Rahmen des Projektes nachgenutzt.

Die Erfahrungen der WBG Burgstädt eG mit dem Konzept der "mitalternden Wohnung" sind durchweg positiv. Dies führte dazu, dass die Genossenschaft 2012 entschied, auch über die Projektförderung hinaus in technische Assistenzsysteme in ihren Beständen zu investieren.

Die erste Musterwohnung im Projekt beinhaltet eine Komplettlösung der technischen Assistenz. Bedienelement ist ein Panel. Später wurden diese modifiziert und die modularen Lösungsansätze erweitert. Im Jahr 2013 wurden weitere acht Wohnungen barrierearm umgebaut (das denkmalgeschützte Gebäude wurde unter anderem mit einem Personenaufzug ausgerüstet) und mit einer Basisausstattung technischer Assistenzsysteme versehen. Das Konzept der "mitalternden Wohnung", welches im BMBF-geförderten Projekt Alter-Leben entwickelt worden ist, gehört somit inzwischen zu den Wohnungsangebotsvarianten der WBG Burgstädt eG und wird auch von anderen Genossenschaften in Sachsen verfolgt. Das Konzept richtet sich an alle Altersgruppen, aktuell vorwiegend an Senioren und Personen mit gesundheitlichen Einschränkungen. Es verbindet Barrierearmut in der Wohnung, technische Assistenzlösungen und auf Wunsch der Nutzer die Einbindung von Dienstleistungsangeboten. Die Besonderheit der Erfahrungen der WBG Burgstädt eG liegt in der Kopplung baulicher Maßnahmen, technischer Assistenz und einem Dienstleistungsnetzwerk. Es bewährt sich die modulare Gestaltung.

Als Hauptkooperationspartner fungieren in diesem Projekt neben lokalen Handwerksbetrieben und Gesundheitsdienstleistern, die Notrufeinrichtung der Volkssolidarität Chemnitz sowie die Technikanbieter ACX Zwickau und für Funkelemente die Locate Solutions GmbH.

Beschreibung von Technik und Dienstleistungen

Die technischen Funktionalitäten der "mitalternden Wohnung" umfassen Komfort-, Sicherheits-, Gesundheits- und Freizeitleistungen. Die WBG Burgstädt eG bietet in den entsprechend ausgerüsteten Wohneinheiten ein Basispaket an, bestehend aus Rauchmeldern, Wassersensoren, zentraler Stromabschaltfunktion (Alles-Aus-Funktion an der Wohnungstür), Heizungssteuerung, einer Hausnotruffunktion wahlweise über Multifunktionssensor oder einen Taster am Telefon, einem elektronischen Türschließsystem mit Transponderöffnung, einer automatischen Brandschutztürverriegelung und einer automatischen Herdabschaltfunktion. Speziell für schwerhörige Mieter kommen multimodale Funktionen dazu, zum Beispiel eine visuell verstärkte Klingel (Lichtflackern). Die Vernetzung dieser Funktionen erfolgt einerseits kabelbasiert (NSC), andererseits werden jedoch auch Funklösungen erprobt (Locate Solutions). Zentrales Bedienelement für die Mieter ist ein Tablet-PC (ViciOne).

Neben dem Basispaket gibt es auch ein Premiumpaket mit erweitertem Funktions- und Dienstleistungsumfang. Hierzu gehören Vitalüberwachung und Medikamenteneinnahmeerinnerung sowie Dienstleistungsangebote wie Essensbestellung (Speiseplan des Lieferunternehmens ist auf dem Panel bzw. auch auf dem Tablet abrufbar) und -lieferung. Darüber hinaus bietet die WBG noch eine Begegnungsstätte für ihre Bewohner an, die die Volkssolidarität

Glauchau/Hohenstein-Ernstthal betreibt. Freizeit-, kulturelle und sportliche Angebote beugen der Vereinsamung der Mitglieder vor. Lokale Pflegedienstleister realisieren umfassende Dienstleistungsangebote.

Der Nutzen des Konzepts "mitalternde Wohnung" und dessen Mieterakzeptanz wurde bereits innerhalb des BMBF-Projektes "AlterLeben" untersucht[18], weiterführende Ergebnisse siehe Kapitel 3.

Die WBG Burgstädt eG hat unter anderem durch Presse- und Medienarbeit (Funk, Fernsehen), lokale Informationen, die Einbindung der Mieter sowie des örtlichen Gymnasiums und mithilfe einer Musterwohnung die Nachfrage potenzieller Nutzer angeregt. Die Musterwohnung konnte von 2010 bis 2012 besichtigt werden, um den Funktionsumfang der angebotenen Systeme zu erfahren und sich damit vertraut zu machen. Ab 2013 wurde eine neue Musterwohnung zur Verfügung gestellt, um die Mieter der ersten Musterwohnung zu entlasten. Dies ist ein entscheidender Vorteil sowohl für die WBG, als auch für die potenziellen Kunden, da die Systeme und deren Mehrwert erfahrbar gemacht werden.

Finanzierungskonzept

Die Installation der Technikkomponenten inklusive der anfallenden Kosten erfolgte und erfolgt durch die WBG Burgstädt eG entsprechend der Projektvorgaben. Die Kosten des Tests einer Funklösung hat der Technikanbieter (Locate Solution GmbH) übernommen. Die Musterwohnung der WBG Burgstädt eG wurde ausschließlich durch Eigenmittel der Genossenschaft finanziert. Die Mittel des Bundesministeriums für Bildung und Forschung finanzierten projektgemäß die Forschungs- und Entwicklungsleistungen.

Im laufenden Betrieb anfallende Kosten für Instandhaltung werden planmäßig von der Genossenschaft übernommen. Mit den Erfahrungen aus der Modernisierung der Musterwohnung wurde das Gesamtkonzept überarbeitet und unter Kosten-/Nutzen-Gesichtspunkten optimiert. Gegenwärtig werden etwa 25.000 bis 30.000 EUR für Baumaßnahmen und bis zu 5.000 EUR für technische Assistenzsysteme als Kostenrahmen für die Finanzierung geplant.

Die Nettokaltmiete der Mieter bewegt sich je nach Ausrüstungsstandard und Umfang der Bauleistung zwischen 6,70 und 7,60 EUR je m² Wohnfläche. Mit Personenaufzug liegt die Nettokaltmiete über 8 EUR.

Die laufenden Kosten für den Mieter erhöhen sich durch den Einsatz des Notruftelefons, dem notwendigen Internetanschluss und erhöhtem Stromverbrauch der Geräte um 30 bis 50 EUR monatlich.

Die langfristige Finanzierung im Rahmen des Planansatzes des Unternehmens wird aus Eigenmitteln der Genossenschaft, Darlehen der Hausbank bzw. aus Förderprogrammen sowie einer Refinanzierung aus erhöhten Mieteinnahmen erfolgen.

---

[18] VSWG 2011

Nächste Schritte

Die WBG Burgstädt eG erkennt einen möglichen Bedarf von 10 % für Wohnraum mit technischer Assistenz. Einzelne modulare Lösungen sind generell nutzbar. Baulich werden eine größere Anzahl Wohnungen jährlich barrierearm umgebaut. Dem Bedarf entsprechend werden Wohnungen mit dem sogenannten Basiskonzept ausgestattet. Je nach individuellem Bedarf können von den Mietern Elemente der erweiterten Ausstattung hinzugenommen werden.

Das Konzept der "mitalternden Wohnung" wird auch von anderen Genossenschaften im VSWG übernommen. Sie sollen in den kommenden Jahren in mehreren Sanierungsprojekten in Sachsen umgesetzt werden.

2.2.4
Gemeinnützige Baugesellschaft Kaiserslautern AG – Ambient Assisted Living – Wohnen mit Zukunft

Die Wohnanlage der Bau AG in der Albert-Schweitzer-Straße, in der das Modellprojekt "Ambient Assisted Living –
Wohnen mit Zukunft" integriert ist.
Quelle: http://beruehrungspunkte.de/wp-content/uploads/2009/06/Gira_Assisted_Living_02.jpg

Projektüberblick

Das Modellprojekt "Ambient Assisted Living – Wohnen mit Zukunft" der Gemeinnützige Baugesellschaft Kaiserslautern Aktiengesellschaft (kurz: Bau AG) startete 2007 als BMBF-gefördertes Forschungsprojekt in einem Neubauprojekt. Aktuell wird das entwickelte System auch im Bestand erprobt, sodass die Bau AG inzwischen 34 Wohnungen mit technischen Assistenzsystemen ausgestattet hat (19 Wohnungen im Neubau; 15 Wohnungen im Bestand). Das Alter der Mieter liegt zwischen 25 und 85 Jahren. Die Bau AG kooperiert mit dem Technikanbieter CIBEK GmbH und Wohlfahrtsverbänden (unter anderem DRK).

Alle Wohnungen sind ausgestattet mit dem PAUL-System (Persönlicher Assistent für unterstütztes Leben) der Firma CIBEK. Kern des Systems ist ein Touchscreen-Tablet, welches als Benutzerschnittstelle zur Steuerung der Hausautomation und zur Kommunikation nach außen dient. Das eingesetzte System vereint Funktionalitäten aus den Bereichen Gesundheit, Sicherheit und Komfort.

Beschreibung von Technik und Dienstleistungen

Die Bau AG verfolgt unterschiedliche Vernetzungskonzepte für ihre Wohnungen: Das Neubauprojekt wurde mit einer KNX-Verkabelung ausgestattet, in den Bestandswohnungen wird Funkvernetzung verwendet.

Sowohl im Neubau als auch im Bestand werden durch PAUL beispielsweise folgende Funktionen zur Verfügung gestellt: Skype-Telefonie oder voreinstellbare Internetseiten können mit dem Tablet genutzt werden, ebenso eine Sprechfunktion für die Haustür, ggf. auch mit Videofunktion. Auch die Bedienung von beispielsweise elektrischen Rollläden und Licht oder technischen Unterstützungssystemen, wie eine Erinnerungsfunktion zur Medikamenteneinnahme, gehören zum Funktionsumfang, der in den Wohnungen zur Verfügung gestellt wird.

Das Projekt "Ambient Assisted Living – Wohnen mit Zukunft" läuft inzwischen seit sieben Jahren. Das PAUL-System ist damit gemeinsam mit SOPHIA (siehe Kapitel 2.2.7 und 2.2.8) das technische Assistenzsystem mit der längsten Erprobungs- und Einsatzdauer. Das Projekt wird seit 2007 in verschiedenen Erhebungswellen von der TU Kaiserslautern sozialwissenschaftlich begleitet und ist damit eines der bestevaluierten Projekte in Deutschland[19]. Diese Evaluationsergebnisse wurden in dieser Studie nachvollzogen und ergänzt.

Aktuell wird untersucht, ob diese Effekte ebenfalls nachweisbar sind, wenn die ausgestatteten Wohnungen nicht in einem Gebäude liegen, sondern im Bestand räumlich voneinander separiert sind, die Mieter sich nicht kennen und im Alltag leicht treffen können. Die vorliegenden Daten zu den Erfahrungen der Mieter und der Akzeptanz der Nutzer werden in Kapitel 3 aufgegriffen.

Finanzierungskonzept

Die Projektfinanzierung wurde zu Beginn durch Landesmittel (Bauforum Rheinland-Pfalz) gefördert. Die Installation von PAUL übernahm die Firma CIBEK, zugleich Anbieter des Systems. Die Kosten hierfür beliefen sich auf rund 220.000 EUR bis Ende 2012. Ein PAUL-PC kostete damals 3.000 EUR, heute sind die Geräte jedoch bereits für 300 EUR zu haben. Durch die Landesförderung sowie die Übernahme von weiteren Kosten, durch CIBEK und die Bau AG selbst, ist das System für die Mieter bislang kostenfrei.

Nächste Schritte

Die Sicherheits- und Komfortfunktionen des Systems stoßen auf eine sehr hohe Akzeptanz. Mittelfristig ist zu erwarten, dass die Kosten für das PAUL-System weiter sinken werden. Der Ersatz der ursprünglichen KNX-Verkabelung in Richtung Funkvernetzung ermöglicht weitere Kosteneinsparungen. Dies ermöglicht es, interessierten Mietern das Assistenzsystem zu einem geringen Mietaufpreis anzubieten (20 EUR pro Monat) und die Kosten für die Systemwartung über die Betriebskosten (10 EUR pro Monat) pauschal abzudecken. Die Schwierigkeit ist dabei jedoch, dass die Kosten in Abhängigkeit von den individuell genutzten Anwendungen variieren und daher eigentlich gesondert kalkuliert werden müssen. Die Bau AG befindet sich aktuell in der Kalkulationsphase und Erarbeitung eines entsprechenden Geschäftsmodells.

---

[19] Spellerberg und Schelisch 2011, Spellerberg und Schelisch 2012; Schelisch 2014;

2.2.5 Gemeinnützige Baugenossenschaft Speyer – Technisch-soziales Assistenzsystem im innerstädtischen Quartier

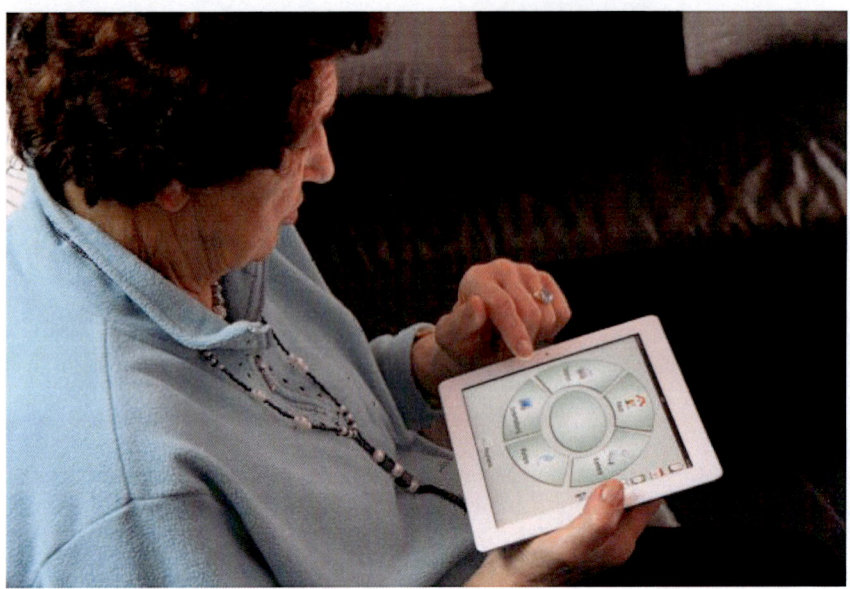

Quelle: http://www.hanssauerstiftung.de/wp-content/gallery/paul/paul.jpg

Projektüberblick

Auch die Gemeinnützige Baugenossenschaft Speyer (GBS) setzt das PAUL-System in ihrem Projekt "TSA – Technisch-soziales Assistenzsystem für Komfort, Sicherheit, Gesundheit und Kommunikation (TSA)" ein. Das seit 2011 laufende Projekt zielt auf die Nachrüstung von Bestandswohnungen im Quartier. Es richtet sich grundsätzlich an alle Bewohnergruppen der Genossenschaft, wird in der Praxis jedoch von Senioren im Alter von 70 bis 80 Jahren genutzt. Wie auch in Kaiserslautern sind lokale Gesundheitsdienstleister, die CIBEK GmbH und die Universität Kaiserslautern als Projektpartner beteiligt.

Beschreibung von Technik und Dienstleistungen

Das Projekt wurde zwischen August 2010 und Dezember 2013 vom BMBF gefördert und hat in diesem Rahmen ein Konzept für den Einbau technischer Assistenzsysteme im Bestand entwickelt, wofür das PAUL-System basierend auf einer Funkvernetzung erprobt wurde. In Speyer sind aktuell zehn Bestandswohnungen mit dem PAUL-System ausgestattet.

Die Wohnungen in Speyer sind ebenfalls mit der PAUL-Bediensoftware der Firma CIBEK ausgestattet, die auf Touchscreen-Tablet-PCs installiert ist. Über PAUL sind verschiedene Funktionen der Haussteuerung aus den Bereichen Komfort (zum Beispiel Rollläden- und Lichtsteuerung) und Sicherheit (Türkamera, Besucherhistorie, Anzeigestatus der Fenster), aber auch Funktionen aus der Unterhaltung (zum Beispiel Radio und Spiele) und Information/Kommunikation (Schwarzes Brett, Videotelefonie, Internetzugriff auf ausgewählte Seiten) abrufbar. Das PAUL-System in Speyer verfügt darüber hinaus über eine Inaktivitätsfunktion, die bei längerer Inaktivität eines Nutzers automatisch diese Information an eine zentrale Notrufstelle weiterleitet und Alarm schlägt.

Finanzierungskonzept

Das Projekt war zunächst auf drei Jahre begrenzt. Die GBS hat für insgesamt 40 % der Projektkosten eine Förderung erhalten, von der die Hardware finanziert wurde. Pro Wohneinheit beliefen sich die Kosten auf rund 6.000 bis 8.000 EUR. Somit sind insgesamt rund 80.000 EUR für das Projekt angefallen.

Nächste Schritte

Nachdem die Förderung ausgelaufen ist, übernehmen die GBS und CIBEK die laufenden Betriebs- und Wartungskosten bis zum Jahr 2015. So lange bleibt das System für die aktuell zehn Haushalte kostenfrei. Sofern es weitere Interessenten gibt, können bei Bedarf noch bis zu zehn weitere Wohnungen mit PAUL ausgestattet werden, seitens der GBS ist dies jedoch nicht zwingend vorgesehen. Das gesamte Projekt wird auch weiterhin von der Forschung begleitet.

2.2.6
DOGEWO21 Dortmunder Gesellschaft für Wohnen mbH – WohnFortschritt

Quelle: DOGEWO21

Projektüberblick

Das Projekt "WohnFortschritt" der Dortmunder Gesellschaft für Wohnen mbH läuft seit 2009 als ein Bestandteil eines Quartiersentwicklungskonzepts zur Vernetzung von Dienstleistungen. Geplant war die barrierefreie Ausstattung von Haushalten im Wohnungsbestand des Unternehmens sowie die Ausstattung von zehn Haushalten mit technischen Assistenzsystemen zur Unterstützung der selbstständigen Lebensführung. Mit technischen Assistenzsystemen sind aktuell zwei Wohnungen ausgestattet. Technischer Partner der DOGEWO21 ist die Firma Locate Solution GmbH, weitere Partner sind die Kommune Dortmund und örtliche Wohlfahrtsverbände (unter anderem DRK).

Beschreibung von Technik und Dienstleistungen

Die entsprechend ausgestatteten Haushalte nutzen das Assistenzsystem "LOC.Sens" der Firma Locate Solution mit Funktionen wie einer Videogegensprechanlage, die Steuerung einzelner Beleuchtungselemente sowie der Möglichkeit zur Inaktivitätsüberwachung. Gemeinsam mit dem örtlichen DRK bietet das System darüber hinaus die Funktion, ein automatisches Notrufsignal bei Inaktivität per SMS oder Anruf an Ehrenamtliche (zum Beispiel Nachbarn) und/oder die Notrufstelle zu übermitteln.

Das System LOC.sens ist funkbasiert und kann problemlos in Bestandswohnungen nachgerüstet werden, sofern ein Internetanschluss vorhanden ist. Zentrales Bedienelement ist ein Tablet-PC, der somit auch einen Zugang zum Internet bietet, wodurch weitere Dienstleistungen (beispielsweise Onlineeinkaufsmöglichkeiten), die nicht zum System selbst gehören, durch die Nutzer erschlossen werden können. Die Wartung des Systems kann durch den Anbieter auch aus der Ferne erfolgen.

Die Nachfrage seitens der Mieter nach dem System ist gering. Als Gründe werden vor allem eine starke Nachbarschaft und ein dichtes lokales Nahversorgungsnetz (Radius: 500 Meter) rund um das Gebäude, in dem die Wohnungen mit dem System ausgestattet werden sollen, benannt. Durch die gegenseitige Unterstützung der dort lebenden Senioren sind nur die Sicherheitsfunktionen des Systems für sie interessant, was jedoch angesichts der Kosten eine zu hohe Anschaffungshürde darstellt. Hinzu kommen Akzeptanzbarrieren gegenüber einem System zur Inaktivitätserkennung (siehe Kapitel 3: Erfahrungen der Mieter).

Finanzierungskonzept

Gemeinsam mit dem Technikpartner und Entwickler des Systems, der Firma Locate Solution GmbH mit öffentlicher Förderunterstützung des BMFSFJ wird die Basistechnik finanziert. Die Kosten pro Wohneinheit belaufen sich dabei auf 1.500 EUR für die LOC.Sens-Komponenten zuzüglich den Anschaffungskosten für ein Tablet als Steuerungseinheit sowie die Kosten für einen dauerhaften Internetvertrag mit einem entsprechenden Anbieter.

Die Kosten für Installation, Wartung und das System selbst inklusive Tablet werden aktuell von der DOGEWO sowie der Locate Solution GmbH getragen. Die Mieter müssen den Internetanschluss selbst finanzieren. Wie die langfristige Sicherstellung der Finanzierung nach Auslaufen der Projektförderung erfolgen soll, ist aktuell nicht klar. Geht man von aktuellen, durchschnittlichen Marktpreisen aus, so würde ein Internetanschluss rund 240 EUR pro Jahr kosten. Somit würden für den Nutzer (ohne Wartung etc.) auf ein Jahr gerechnet monatlich rund 20 EUR Mehrkosten zur normalen Miete hinzukommen, auf zwei Jahre gerechnet rund 10 EUR.

Nächste Schritte

Die ursprüngliche Planung seitens des Wohnungsunternehmens sah vor, langfristig 73 Wohnungen in drei Wohngebäuden mit dem System auszustatten. Dies würde im Rahmen einer Komplettsanierung dieser Gebäude erfolgen, um Kosten zu sparen. Die zögerliche Annahme und mäßige Akzeptanz des Systems könnte jedoch dazu führen, dass es zunächst bei der aktuellen Erprobungs- und Evaluationsphase technikbezogener Dienstleistungen im Quartier bleibt.

2.2.7
Joseph-Stiftung Bamberg – Wohnen mit Assistenz – Wohnen mit SOPHIA und SOPHITAL

SmartHouse SOPHIA in Bamberg. Quelle: http://blog.joseph-stiftung.de/wp-content/uploads/2013/09/aal-musterhaus_20130426_BA_SMS.jpg

Projektüberblick

Die Joseph-Stiftung in Bamberg setzt seit mehr als zehn Jahren das SOPHIA(**So**ziale **P**ersonenbetreuung – **Hi**lfen im **A**lltag)-System ein. Sowohl im Neubau, als auch im Bestand der Stiftung wird SOPHIA angeboten. Aktuell sind in den Beständen der Joseph-Stiftung 110 Wohnungen mit SOPHIA ausgestattet, im Raum Franken gibt es aktuell ca. 1.500 Wohnungen mit diesem Sicherheitssystem, bundesweit kann von einer Verbreitung von rund 4.500 Einheiten ausgegangen werden. Damit ist SOPHIA das meist verbreitete technische Assistenzsystem in Deutschland. Zielgruppe von SOPHIA sind Senioren sowie Personen mit gesundheitlichen Einschränkungen (zum Beispiel Rollstuhlfahrer, Hörgeschädigte) sowie Sturzgefährdete und Demenzkranke.

Die Joseph-Stiftung ist Anwender des SOPHIA-Systems und durch ihre mehrheitliche Beteiligung an der SOPHIA Franken GmbH sowie der SOPHIA Living Network GmbH an der ständigen (Weiter-) Entwicklung des Systems beteiligt. Diese Funktion – gleichzeitig Entwickler und Anwender von Assistenztechnologien zu sein – ist in der deutschen Wohnungswirtschaft einmalig.

In dieser Funktion engagiert sich die Joseph-Stiftung ebenfalls an dem Nachfolgesystem SOPHITAL, einem modular aufgebauten Hausautomationssystem zur technischen Assistenz für das selbstständige und komfortable Leben zu Hause. Ca. 60 dieser Systeme sind in den Beständen der Joseph-Stiftung bzw. von ihr verwalteten Beständen bereits im Einsatz.

Als drittem Projektbaustein hat die Joseph-Stiftung bzw. die SOPIA Living Network GmbH (Tochterunternehmen der Joseph-Stiftung) gemeinsam mit dem Fertighaushersteller "SmartHouse" ein Konzept entwickelt, das das SOPHITAL-Hausautomationssystem gemeinsam mit einer baulichen Hülle anbietet. Ein entsprechendes Musterhaus/Living Lab wurde 2013 in Bamberg eröffnet und wird von den Leitern der SOPHIA Living Network GmbH zu Testzwecken bewohnt und gleichzeitig zur Information über das System genutzt. Die Wohnungsgenossenschaft Arzberg hat mit diesem System im September 2014 eine Musterwohnung eröffnet.

Beschreibung von Technik und Dienstleistungen

SOPHITAL ist ein modulares technisches System zur Erhöhung der Sicherheit und des Komforts zu Hause. Die Standardausstattung besteht aus einem Wohnungszustandsdisplay, einer Zentral-Aus-Funktion, Türöffnungshilfen, Lichtsteuerung und Nachtlichtfunktion, Paniktaster und einer Hilferuffunktion. Hinzu kommen optional Heizkörpersteuerungen sowie Herdüberwachung, komfortable Steuerung des Systems über Tablet oder Smartphone und die Anbindung eines intelligenten Notrufs an das SOPHITAL-System. Gebucht werden kann zusätzlich ein Wartungsvertrag für das System sowie Servicepakete wie technischer Support und soziale Betreuung (regelmäßige Anrufe durch einen Mitarbeiter: Patensystem). Wenn vom Kunden gewünscht, können ebenfalls Gesundheitsfunktionen dazu gebucht werden, wie Blutdruckmessgerät oder Körperwaage, ein Komfort-Notruf mit Erfassung von Aktivitätskurven, Eintragung der Gesundheitsdaten und Zugriff auf die Daten über ein Webportal sowie Fernzugriff auf die Wohnung durch Angehörige oder Betreuungspersonen.

Finanzierungskonzept

Die SOPHITAL-Leistungspakete unterscheiden sich je nach Funktionsumfang in ihren Kosten. Die Grundausstattung (SOPHITAL-Box) kostet inkl. Einbau 999 EUR zzgl. eines Internetanschlusses. Alle weiteren Komponenten können einzeln hinzugebucht werden und über die Hausvernetzungszentrale (279,90 EUR) miteinander verknüpft werden. Somit belaufen sich die Kosten für ein Jahr der Nutzung inkl. Basisausstattung auf eine Spanne zwischen rund 1.500 EUR und 4.500 EUR, sofern auch Komfortfunktionalitäten gewählt werden, wie beispielsweise automatische Fensteröffner oder Raum- und Außentemperaturfühler, zzgl. rund 1.500 EUR einmalige Installationskosten.

Nächste Schritte

Die bestehenden Konzepte werden sukzessive auf der Grundlage der gewonnen Erfahrungen weiterentwickelt. Dazu tragen auch die Ergebnisse der Begleitforschung zur Musterwohnung bei, die systematisch ausgewertet werden. Dementsprechend wird die Angebotspalette von SOPHIA und SOPHITAL ergänzt.

2.2.8
degewo Berlin – Sicherheit und Service – SOPHIA Berlin

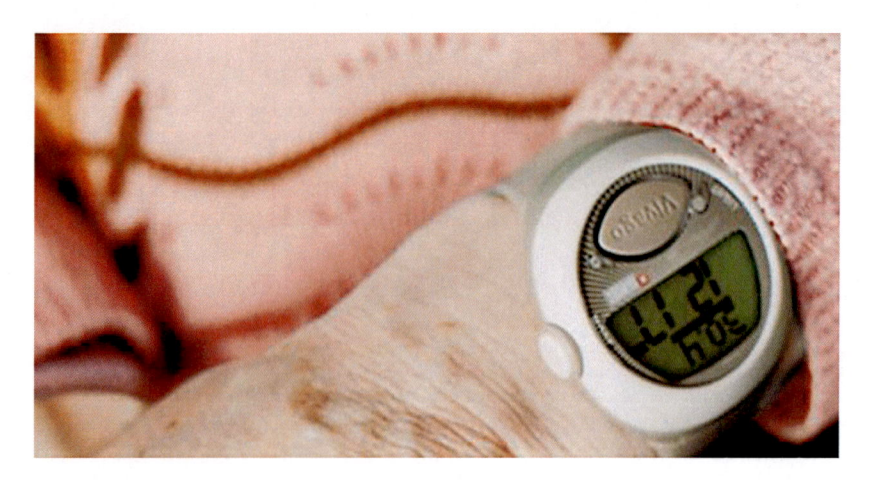

Quelle: SOPHIA

Projektüberblick

Seit 2007 wird das SOPHIA-System auch außerhalb von Franken eingesetzt. Einer der Hauptprotagonisten in Berlin ist die degewo. Aktuell sind in dem Bestand der degewo 140 Wohnungen mit dem SOPHIA-System ausgestattet, nimmt man alle SOPHIA-Systeme in Berlin zusammen, kommt man auf ca. 450 ausgestattete Haushalte, bundesweit sind es ca. 4.000 Einheiten. Anbieter des Systems in Berlin ist die SOPHIA Berlin GmbH, die gemeinsam von degewo und der Berliner STADT UND LAND Wohnbauten GmbH betrieben wird. Neben den Mitarbeitern der SOPHIA Berlin GmbH sind über 30 Ehrenamtliche in der Servicezentrale, als Haushaltshilfen oder Handwerker im Einsatz.

Beschreibung von Technik und Dienstleistungen

Der Leistungsumfang des SOPHIA-Systems in Berlin unterscheidet sich kaum von dem in Bamberg. Ihre Wohneinheiten im Bestand sowie im Neubau stattet die degewo auf Mieterwunsch und bei Abschluss eines entsprechenden kostenpflichtigen Teilnehmervertrages mit der Infrastruktur des SOPHIA-Systems aus. Technische Voraussetzungen für das Hausnotrufgerät sind analoge oder digitale Telefonanschlüsse. Sollten diese beim Kunden nicht vorhanden sein, wird von SOPHIA ein GSM-fähiges Gerät bereitgestellt. Das SOPHIA-Basispaket enthält den Zugang zur 24 Stunden besetzten SOPHIA-Notruf-Zentrale, die Betreuungsangebote bereithält, aber auch Dienstleistungen und häusliche Hilfe vermittelt. Zusätzlich sind weitere Funktionen oder Dienstleistungen, wie ein Notrufhandy, in verschiedenen Paketen zubuchbar.

Zum Leistungsumfang gehört in Berlin ebenso wie in den anderen SOPHIA-Standorten unter anderem das Vivago-Notrufsystem. Über ein Sicherheitsarmband, welches die Nutzer ständig am Handgelenk tragen, kann ein Notfallknopf getätigt werden, der wiederum über die Basisstation ein Notsignal an die Servicezentrale sendet. Diese kann dann Hilfsmaßnahmen einleiten und ggf. direkt den Rettungsdienst verständigen. Das Auslösen des Notrufs ist zudem automatisch über integrierte Sensoren – bei Inaktivität des Trägers – möglich.

Die Servicezentrale ist für die Nutzer auch eine rund um die Uhr verfügbare Anlaufstelle zur Beratung, Erinnerung an beispielsweise Medikamenteneinnahme, für Patenanrufe, zur Vermittlung von Hausbesuchen, Dienstleistungen oder Arztbesuchen. Hierzu ist eine große Anzahl freiwilliger Ehrenamtlicher eingesetzt, die diesen Leistungsumfang überhaupt erst ermöglichen. Diese werden sowohl in der Zentrale eingesetzt, wo sie aktiv die Gespräche mit "ihren" zugeteilten Senioren führen, als auch vor Ort, wo sie beispielsweise die Nutzer besuchen oder ihnen im Alltag helfen.

Die Mieter der degewo, die in Wohnungen leben, welche mit dem SOPHIA-System ausgestattet sind, haben laut Angaben des Unternehmens ein Durchschnittsalter von rund 80 Jahren.

Finanzierungskonzept

Bei der degewo werden den Mietern die SOPHIA-Leistungspakete Basis oder Sicherheit, angeboten: Das Basis-Paket garantiert eine 24-Stunden-Erreichbarkeit der Servicezentrale per Telefon, das Sicherheits-Paket umfasst selbiges, zusätzlich den Anschluss an das SOPHIA-Notrufnetz und die Hinterlegung des Schlüssels bei einem 24 Stunden einsatzbereiten Schlüsselpartner. Die monatlichen Kosten für den Nutzer belaufen sich dabei auf 16,90 EUR respektive 33,90 EUR.

Nächste Schritte

Als nächste Schritte sind die Übernahme von fünf Seniorenwohnanlagen (Conciergeservice, Schlüsselkette) und von Seniorenwohnanlagen mit sozialer Betreuung geplant.

2.2.9
SWB Schönebeck – Selbstbestimmt und Sicher in den eigenen vier Wänden

Quellen:
http://www.swb-schoenebeck.de/img/header/telehilfe-und-sicherheitspaket.jpg
http://www.swb-schoenebeck.de/img/header/telehilfe-hausnotruf.jpg

Projektüberblick

"Selbstbestimmt und Sicher in den eigenen vier Wänden" ist ein Angebot der SWB Schönebeck und ihren Partnern, das in den eigenen Wohnungen der SWB und weiteren Wohnungen anderer Partner in ganz Sachsen-Anhalt für Senioren und Menschen mit gesundheitlichen Einschränkungen offeriert wird.

Seit 2006 kommt hier das sogenannte Sicherheitspaket zum Einsatz. Neben einem Hausnotrufgerät werden funkgesteuerte Rauchmelder auf die Notrufzentrale aufgeschaltet und ermöglichen im Brandfall direkten Sprachkontakt mit den Bewohnern. Über 400 Wohnungen des Unternehmens und drei anderen Gesellschaften sind mittlerweile überzeugte Anwender dieses Systems.

Träger dieses Angebotes ist der Verein "Selbstbestimmt Wohnen e. V.", den die SWB gemeinsam mit vier weiteren Wohnungsunternehmen aus der Region vor zehn Jahren gegründet hat. Der Verein gründete unter anderem eine als "Telehilfe" bezeichnete Notrufzentrale, eine vom Verband der Krankenkassen anerkannte Hausnotrufzentrale und bietet in Kooperation mit vielen sozialen Akteuren, Wohlfahrtsverbänden, lokalen Gesundheitsdienstleistern sowie dem Technikhersteller ConDigi neben dem Sicherheits- und Hausnotrufdienst auch die Vermittlung von Dienstleistungen und sozialen Kontakten an.

Beschreibung von Technik und Dienstleistungen

Basis des Angebotes der SWB ist ein Hausnotrufgerät auf Mobilfunkbasis (GSM), das den Mietern Sprachkontakt mit der Telehilfe erlaubt, Notrufe dorthin weitergibt und ebenfalls eine Weiterleitung von Bränden realisiert. Zusatzgeräte wie Einbruchmelder, Falldetektoren usw. sind in der zusätzlichen Aufschaltung möglich. Den Nutzern steht der 24 Stunden-Hausnotruf sowohl für Hilferufe als auch für die Vermittlung von Dienstleistungen (Betreuungs-, Unterstützungs- und andere Dienstleistungsangebote wie Einkaufsservice oder "grüne Damen") bereit. Hierzu kooperiert die SWB nicht nur mit lokalen Gesundheitsdienstleistern und Pflege- und Betreuungsdiensten, sondern auch mit Händlern aus der Region. Damit kann der Friseur oder auch der Kasten Selters direkt über die Zentrale an den Mieter vermittelt werden. Sind diese erweiterten Funktionen nicht gewünscht, kann sich der Mieter auf eine 24-Stunden-Notruffunktion beschränken, die dann ohne die Einbindung des Rauchmelders funktioniert.

Hintergrund für das Engagement der SWB und ihr Engagement im Verein "Selbstbestimmt Leben" ist der demografische Wandel und der hohe Anteil älterer Mieter in den Beständen des Unternehmens: 45 % aller Mieter sind heute schon älter als 60 Jahre, viele von ihnen verfügen über geringe Renten. Die SWB zeigt, wie es ohne finanzielle Förderung für Forschungsmittel oder andere staatliche Förderung, aber mit Elan und Durchsetzungsfähigkeit möglich ist, ihren älteren Mietern für ein geringes monatliches Entgelt einfache Sicherheitsleistungen zu Hause zur Verfügung zu stellen und darüber hinaus ein tragfähiges Betreuungsnetz zu aktivieren. Die positive Resonanz der Mieter und ihrer Angehörigen zeigt, wie erfolgreich das Low-Tech-Angebot der SWB ist.

Finanzierungskonzept

Die Finanzierung des Projekts erfolgt über das Wohnungsunternehmen bzw. die Mieter selbst. Bei vorhandenen Pflegestufen werden 17,50 EUR im Monat von den Krankenkassen für den Hausnotruf übernommen. Das GSM-Basisgerät kostet 360 EUR. Die Funk-Rauchwarnmelder kosten jeweils ca. 100 EUR und es sind davon, je nach Größe der Wohnung, im Durchschnitt zwei bis drei Melder je Wohnung nötig, um diese vollständig abzudecken. Somit sind für die technische Ausstattung einer 2-Zimmer-Wohnung Einmalkosten von rund 600 EUR erforderlich. Diese werden mit 11 % auf die Basismiete umgelegt (5,50 EUR mehr pro Monat).

Für die Aufschaltung auf die Zentrale fallen je nach Umfang der Nutzung unterschiedliche Kosten monatlich an. Nur Rauchmelder werden mit 11 EUR im Monat berechnet, Rauchmelder und Hausnotruf mit 20 EUR im Monat.

Nächste Schritte

Für die nächste Zukunft plant das Unternehmen, gemeinsam mit dem Netzwerk Entwicklungen speziell für Demenzgruppen vorzunehmen. Vier Wohngruppen gibt es derzeit in der Gesellschaft, die Nachfrage steigt stetig.

2.2.10
Wohlfahrtswerk Baden-Württemberg – easyCare

Quellen:
http://www.wohlfahrtswerk.de/php_uploads/6/bildergalerie/thumb2_Else_Heydlauf_St_24317.JPG
http://www.wohlfahrtswerk.de/php_uploads/6/bildergalerie/thumb2_Else_Heydlauf_Stiftung_24440%5B1%5D.JPG

Projektüberblick

Das Wohlfahrtswerk für Baden-Württemberg erprobt in seinen Betreuten Wohnanlagen technische Assistenzsysteme für ältere Menschen. Zur Erhöhung der Sicherheit werden unterschiedliche Monitoringsysteme zur (In-)Aktivitätserkennung erprobt, hinzu kommen Angebote zur Information, Kommunikation und Dienstleistungsvermittlung. Insgesamt sind aktuell 15 Seniorenwohnungen mit diesen Systemen ausgestattet. Alle Wohnungen sind im Betreuten Wohnen integriert, das bedeutet, dass flankierend zu den erprobten Assistenzsystemen jeweils Ansprechpartner für die Mieter vor Ort sind.

Im Zentrum der aktuellen Erprobungen stehen die vergleichende Analyse von verschiedenen technischen Systemen sowie die darauf aufbauende Entwicklung eines Geschäftsmodells, das es ermöglicht, Assistenzsysteme kostengünstig in den Beständen des Wohlfahrtswerks und darüber hinaus einzusetzen.

Die aktuell erprobten technischen Systeme gehen zurück auf das BMBF geförderte Projekt easyCare (2009 bis 2012), das in Kooperation mit dem Forschungszentrum Informatik (FZI), der vitapublic GmbH sowie der RaumComputer GmbH durchgeführt wurde. Weitere Kooperationspartner sind von technischer Seite die easierlife GmbH, Locate Solution GmbH sowie Tunstall; hinzu kommen Partner aus dem Bereich der ambulanten Versorgung, insbesondere das DRK.

Beschreibung von Technik und Dienstleistungen

In den Wohnungen werden aktuell unterschiedliche Monitoringsysteme zur Erhöhung der Sicherheit der Senioren eingesetzt. Vergleichend erprobt werden die Systeme zur (In-)Aktivitätserkennung von easierlife, Locate Solution sowie Tunstall. Die Systeme basieren auf einer unterschiedlichen Anzahl von Sensoren als Aktivitätsindikatoren (Bewegungsmelder, Kontaktsensoren, Lichtsensoren, Wärme- bzw. Temperatursensoren, Rauchmelder), die über ein Sensor-Gateway per Webschnittstelle mit einer Webplattform verbunden sind. Dort werden auf Basis von Regeln und definierten Anwendungsfällen Ereignisse generiert, wie zum Beispiel das Verlassen der Wohnung, Aufstehen aus dem Bett oder Inaktivität. Werden gravierende Abweichungen zwischen den vereinbarten Regeln und dem tatsächlichen Verhalten gemessen, können über verschiedene Schnittstellen und Benachrichtigungswege unterschiedliche Zielgruppen (Pflegedienste, Betreutes Wohnen, Angehörige, Notrufzentralen) informiert werden. Alle Meldungen laufen über die zentrale Koordinationsstelle bzw. über die sich vor Ort befindlichen Koordinatorinnen, was zusätzliche Sicherheit erbringt. Insgesamt konnten bezüglich des Aktivitätsmonitorings viele positive Erkenntnisse gewonnen werden.

Parallel dazu werden den Mietern mittels eines Tablets Anwendungen und Dienstleistungen zur Verfügung gestellt, die die soziale Teilhabe der Mieter unterstützen sollen. Dazu gehören Informationen, einfache Internetanwendungen sowie die Videokommunikation mit der Koordinationsstelle in der jeweiligen betreuten Wohnanlage und/oder mit Verwandten und Freunden. Weiterhin sind erste Dienstleistungen in das Angebot integriert, wie zum Beispiel die Bestellung von Menüs bei "Essen auf Rädern".

Die Erfahrungen der Mieter wurden während des Forschungsprojektes evaluiert und werden aktuell von den jeweiligen Betreuern in den Anlagen weiter dokumentiert.[20] Die Ergebnisse wurden in dieser Studie nachvollzogen und aktualisiert (vgl. Kapitel 3). Zur Betreuung der Bewohner bildet das Wohlfahrtswerk "Service-Helfer" aus, die auf Nachfragen der Mieter mit Hilfestellungen bei der Bedienung des Equipments zur Verfügung stehen. Dies entlastet das soziale Betreuungspersonal vor Ort in den Einrichtungen.

Finanzierungskonzept

Nach erfolgreichem Abschluss des BMBF-geförderten Forschungsprojektes engagiert sich das Wohlfahrtswerk weiter in Richtung der Ausstattung der eigenen Bestände mit technischen Assistenzsystemen. Um dies finanziell tragbar umsetzen zu können, entwickelt das Wohlfahrtswerk Baden-Württemberg aktuell ein entsprechendes Geschäftsmodell, das es erlaubt, Assistenzlösungen kostengünstig zur Verfügung zu stellen.

Das Organisationsmodell hierfür legt folgende Arbeitsteilung zugrunde: die Technikinstallation wird durch den jeweiligen Anbieter erfolgen, Service, Wartung und Installation sowie Einführung und Betreuung der Mieter übernimmt das Wohlfahrtswerk.

---

[20] Röll et al. 2014, Röll et al. 2012, Rosales Sauer, B. 2012

Nächste Schritte

Ziel ist es, bis Ende 2014 ein konkretes Geschäftsmodell vorlegen zu können, um dann mit dem Rollout in weiteren Einrichtungen des betreuten Wohnens beginnen zu können. Über einzelne Kostenfaktoren können aktuell noch keine Angaben gemacht werden.

Insgesamt konnten viele positive Erkenntnisse gewonnen werden: So wurde sich bewusst für eine Schnittstelle der Webplattform zu Mobilgeräten entschieden, um im Betreuungsalltag die Nutzbarkeit für beispielsweise mobile Pflegedienste zu schaffen. Auch die Gebrauchstauglichkeit der Tablet-PCs bzw. der darauf installierten App wurden im Rahmen der projektbegleitenden Evaluation von den Nutzern als durchweg positiv und einfach bewertet.

2.2.11
Joseph-Stiftung/Rheinwohnungsbau GmbH – I-stay@home

Quelle: http://www.rheinwohnungsbau.de/blog/wp-content/uploads/2013/07/living-lab.jpg

Projektüberblick

Die Joseph-Stiftung koordiniert das europäische Anwendungsprojekt I-stay@home (ICT Solutions for an Aging Society), in dem sich insgesamt neun europäische Wohnungsbauunternehmen aus fünf nordeuropäischen Ländern engagieren. Als zweiter deutscher Partner ist die Rheinwohnungsbau GmbH vertreten, die SOPHIA Living Network GmbH fungiert als Technikpartner, die EBZ Business School ist als deutscher Forschungspartner beteiligt.

Das Projekt, das 2012 startete und 2015 abgeschlossen sein wird, zielt auf die Identifizierung, Auswahl und das Testen einer Reihe von erschwinglichen ICT-(Informations- und Kommunikationstechnologie)-Lösungen, welche dazu beitragen könnten, älteren Menschen länger ein unabhängiges Leben in ihrem Zuhause zu ermöglichen[21]. Die teilnehmenden Partner legen bei der Begutachtung der Produkte und Leistungen Wert auf Aspekte wie Sicherheit, Gesundheit und Komfort sowie zusätzlich auf Energieverbrauch und Kommunikation. Alle Projektpartner sind der Meinung, dass eine Pflege daheim für jeden möglich sein soll, unabhängig von Einkommen oder wirtschaftlichem Hintergrund. Bezahlbarkeit ist deshalb ebenso ein wichtiges Kriterium für alle zum Test ausgewählten Geräte, Leistungen und Lösungen. Die Joseph-Stiftung beteiligt sich mit mehr als 20 Wohnungen aus ihrem Bestand.

Beschreibung von Technik und Dienstleistungen

Im Rahmen des Projekts wurde 2013 eine Auswahl von erschwinglichen und momentan verfügbaren ICT-Produkten und -Leistungen erarbeitet und in einem Katalog zusammengefasst. Dieser basiert

---

[21] Joseph und Orr 2013

auf einer Umfrage bei rund 500 Technologie- und Produktanbietern in Europa und der näheren Begutachtung von 114 entsprechenden technischen Assistenzsystemen, die von den angefragten Unternehmen gemeldet wurden. Der gesamte Katalog wird vom Projekt online[22] zur Verfügung gestellt und kann jederzeit von weiteren Produktanbietern erweitert werden. Auf der Grundlage der sowohl technischen Begutachtung der gemeldeten Technologien, als auch anhand der oben genannten Kriterien, wurde ein Set von brauchbaren technischen Geräten und Systemen erarbeitet.

Ziel ist zum einen ein europäisches "Wiki", in dem erstmals alle relevanten Produkte aufgelistet sind, die einen möglichst langen Verbleib speziell von älteren Bewohnern in der eigenen häuslichen Umgebung ermöglichen. Ein zweites Ziel ist die Integration der besten Services in die IT-Plattform.

Um die ausgewählten Produkte und technischen Systeme in der Praxis zu erproben, werden 2014 insgesamt 180 Wohnungen der teilnehmenden Wohnungsunternehmen mit relevanten technischen Systemen ausgestattet.

Zum Zeitpunkt der Erstellung dieses Berichtes erfolgt die Ausstattung der Wohnungen, Mietererfahrungen liegen von daher noch nicht vor und können in diesen Bericht nicht eingebunden werden. Neuigkeiten sowohl zu Mietererfahrungen, als auch anderweitige rund um I-stay@home werden ständig auf der Homepage des Projektes veröffentlicht[23]

Finanzierungskonzept

Das Projekt I-stay@home wird mit 2,6 Millionen EUR bis September 2015 aus dem Programm Interreg IVB NWE im Rahmen der "Europäischen Förderung für regionale Entwicklung" (EFRE) gefördert. Der restliche Förderanteil wird von den Projektpartnern selbst getragen. Im Zuge der Testwohnungen werden die IT-gestützten Geräte den Nutzern für ein Jahr kostenfrei zur Verfügung gestellt.

Nächste Schritte

Am Ende des Projektes werden eine umfangreiche Auswertung und eine entsprechende Produktevaluation stehen, aus der wiederum Erkenntnisse für die Wohnungswirtschaft ebenso wie für die Produkthersteller gewonnen werden können. Bereits jetzt lassen sich jedoch einige Tendenzen ableiten: Demnach sind viele Produkte Stand-Alone-Systeme und haben keine oder eine geringe Kompatibilität mit anderen Systemlösungen. Darüber hinaus stimmen oftmals die Kosten-Nutzen-Verhältnisse nicht, weswegen AAL-Komponenten in der Praxis als Kombinationspaket mit Energiespar-, Sicherheits- und Komfortlösungen angeboten werden. Die Joseph-Stiftung ist in ihrer Koordinationsfunktion auch zukünftig fest in das gesamte Projekt eingebunden.

---

[22] Vgl. http://wiki.i-stay-home.eu/index.php/Main_Page
[23] Vgl. www.i-stay-home.eu

2.2.12
WEWOBAU eG Zwickau – Technische Assistenz zur Energieoptimierung

Quelle: WEWOBAU eG Zwickau

Projektüberblick

Das Projekt "Technische Assistenz zur Energieoptimierung" (Low Energy Living) ist ein laufendes Projekt im Bestand der WEWOBAU eG Zwickau. Das Projekt ist aus dem Forschungsprojekt "Low Energy Living" heraus entstanden, und setzt technische Assistenzsysteme zunächst für die Energieoptimierung ein; in einem zweiten Schritt kommt dann die Unterstützung der selbstständigen Lebensführung hinzu. Zwischen 2009 und 2014 wurden 62 Wohneinheiten mit energieoptimierenden Eigenschaften ausgestattet, wie beispielsweise Be- und Entlüftungssteuerung (nur in einigen Wohnungen) oder einem zentralen Kommen-Gehen-Schalter und die Wirkung der eingesetzten Technologien untersucht. Aktuell wird das Projekt in Richtung AAL mit der Zielgruppe der Senioren erweitert. Partner des Projektes sind die Westsächsische Hochschule Zwickau, Energieversorger, Gesundheitsdienstleister und Wohlfahrtsverbände.

Beschreibung von Technik und Dienstleistungen

Aktuell sind 62 Wohnungen mit technischen Assistenzsystemen ausgestattet, welche die Mieter darin unterstützten sollen, Energiekosten einzusparen. Hierzu gehören fernablesbare Smart Meter, KNX-BUS-Verkabelung, intelligente Heizungssteuerung, d. h. intelligente Thermostate sowie eine automatische Wärmedrosselung, wenn Fenster offen stehen. Hinzu kommen intelligente Rauchmelder sowie das automatische Abschalten von Elektroverbrauchern und Heizungsdrosselung beim Verlassen der Wohnung (Alles-Aus-Schalter an der Eingangstür). Darüber hinaus ist im Flur ein zentrales Steuerungspanel angebracht, über das eine Verbrauchsvisualisierung sowie die Steuerung der Hausautomation erfolgen kann. Weiterhin ist es möglich, die Bedienung über eine App für Mobiltelefone vorzunehmen.

Die Erfahrungen mit diesem Projekt waren für die WEWOBAU durchgängig positiv, was dazu führte, dass sie inzwischen weiter Wohnblöcke mit diesen technischen Funktionalitäten ausgestattet hat und zukünftig weitere Wohneinheiten blockweise mit der entsprechenden Basisinfrastruktur ausstatten will. Ziel ist es, die Bestände attraktiver zu machen und Assistenzsysteme zur Energieoptimierung allen Mietern zur Verfügung zu stellen.

Parallel zu diesen Aktivitäten engagiert sich die WEWOBAU im Modellprojekt A²LICE (Westsächsische Hochschule Zwickau), dessen Ziel es ist, den erfolgreichen Energiesparansatz mit technischen Assistenzsystemen für Senioren so zu koppeln, dass die erzielten Einsparungen in der Energiebilanz für den Betrieb von Assistenzlösungen zur selbstständigen Lebensführung genutzt werden können.

Aktuell erprobt A²LICE in einer von der WEWOBAU ausgestatteten Musterwohnung ein breites Spektrum von AAL-Funktionalitäten aus den Bereichen, Sicherheits-, Komfort- und Unterstützungsfunktionen. Dazu zählen unter anderem ein intelligentes Hausnotrufsystem, Falldetektoren, LED-Beleuchtung für Steckdosen und Schalter, eine automatische Herdabschaltfunktion sowie umfassende bauliche Anpassungen für die Barrierefreiheit der Wohnung. Darüber hinaus werden Gesundheitsfunktionen (WLAN-Waage, Blutdruckmessgerät) sowie Algorithmen für ein Aktivitätsmonitoring entwickelt: Vorgesehen ist es, bei längerer Inaktivität des Bewohners ein Warnsignal an eine dritte Person zu senden, um auf Gefahrensituationen und Abweichungen der Alltagsroutinen schnell reagieren zu können.

Finanzierungskonzept

Die technische Infrastruktur für die genannten Maßnahmen wurde im Rahmen von Sanierungsmaßnahmen installiert und durch Mittel des Europäischen Sozialfonds (ESF) gefördert. Während einer ersten Projektphase (2009–2012) wurden die technischen Assistenzsysteme zur Energieoptimierung zunächst getestet und waren für die Nutzer kostenfrei. Die dabei angefallenen Gesamtkosten für die Basisinstallation betrugen 2.500 EUR pro Wohneinheit, rund 80.000 EUR für die ersten 32 ausgerüsteten Wohnungen. Die Besonderheit des Projekts liegt darin, dass die Einsparungen, die durch die Energie einsparenden Funktionen erzielt werden, mittelfristig die Betriebskosten der AAL-Funktionen decken sollen. So würden die Nebenkosten bei mehr Angebotsumfang gleich bleiben. Noch ist diese Idee jedoch nicht Realität.

In einer eigenen Erhebung ermittelte die WEWOBAU eine durchschnittliche Zahlungsbereitschaft ihrer Mieter für Energie einsparende und Komfort steigernde Funktionen von 60 Cent/m² pro Monat, zusätzlich zur bisherigen Miete. Diese liegt aktuell bei 5,11 EUR/m². Das wären für eine 50 m²-Wohnung 30 EUR pro Monat bzw. 360 EUR pro Jahr.

Nächste Schritte

Die WEWOBAU hat sich daher auf Basis des offenbar grundsätzlich vorhandenen Interesses und der zusätzlichen Zahlungsbereitschaft ihrer Mieter für energetische und Komfort steigernde und unterstützende Maßnahmen dazu entschlossen, ihre Bestände ab 2013 blockweise mit der Basisinfrastruktur zur energetischen Optimierung auszustatten. Damit sollen die Bestände attraktiver gestaltet und die Leerstandsquote weiter gesenkt werden. Nach erfolgreichem Abschluss des A^2LICE-Projektes sollen Assistenzfunktionen hinzukommen, die die selbstständige Lebensführung älterer Mieter unterstützt.

Ziel der WEWOBAU ist es, nach Abschluss des A^2LICE-Projektes (Ende 2014) die Erfolg versprechenden Funktionalitäten in die bestehenden Wohnungen mit Energieoptimierung zu übernehmen. Gespräche mit den Mietern brachten hervor, dass immerhin 61 % ein grundsätzliches Interesse haben, eine solche Wohnung zu beziehen und nannten dabei als wichtigste Gründe den Verbleib in der eigenen Wohnung sowie den Erhalt der Selbstständigkeit.

2.2.13
HWB Hennigsdorfer Wohnungsbaugesellschaft GmbH – Mittendrin – ServiceWohnen

Quelle: http://www.enkey.de/ratgeber-details/hennigsdorfer-wohnungsbaugesellschaft-setzt-auf-enkey.html

Projektüberblick

Die Hennigsdorfer Wohnungsbaugesellschaft (HWB) hat in ihrem Bestand das seit 2011 laufende Projekt "Mittendrin – ServiceWohnen im Hochhaus der 60er". In einem Plattenbau-Hochhaus der 1960er-Jahre mit ca. 110 Wohneinheiten hat die Wohnungsbaugesellschaft unter stetiger Mieterbeteiligung in den letzten 15 Jahren verschiedene Projekte zur Steigerung der Energieeffizienz, zum vernetzten Wohnen und auch zu AAL-Themen durchgeführt. Als Partner des "Mittendrin"-Projekts ist von technischer Seite die Firma Kieback&Peter eingebunden. Ein großes Augenmerk des Projekts liegt auf der einfachen und klar gegliederten Ausstattung der Wohneinheiten mit Produkten für grundsätzlich alle Zielgruppen. Gerade sicherheitsrelevante Funktionen sprechen aber eher die Gruppe der Senioren an.

Beschreibung von Technik und Dienstleistungen

Im Rahmen des Projektes wurden sowohl sicherheitssteigernde Funktionalitäten, wie beispielsweise vernetzte Rauchmelder, Überwachungskameras (Eingang, Waschsalon, Aufzug) oder ein Sicherheitsdienst bzw. Concierge für das Gebäude, als auch energieeffizienz- und Komfort steigernde Funktionen wie Energiemonitoring und Energieberatungsangebote oder verschiedene Angebote für E-Mobilität installiert. Außerdem wurde ein Fahrstuhl für das Gebäude errichtet, über den die Mieter auch die höchsten Stockwerke erreichen können.

Gerade die in allen Wohneinheiten installierte, vollautomatische Temperatursteuerung stieß bei vielen Mietern anfänglich nicht sofort auf Akzeptanz. Auch wenn das Interesse an Energieeinsparungen vieler Mieter grundsätzlich sehr hoch ist, sind Einweisungen und Nachbetreuungen durch die HWB notwendig, um Hürden abzubauen. Alle technischen und Dienstleistungsangebote stehen den Mietern als komplettes Leistungsbündel zur Verfügung.

Die Energieeffizienzmaßnahmen wurden im Jahr 2012 realisiert und bedeuten für einige Mieter Energieeinsparungen von 20 %.

Finanzierungskonzept

Die Finanzierung der Maßnahmen erfolgte unter anderem durch Landesfördermittel (Brandenburg). Die Wohnungen werden von der HWB für rund 11 bis 12 EUR pro Quadratmeter Warmmiete angeboten, sodass beispielsweise eine 32 m² große 1,5-Zimmer-Wohnung für 380 EUR warm angemietet werden kann. In der Miete sind die Modernisierungskosten für die genannten Maßnahmen bereits enthalten.

Nächste Schritte

Weitere Schritte sind derzeit nicht bekannt.

2.2.14
STÄWOG Städtische Wohnungsgesellschaft Bremerhaven mbH – "LSW – Länger selbstbestimmt Wohnen"

Quelle: STÄWOG, Wohnprojekt Goethestraße 43

Projektüberblick

Mit den Kooperationspartnern "Diakonisches Werk Bremerhaven eV", "Offis-TZI eV Bremen" und dem "Technologiezentrum Informatik der Universität Bremen" wurden unter Beteiligung der STÄWOG in mehreren Workshops die Wünsche der Bewohner der Städtischen Wohnungsgesellschaft Bremerhaven aufgenommen. Auf Einladung der STÄWOG fand mit allen Bewohnern ein Besuch in der Musterwohnung des Offis in Oldenburg statt. Die Workshops und die Besichtigung der Musterwohnung mündeten in fünf Szenarien. "Alles aus", "Alles zu", "Alles hell", "Alles im Blick" und "Kommunikation".

Von der Bewohnergruppe wurden zunächst drei Wohnungen als Teilnehmer für das Projekt ausgewählt. Eine Teilnehmerin hat nach Beginn der Projektlaufphase die Mitarbeit beendet und wurde durch ein anderes Teilnehmerpaar ersetzt.[24]

Beschreibung von Technik und Dienstleistungen

Für jede Wohnung wurden jeweils ein Android-Tablet-PC, eine Homematic-Basisstation und eine von den Teilnehmern abhängige Anzahl von Steckdosen programmiert. Weiterhin wurden spezielle Rauchmelder für die Vernetzung und Fenster- und Türkontakte in das Konzept integriert. Ein zusätzliches Verlegen von Kabeln in der Wohnung war im bewohnten Bestand ausgeschlossen, deshalb

---

[24] Müller, F. et al. 2013

wurde Funktechnik eingesetzt. Neben zentralen Schaltern wurden für die Alles-Zu-Option nachrüstbare Fensteraktoren eingebaut. Das vorhandene System wird von den Mietern nach Unternehmensangaben intensiv eingesetzt.

Die Leistung der Wartungsfirmen bestand in der baulichen und elektrischen Integration in die vorhandene Wohnungselektroverteilung. Dies gestaltete sich aufwendiger als kalkuliert, da der Platz in den Steckdosen nicht zum Einbau der Funkelemente ausreiche und so umfangreich nachgebohrt werden musste. Einzelne Bausteine des Homematic-Systems waren mit erheblichen Lieferzeiten verbunden, sodass die Umsetzung des Projektes verzögert wurde.

Finanzierungskonzept

Die Finanzierung der Personalkosten erfolgte über ein Forschungsprojekt, die Kosten für die Nachrüstungen in den Wohnungen und das technische Material betrugen ca. 3.500 EUR pro Wohnung und wurden von der STÄWOG getragen.

Nächste Schritte

Das Projekt zeigte, dass mit geringem Mehraufwand bei der Modernisierung oder beim Neubau durch die Verwendung von 5-adrigem Kabel eine aufwendige Nachinstallation der Steckdosen künftig vermieden werden kann. In zukünftigen Modernisierungs- und Neubauprojekten wird dies berücksichtigt. Um weitere individuelle Anforderungen der Mieter realisieren zu können, solle darüber hinaus das Verlegen von hochwertigem Datenkabel in alle Wohn- und Schlafräume einschließlich der Verbindung zur Sprechanlage vorgesehen werden.

Bei zwei laufenden Modernisierungsmaßnahmen wurden das 5-adrige Kabel und die Datenleitungen bereits eingesetzt bzw. geplant. Bei einem anstehenden Neubauvorhaben wird es bei der Ausschreibung berücksichtigt.

Die STÄWOG prüft derzeit, bestimmte Pakete den Mietern zusätzlich auf Mietbasis anzubieten und diese dann entsprechend zusätzlich zur Normalmiete zu finanzieren. Dies könnte bei dem Baustein "Alles aus" anfangen und langfristig auch die Kommunikation mit Ärzten oder Pflegediensten einschließen.

2.3
Abgeschlossene Projekte

Es wurden – neben den noch laufenden – weitere Projekte betrachtet, die bereits abgeschlossen waren, deren Erfahrungen für die Analyse von Bedeutung sind.

2.3.1
GEWOBA Potsdam mbH – SmartSenior

Projektüberblick

Die GEWOBA Potsdam mbH war als Anwendungspartner im BMBF-geförderten Projektverbund SmartSenior eingebunden und verantwortlich dafür, 35 Haushalte zu gewinnen, welche in ihren Wohnungen den Feldversuch SmartSenior@Home durchführen. Das Projekt SmartSenior war das größte deutsche Förderprojekt (2008 bis 2012), das technische Assistenzsysteme in der häuslichen Umgebung, aber auch für Mobilität und Gesundheitsversorgung entwickelte. Es waren ca. 30 weitere Partner beteiligt, unter anderem SIEMENS, Alcatel, BMW, Deutsche Telekom, Charité, TU Berlin, Fraunhofer-Institut, Krankenkassen, Ärzte, Wohlfahrtsverbände und andere Gesundheitsdienstleister.

Der Feldversuch SmartSenior@Home richtete sich ausschließlich an Senioren und schloss Ein- und Zweipersonenhaushalte ein. Er wurde durch eine klinische Evaluationsstudie begleitet sowie durch eine sozialwissenschaftliche Evaluation ergänzt. Die dort erarbeiteten Ergebnisse sind in Kapitel 3 eingearbeitet.[25]

Beschreibung von Technik und Dienstleistungen

Herzstück der in den Wohnungen der Senioren eingesetzten Assistenzdienste war ein vernetzter Flatscreen-Fernseher mit einer Fernbedienung (Touchscreen) und einem Smartphone. Über diese Endgeräte konnten die Sensordaten aus Bewegungs-, Kontakt- und Temperaturmessungen abgelesen sowie Benachrichtigungen aus der Sensorik empfangen werden. Aus dem Bereich Gesundheit wurde das Monitoring von Gewicht, Blutdruck und bei einigen Nutzern ein EKG erprobt. Hinzu kam eine Erinnerungsfunktion für die Medikamenteneinnahme und regelmäßiges Trinken.

Aus dem Bereich der Komfortfunktionen wurden die Funkbedienung von Licht und Heizung sowie die Hausgeräteüberwachung und Steuerung, aus dem Bereich der Sicherheit die Signalisierung, ob Türen oder Fenster offen standen, Alles-Aus-Schalter an der Tür sowie ein Aktivitätsmonitoring erprobt.

Weiterhin konnten die Feldtestteilnehmer mit dem Telemedizin-Zentrum der Charité, dem Assistenzcenter der Johanniter-Unfall-Hilfe sowie der GEWOBA Audio-Video-Kontakt (AV-Kommunikation) aufnehmen. Zur Unterstützung der sozialen Kom-

---

[25] Gövercin et al. 2014, Meyer und Fricke 2012

munikation wurde die AV-Kommunikation zwischen den Feldtestteilnehmern erprobt sowie ein "Partnerfinder", der die Kontakte zwischen den Feldtestteilnehmern anregen sollte.

Finanzierungskonzept

Die Teilnahme der Mieter am SmartSenior@Home-Projekt war kostenlos. Die GEWOBA stellte den Nutzern den Baukörper (Wohnung) und einen Teil der Infrastruktur zur Verfügung.

Nächste Schritte

Das Projekt ist abgeschlossen und das getestete technische Equipment wurde nach Abschluss des Feldversuchs aus den Wohnungen entfernt. Interessant für die GEWOBA war das hohe Interesse der Mieter an der Audio-Video-Kommunikation zur Wohnungsverwaltung. Der Feldversuch hatte gezeigt, dass die Abstimmungswege zwischen Mieter und Gesellschaft verkürzt und der "direktere" Draht zu einem Ansprechpartner die Zufriedenheit der Mieter steigert. Jedoch konnte dieser Aspekt nach Abschluss des Projektes nicht weitergeführt werden. Es fehlt an Lösungen, die für das Mieterklientel im höheren Alter ausreichend bedienungsfreundlich sind sowie an Anbietern, die ein kompaktes Dienstleistungspaket (Hardware- und Tarifauswahl + Einrichtung von Videodiensten inkl. Profileinrichtung + Kurzeinweisung + Servicehotline) hierzu anbieten. Die Erweiterung der Kundenbetreuung mittels Audio-Video-Kontakt würde eine Anpassung der Verwaltungsabläufe bedingen.

Weiterhin zeigen die Evaluationsdaten, dass zur Betreuung von Seniorenhaushalten, die mit innovativer Technik ausgestattet sind, ein nicht zu unterschätzender Betreuungsaufwand erforderlich ist. Dies ist ein nicht zu unterschätzender finanzieller Faktor, der auch in den anderen Projekten eine wichtige Rolle für die Weiterführung von zunächst öffentlich geförderten Projekten spielt.

Da zukünftig die Umsetzung eines ganzheitlichen AAL-Systems ein immer stärkeres Zusammenwirken einer Vielzahl von verschiedensten Partnern (Dienstleister, Pflegeeinrichtungen, Gesundheitswesen, Nachbarschaften, Ehrenamt etc.) gegenüber dem Senior notwendig ist, kann die Wohnungswirtschaft bei der Vermittlung und Abwicklung von Dienstleistungen ein wesentlicher Kommunikationspartner sein. Insbesondere kommunale Wohnungsunternehmen sind mit ihrem sozialen Auftrag dabei stark gefordert und müssen die dafür notwendigen zusätzlichen Beratungs- und Betreuungskompetenzen daher mittelfristig auf- bzw. ausbauen. Daher ist es das erklärte Ziel der GEWOBA, aktiv daran mitzuwirken, die Themen Wohnen und Gesundheit weiter zusammenzubringen. Dies geschieht zum Beispiel über themenbezogene Workshops mit den Mietern oder spezifischen Projekten, wie zum Beispiel der Entwicklung eines virtuellen Marktplatzes mit lokalen Akteuren, der auch dabei helfen soll lokale Netzwerke aufzubauen bzw. zu stärken.

2.3.2
Spar- und Bauverein eG Hannover – STADIWAMI

Quelle: https://idw-online.de/pages/de/newsimage?id=84797&size=screen

Projektüberblick

Das Projekt "STADIWAMI" der Spar- und Bauverein eG Hannover ist ein im Bestand durchgeführtes und abgeschlossenes AAL-Projekt. Projektpartner waren das Fraunhofer-Institut für offene Kommunikationssysteme (FOKUS), Fraunhofer-Institut für Software- und Systemtechnik (ISST), die Technische Universität Berlin, das DIN Deutsches Institut für Normung e. V. sowie die Kooperationsstelle Hamburg IFE GmbH. Das Projekt hatte zunächst vor, technische Assistenzsysteme mit den Mietern des Bau- und Sparvereins zu erproben, dies konnte jedoch aus zu differenzierten Bedarfen in diesem Bereich nicht realisiert werden. Der Schwerpunkt wurde dann auf die Entwicklung und Erprobung eines webbasierten Dienstleistungsportals gelegt.

Beschreibung von Technik und Dienstleistungen

Kern des STADIWAMI-Projektes ist ein Dienstleistungsangebot, zu dem beispielsweise ein Botendienst (Besorgungen ohne Kundentransport), ein Begleitservice (zum Beispiel zum Einkaufen), ein Fahrdienst (Kundentransport), ein Urlaubsdienst (unter anderem Blumengießen, Briefkastenleerung) sowie eine "helfende Hand" (beispielsweise Glühbirnen wechseln) gehören. Eine zentrale Koordinationsstelle bearbeitet die Terminanfragen der Nutzer und die Mitarbeiter des "Außendienstes" führen diese tatsächlichen Aufgaben aus. Die Anfragen geben die Mieter beispielsweise via Tablet (Android) oder PC über das Bewohnerportal "James" ab, die an das Vor-Ort-Büro übermittelt werden. Auch die Vermittlung externer Dienstleistungen erfolgt über dieses Büro.

Das Portal bietet neben dem Dienstleistungs- und Informationsangebot außerdem Kommunikationsmöglichkeiten mit anderen Nutzern oder Verwandten.

Finanzierungskonzept

Das STADIWAMI-Projekt wurde vom BMBF im Rahmen der Forschungsförderung zu Technologie und Dienstleistungen im demografischen Wandel gefördert, interessant ist das im Projekt entwickelte dreistufige Geschäftsmodell für wohnbegleitende Dienstleistungen. Auf der Grundlage der durchgeführten Mieterbefragungen wurden hierbei die entwickelten Dienstleistungsangebote ins Zentrum des Leistungskatalogs gestellt. Diese stehen den Mietern dabei kostenfrei zur Verfügung, auch wenn der Genossenschaft selbst daraus jährliche Kosten in Höhe von rund 115.000 EUR entstehen. Die einmalig entstehenden Kosten für die Entwicklung der Dienstleistungsangebote wurden zu großen Teilen durch die finanziellen Mittel des BMBF getragen: So wurde beispielsweise die Anschaffung der Tablet-PCs mit diesen Mitteln finanziert. Auch die Kosten für die Vorabuntersuchungen sowie die begleitende Evaluierung des Projektes wurden so getragen. Die laufenden Kosten für Betrieb, Wartung und Instandhaltung der technischen Infrastruktur wurden durch den Etat des Marketingbereichs gedeckt.

Nächste Schritte

Als vollständig unbesetzte Lücke im Unterstützungsangebot der Spar- und Bauverein eG wurde in der Voruntersuchung das Fehlen von Begleitdiensten identifiziert. Ebenso fiel in der Befragung der potenziellen Nutzer auf, dass es eine Sensibilität für die Vertrauenswürdigkeit für manche Dienstleistungen gibt: So gibt es einerseits Dienstleistungen, die eine gewisse fachliche Professionalität zwingend voraussetzen, andererseits jedoch auch solche, für die ein Vertrauensverhältnis (beispielsweise Begleit- und Betreuungsangebote) besonders wichtig ist.

Insgesamt sind die Erfahrungen der Genossenschaft selbst im Rahmen dieses Projekts positiv ausgefallen. Die technische Infrastruktur und die Geräte sowie die organisatorischen Strukturen sind geschaffen worden und werden daher auch zukünftig weiter genutzt werden. So werden die erhobenen Dienstleistungsangebote weiter vorangetrieben und ausgebaut. Hierzu betreibt die Spar- und Bauverein eG beispielsweise Netzwerkarbeit zu lokalen Anbietern.

2.3.3
GWW Wiesbaden – WohnSelbst

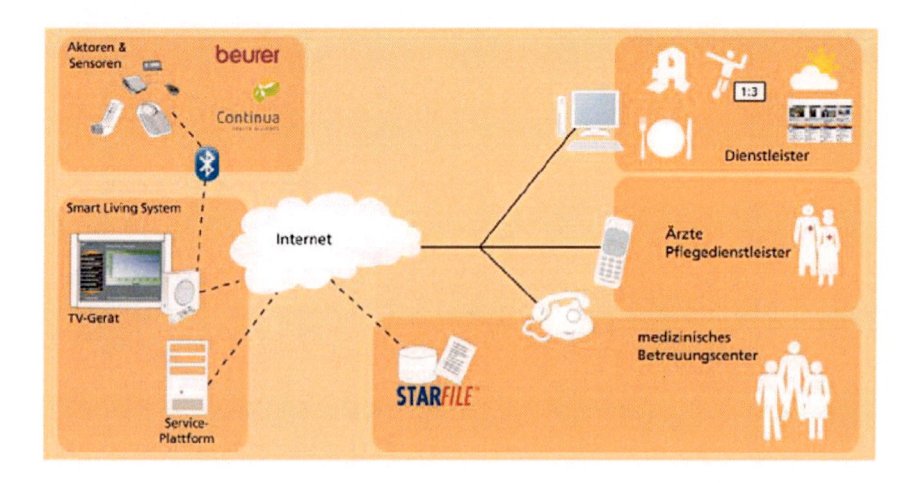

Quelle: Abschlussbericht WohnSelbst

Projektüberblick

Das Modellprojekt "WohnSelbst" ist ein abgeschlossenes Projekt der GWW Wiesbadener Wohnbaugesellschaft mbH, welches im Zeitraum von 2009 bis 2012 im Bestand durchgeführt wurde. Es bezieht sich insbesondere auf ältere Bewohner, die an Diabetes, Adipositas oder koronaren Herzerkrankungen chronisch erkrankt sind. Neben der Dr. Horst Schmidt Klinik GmbH (HSK), dem örtlichen Krankenhaus, sind unter anderem das Fraunhofer-Institut für Software- und Systemtechnik ISST, die Robert Bosch Healthcare GmbH, die Beurer GmbH sowie die Deutsche Kommission für Elektrotechnik, Elektronik und Informationstechnik im DIN und VDE sowie das VDE Prüf- und Zertifizierungsinstitut weitere Projektpartner.

Das Projekt zielt auf eine Unterstützung des selbstbestimmten Wohnens älterer Menschen, durch die Integration telemedizinischer Komponenten und Serviceangebote im häuslichen Umfeld. Zur Erprobung dieser vernetzten Technologien und Dienstleistungen wurden rund 80 Wohneinheiten in Wiesbaden und der Gemeinde Taunusstein in das Projekt einbezogen.[26]

Beschreibung von Technik und Dienstleistungen

Den Bewohnern wird ein komplettes Gesundheitsprogramm angeboten, welches sich aus einem jährlich durchgeführten Gesundheitscheck, einem Serviceportal zur Bereitstellung wohnbegleitender Gesundheitsdienstleistungen sowie einem medizinischen Kompetenzcenter zur Überwachung des Gesundheitszustandes zusammensetzt. Entsprechend ihrer Erkrankung erhalten die Bewohner ein Blutzuckermessgerät, eine Waage oder ein Blutdruckmessgerät, um ihre Werte täglich kontrollieren zu können.

Die Erfassung der Daten erfolgt über einen sogenannten "Health Buddy", welcher mit einem medizinischen Kompetenzcenter verbunden ist. Dieses analysiert die Daten, sodass im Fall kritischer

---
[26] WohnSelbst 2014

Werte beispielsweise der Hausarzt oder ein Pflegedienst benachrichtigt werden kann. Eine eingerichtete Erinnerungsfunktion macht den Nutzer darauf aufmerksam, wenn vergessen wurde, die Daten zu erfassen. Der Bewohner kann zudem das Kompetenzzentrum rund um die Uhr bei gesundheitlichen Problemen erreichen.

Zur Bereitstellung gesundheitlicher Dienstleistungen wird an den Fernseher eine Set-Top-Box angeschlossen, die neben dem herkömmlichen TV-Signal ein Serviceportal anzeigt. Einzige technische Voraussetzung hierfür ist ein Internetanschluss. Über den sogenannten Smart Living Manager (SLIM) können Informationen abgerufen werden wie beispielsweise nächstgelegene Apotheken im Nachtdienst oder Einkaufsmöglichkeiten mit Lieferservice.

Finanzierungskonzept

Das Modellprojekt "WohnSelbst" wurde durch das Bundesministerium für Bildung und Forschung (BMBF) im Rahmen des AAL-Programms über den gesamten Projektzeitraum gefördert. So konnte ermöglicht werden, dass die Dienstleistungen inklusive Software und Installation den Nutzern kostenfrei zur Verfügung gestellt werden. Nach der dreijährigen Testphase wird angestrebt, das wohnbegleitende Gesundheitsprogramm bundesweit zu vermarkten. Dafür wurde ein freifinanziertes Geschäftsmodell erarbeitet, welches ohne Beteiligung von Kranken- oder Sozialkassen tragbar ist. Im Konkreten ist vorgesehen, dass sich die durch das Serviceportal integrierten Dienstleister wie beispielsweise Apotheken oder Lieferservices an den Kosten beteiligen, indem für die Vermittlung der Dienste Gebühren erhoben werden. Eine kostenlose Bereitstellung für Nutzer kann jedoch nicht realisiert werden und Wohnungsunternehmen müssen ggf. einen Initialinvest tragen.

Nächste Schritte

Nach Projektende konnte eine hohe Akzeptanz seitens der Mieter festgestellt werden. Insbesondere die älteren Nutzer empfinden die interaktive Software als eine Bereicherung in ihrem Alltag. Zukünftig gilt es, die Zahlungsbereitschaft und -fähigkeit potenzieller neuer Nutzer zu hinterfragen sowie die Anwendung und den Nutzen der technischen Systeme weiter zu optimieren.

2.4 Musterwohnungen

2.4.1 Wohnungsgenossenschaft "eG" Penig – Musterwohnung AlterLeben

Kooperationspartner:
VSWG Sachsen, Projekt AlterLeben, Architekturbüro, MSN: Assistenzsystem ViciOne

Ausstattung der Musterwohnung
- **Optimierung der Wohnung:**
    - Erneuerung der Fassade
    - Veränderung des Grundrisses/Teilentkernung (von 3 auf 2 Zimmer): Vergrößerung des Bades, Vergrößerung der Küche
    - Abbau von Barrieren (Entfernung von Stufen und Schwellen. Verbreiterung von Türen in der Wohnung, erhöhter WC-Sitz, bodengleiche Dusche, vorgerüsteter Duschsitz)
    - Verbesserung der Schalldämmung
    - Internetanbindung, WLAN: neue Elektroverkabelung in abgehängter Decke

- **Technische Ausstattung**
    - Komfort:
        - Multifunktions-Deckensensor: Luftdruck, Luftfeuchtigkeit, Temperatur, Bewegung,
        - Licht-Jalousie-Steuerung
        - Lichtszenarien (Beleuchtung gedimmt, wenn TV-Gerät an)
    - Sicherheit
        - Intelligente Brand-, Rauchmelder
        - Zentral-Aus an der Eingangstür
        - Anzeige, wenn Fenster oder Türen offen
        - Anzeige von Havarien
        - Alles aus, wenn abwesend
        - Abschalten bestimmter Elektroverbraucher in der Nacht
        - Wohnungsschlüssel mit Transponder: Einbruchschutz, Alltagserleichterung
        - Optisches Klingelsignal
        - Vitalüberwachung-Bewegungsmelder (Präsenz bei Notfällen)
        - Paniktaster (Übertragung an Dienstleister)
        - Leckage Sensor (Wasser, Gas)
    - Heizung/ Lüftung
        - Einzelraumregelung
        - Lüftungsregelung (Luftqualitätsdedektion)

- Visualisierung/Bedienung des Systems (ViciOne)
  - Höhenverstellbares Touchpanel
  - Ein Knopf: Verbindung zu Dienstleistern
  - Visualisierung der Informationen aus der Sensorik

- **Dienstleistung:**
  - Anbindung von externen Dienstleistern möglich

2.4.2
LebensRäume Hoyerswerda e. G. – Musterwohnung WALLI

Musterwohnung entstand im BMBF-Projekt AlterLeben

Kooperationspartner:
VSWG Sachsen, Projekt AlterLeben, Architekturbüro, Loc.Sens (Locate Solution GmbH), Primacom

Ausstattung der Musterwohnung
- **Optimierung der Wohnung:**
    - Veränderung des Grundrisses/Teilentkernung (von 3 auf 2 Zimmer): Vergrößerung des Bades, Vergrößerung der Küche
    - Abbau von Barrieren (Entfernung von Stufen und Schwellen. Verbreiterung von Türen in der Wohnung, bodengleiche Dusche, vorgerüsteter Duschsitz, bodengleiche Verglasung einer Loggia)
    - Verbesserung der Schalldämmung
    - Internetanbindung, WLAN

- **Technische Ausstattung**
    - Komfort:
        - Multifunktions-Deckensensor
        - Licht- und Jalousiesteuerung
        - Lichtszenarien (Beleuchtung gedimmt, wenn TV an)
    - Sicherheit
        - Intelligente Brand-, Rauchmelder
        - Zentral-Aus an der Eingangstür
        - Wohnungsschlüssel mit Transponder: Einbruchschutz, Alltagserleichterung
        - Optisches Klingelsignal
        - Bewegungsmelder (Präsenz bei Notfällen)
        - Paniktaster (Übertragung an Dienstleister)
        - Leckage Sensor (Wasser, Gas)
    - Heizung/Lüftung
        - Einzelraumregelung
        - Lüftungsregelung (Luftqualitätsdedektion)
    - Visualisierung/Bedienung des Systems
        - Steuerung über Tablet und Smartphone möglich
        - Ein Knopf: Verbindung zu Dienstleistern
        - Visualisierung der Informationen aus der Sensorik

- **Dienstleistung:**
    - Haushaltsnahe Dienste
    - Ambulante Pflege, Hauspflege
    - Gesundheitsdienstleister
    - Soziale Kontakte/Kultur

2.4.3
Wohnungsgenossenschaft "Fortschritt" Döbeln e. G. – VSWG-Musterwohnung

Kooperationspartner:
VSWG Sachsen, Projekt AlterLeben, Architekturbüro, Miele AG

Ausstattung der Musterwohnung
- **Optimierung der Wohnung:**
    - Veränderung des Grundrisses/Teilentkernung: Vergrößerung des Bades, Vergrößerung der Küche
    - Abbau von Barrieren (Entfernung von Stufen und Schwellen. Verbreiterung von Türen in der Wohnung, bodengleiche Dusche, vorgerüsteter Duschsitz)
    - Verbesserung der Schalldämmung
    - Erneuerung der Elektroverkabelung

- **Technische Ausstattung**
    - Komfort:
        - Multifunktions-Deckensensor
        - Lichtsteuerung
        - Lichtszenarien (Beleuchtung gedimmt, wenn TV an)
        - Vernetzte Küchengeräte (Miele@home)
    - Sicherheit
        - Zentral-Aus an der Eingangstür
        - Elektronischer Wohnungsschlüssel
        - Optisches Klingelsignal
        - Videoüberwachung der Eingangstür, Video-AB
        - Paniktaster (Übertragung an Dienstleister)
        - Alarmanlage
        - Leckage Sensor (Wasser, Gas)
        - Automatisches Nachtlicht
    - Heizung/Lüftung
        - Einzelraumregelung
        - Lüftungsregelung (Luftqualitätsdedektion)
    - Visualisierung/Bedienung des Systems
        - Steuerung über Tablet und Smartphone möglich
        - Ein Knopf: Verbindung zu Dienstleistern
        - Visualisierung der Informationen aus der Sensorik

- **Dienstleistung:**
    - Haushaltsnahe Dienste
    - Ambulante Pflege, Hauspflege
    - Gesundheitsdienstleister
    - Soziale Kontakte/ Kultur

2.4.4
WBG Unitas e. G. Leipzig – Musterwohnung AlterLeben

Kooperationspartner:
VSWG Sachsen, Projekt AlterLeben, Architekturbüro, Volkssolidarität, Nachbarschaftsverein, Supermarkt und Apotheke

Ausstattung der Musterwohnung
- **Optimierung der Wohnung:**
    - Veränderung des Grundrisses/Teilentkernung
    - Abbau von Barrieren (Entfernung von Stufen und Schwellen soweit als möglich, Verbreiterung von Türen in der Wohnung, rutschhemmende Beläge, erhöhter WC-Sitz, bodengleiche Dusche, vorgerüsteter Duschsitz)
    - Ergonomisch angepasste Einbauküche
    - Internetanbindung, WLAN: neue Elektroverkabelung in abgehängter Decke

- **Technische Ausstattung**
    - Komfort:
        - Multifunktions-Deckensensor: Luftdruck, Luftfeuchtigkeit, Temperatur, Bewegung,
        - Licht- und Jalousiesteuerung
        - Lichtszenarien (Beleuchtung gedimmt, wenn TV an)
    - Sicherheit
        - Intelligente Brand-, Rauchmelder
        - Fernöffnen der Tür möglich (zum Beispiel durch ambulanten Pflegedienst oder Notarzt)
        - Alles-Aus-Funktion an der Eingangstür
        - Automatisches Nachtlicht
        - Optisches Klingelsignal
        - Paniktaster (Übertragung an Dienstleister)
        - Leckage Sensor (Wasser, Gas)
    - Heizung/Lüftung
        - Einzelraumregelung
        - Lüftungsregelung (Luftqualitätsdedektion)
    - Visualisierung/Bedienung des Systems (ViciOne)
        - Höhenverstellbares Touchpanel
        - Ein Knopf: Verbindung zu Dienstleistern
        - Visualisierung der Informationen aus der Sensorik

- **Dienstleistung:**
    - Anbindung von externen Dienstleistern möglich (Volkssolidarität)

2.4.5
Nibelungen-Wohnbau-GmbH Braunschweig – Musterwohnung Geniaal beraten

Kooperationspartner:
EHealth Bremen, GENIAAL beraten, Wohnraumberatung, Handwerkskammer, Peter L. Reichertz Institut für Medizinische Informatik, Institut für Datentechnik und Kommunikationsnetze

Ausstattung der Musterwohnung
- **Optimierung der Wohnung:**
    - Barrierearmer Umbau

- **Technische Ausstattung**
    - Komfort:
        - Multifunktions-Deckensensor: Luftdruck, Luftfeuchtigkeit, Temperatur, Bewegung)
        - Licht- und Jalousiesteuerung
        - Lichtszenarien (Beleuchtung gedimmt, wenn TV an)
    - Sicherheit:
        - Intelligente Brand-, Rauchmelder
        - Fernöffnen der Tür möglich (zum Beispiel durch ambulanten Pflegedienst oder Notarzt)
        - Alles-Aus-Funktion an der Eingangstür
    - Heizung/Lüftung
        - Einzelraumregelung
    - Visualisierung/Bedienung des Systems
        - Bedienung über Tablet oder Smartphone-App
        - Ein Knopf: Verbindung zu Dienstleistern

- **Dienstleistung:**
    - Mein Hausmeister
    - Meine Kundenberatung
    - Meine Abrechnung
    - Meine Mietzahlung
    - Mein Seniorenservice
    - Handwerkerservice (Handwerkskammer)

2.4.6 Wernigeröder Wohnungsgenossenschaft eG – Musterwohnung TECLA

Kooperationspartner:
GSW Wernigerode mbH, Halberstädter Wohnungsgesellschaft mbH, Steinke Gesundheits-Center GmbH, Pflegedienst Krüger GmbH, Landesapothekerverband Sachsen-Anhalt, Ahorn Apotheke; die IT-Dienstleister brain-ssc, Petter.Letter GmbH und Unipro GmbH, GeniAAL Leben, Hochschule Harz

Ausstattung der Musterwohnung
- **Optimierung der Wohnung:**
    - Barrierearmer Umbau

- **Technische Ausstattung**
    - Komfort:
        - Elektrische Pflegebetten
        - Videokonferenz-/Videorufsysteme
    - Sicherheit:
        - Stationäres sowie portables Hausnotrufsystem (DRK)
        - Waage
        - Blutdruckmessgerät
        - Sturzmatte
        - Notabschaltsystem für Herd
        - Vernetzte Rauchmelder
    - Heizung/Lüftung
        - k.A.
    - Visualisierung/Bedienung des Systems
        - Bedienung über Touchscreen-Monitor; PC
        - Datenstift "Care Pen"

- **Dienstleistung:**
    - Apothekenruf/-lieferdienst (über Onlineportal)
    - Lebensmittellieferdienst (über Onlineportal)
    - Mieterportal

2.4.7
WG Aufbau Dresden e. G. – Musterwohnung AutAGef

Kooperationspartner:
Ennovatis GmbH, Gossen Metrawatt (Messtechnik), Voice INTER connect, TU Dresden, b.i.g. Sicherheitstechnik und Logistik GmbH, ASB, VDI/VDE Innovation + Technik GmbH

Ausstattung der Musterwohnung
- **Optimierung der Wohnung:**
    - Barrierearmer Umbau

- **Technische Ausstattung**
    - Komfort:
        - Multifunktions-Sensor: Luftfeuchtigkeit, Temperatur, Bewegung
        - Licht- und Jalousiesteuerung

    - Sicherheit:
        - Notrufsystem (ASB)
        - Sturz-/Teppichsensor
        - Rauchmelder
        - Automatische Verhaltensanalyse durch Assistenzsoftware zur Notfallerkennung (zum Beispiel Sturz)
    - Heizung/Lüftung
        - Intelligente Zähler
        - Monitoringsystem
        - Automatische Verhaltensanalyse
        - Energiemanagementsystem (Steuerung/Regelung)
    - Visualisierung/Bedienung des Systems
        - Bedienung Touchscreen-Monitor
        - Akustisches Bedieninterface
        - Notrufknopf: Ein-Tasten-Kommunikation

- **Dienstleistung:**
    - Fernauslesung, Betriebskostenerfassung
    - Pflegedienste, Hausbesuche

3
Attraktivität, Nutzung und Wirkung technischer Assistenzsysteme – Evaluation der Projekte aus Nutzersicht

Das Angebot an technischen Hilfsmitteln und Assistenzsystemen nimmt stetig zu. Einfache Notruffunktionen sind bundesweit verbreitet und werden zum Teil über die Pflegeversicherung finanziert. Komplexere Systeme für das häusliche Umfeld wurden in den letzten Jahren in einer Vielzahl von Förderprojekten erprobt und werden aktuell in den oben analysierten Good Practice-Beispielen eingesetzt. Die Systeme beruhen auf der internen Vernetzung der Wohnung und der Anbindung über sogenannte Gateways an externe Dienstleister.

Dieses Kapitel richtet sich auf die Erfahrungen der Mieter in den untersuchten Fallbeispielen mit den dort angebotenen technischen Assistenzsystemen und flankierenden Dienstleistungen. Erkenntnis leitendes Interesse dabei ist es, ob und wie innovative Wohnkonzepte auf Basis technischer Assistenzsysteme eine erfolgreiche Alltagsbewältigung älterer Menschen unterstützen und zu ihrer Wohnzufriedenheit beitragen. Von daher haben wir in einem ersten Analyseschritt zunächst festgehalten, welche technischen Funktionen in den vorgestellten Praxisprojekten umgesetzt wurden. In einem zweiten Schritt wurde analysiert, welche Erfahrungen die Mieter mit den dortigen Technologien und Dienstleistungen gemacht haben und schließlich versucht zu bewerten, wie hilfreich diese für eine selbstständige Lebensführung im Alter sind und welche Wirkung sie für die älteren Menschen haben könnten.

3.1
Analysierte Projekte: Datenbasis der Evaluation

In diesem Kapitel werden schwerpunktmäßig diejenigen Praxisprojekte genauer untersucht, in denen im Untersuchungszeitraum 2013/2014 (dauerhaft) ältere Menschen leben (vgl. Tabelle 4). Die in Kapitel 2 ebenfalls dargestellten Musterwohnungen wurden in die Untersuchung dieses Kapitels nicht einbezogen, da dort keine Nutzer über längere Zeiträume wohnen. Dies gilt ebenso für Forschungsprojekte, die nicht oder noch nicht mit Felderprobungen im häuslichen Setting von Mietern begonnen haben.[27]

Zur Komplettierung des Bildes wurden allerdings die Ergebnisse aus Forschungs- und Erprobungsprojekten hinzugenommen, die 2013 abgeschlossen wurden und nach Ablauf der Förderung nicht weiter verfolgt werden konnten (SmartSenior, WohnSelbst).

Tabelle 4: Untersuchte Projekte und Anzahl der Wohnungen

Einbezogene Projekte		
Wohnungsbaugesellschaft	Projektname	Ausgestattete Wohnungen
GEWOBAU Erlangen	Modellprojekt "Kurt-Schumacher-Straße"	N=60
Kreiswohnbau Hildesheim	Intelligentes Wohnen – ARGENTUM am Ried	N=25
WBG Burgstädt e. G.	Die mitalternde Wohnung	N=11
Gemeinnützige Baugesellschaft Kaiserslautern AG	Ambient Assisted Living – Wohnen mit Zukunft	N=39
Gemeinnützige Baugenossenschaft Speyer	Technisch-soziales Assistenzsystem im innerstädtischen Quartier	N=10
DOGEWO21 Dortmunder Ges. für Wohnen mbH	WohnFortschritt	N=3
Joseph-Stiftung Bamberg	Wohnen mit Assistenz – Wohnen mit SOPHIA und SOPHITAL	N=110 N=60
degewo Berlin	Sicherheit und Service – SOPHIA Berlin	N=140
SWB Schönebeck	Selbstbestimmt und Sicher in den eigenen vier Wänden	N=255
WEWOBAU eG Zwickau	Technische Assistenz zur Energieoptimierung	N=32
HWG Hennigsdorfer Wohnungsbaugesellschaft GmbH	Mittendrin: Service-Wohnen	N=60 N=12
Wohlfahrtswerk Baden-Württemberg	easyCare	N=15
GEWOBA Potsdam mbH	SmartSenior	N=35
GWW Wiesbaden	WohnSelbst	N=15
Ausgestattete Wohnungen		**N=882**

---

[27] In die Evaluation aus Mietersicht konnte das Projekt der Joseph-Stiftung "I stay@home" nicht einbezogen werden, da der Feldversuch des Projektes erst im Herbst 2014 startet und damit leider nicht in unseren Untersuchungszeitraum fällt. Ebenfalls nicht berücksichtigt in der Evaluation aus Mietersicht wurde das Projekt STADIWAMI, das nicht auf die Erprobung in Mieterhaushalten, sondern vielmehr auf die Entwicklung von Standards und Geschäftsmodellen zielte.

Analysierte Fallstudien	N=90

Die in die Evaluation einbezogenen 14 Projekte wurden in den Jahren 2012 bis 2014 von der Projektgruppe aus sozialwissenschaftlicher (SIBIS-Institut), technischer (GdW) sowie ökonomischer Perspektive (InWIS Institut) untersucht. Die sozialwissenschaftliche Studie stützt sich auf insgesamt 90 Fallstudien mit Mietern aus diesen 14 Projekten. Diese Daten wurden durch Ergebnisse von Evaluationsstudien ergänzt, die einzelne Projekte selbst durchgeführt haben.[28]

Abbildung 1: Stichprobe der evaluierten Haushalte nach dem Alter der Mieter, N=90

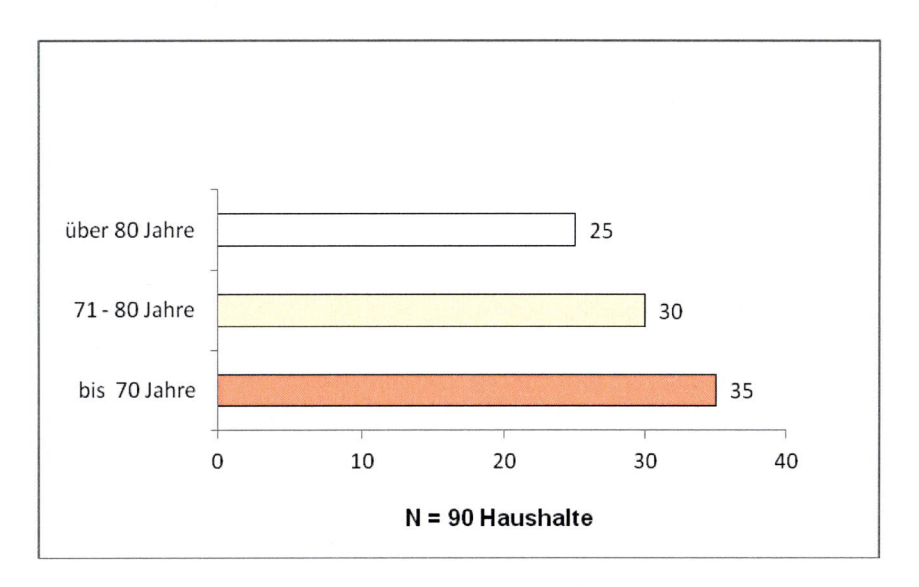

- über 80 Jahre: 25
- 71 - 80 Jahre: 30
- bis 70 Jahre: 35

N = 90 Haushalte

Hinzu kommen die Ergebnisse von N=50 teilstandardisierten Interviews mit den Geschäftsleitungen der Wohnungsunternehmen, den jeweiligen Projektleitern, Kunden- und Objektbetreuern sowie mit den Herstellern der eingesetzten Technologien.

Abbildung 2: Stichprobe der durchgeführten Experteninterviews, N= 50

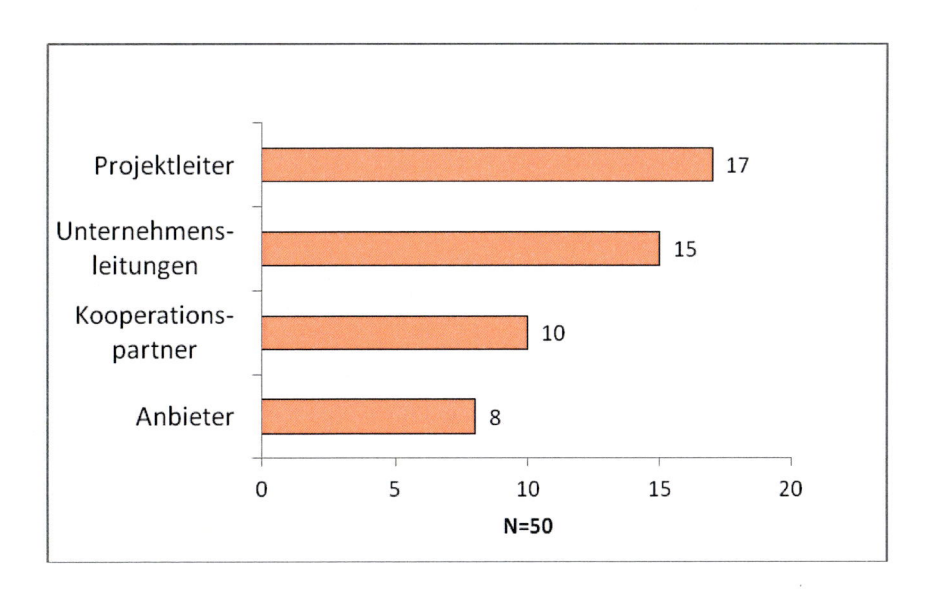

- Projektleiter: 17
- Unternehmensleitungen: 15
- Kooperationspartner: 10
- Anbieter: 8

N=50

---

[28] Balasch et al. 2014; Gövercin et al. 2014; Schelisch 2014; Wilkes 2013; Spellerberg & Schelisch 2012, Meyer & Fricke 2014a, Meyer & Fricke 2012, Meyer 2010, AlterLeben 2012

Die vom SIBIS-Institut durchgeführten empirischen Erhebungen in den Mieterhaushalten folgten einem standardisierten methodischen Verfahren: die Datenerhebung wurde durchgeführt in der Wohnung der Probanden und setzte sich zusammen aus teilnehmenden Beobachtungen, teilstandardisierten Interviews, Usability-Tests sowie einem Fragebogen. Die technikbezogenen Daten wurden kontextualisiert durch narrative Interviews zu den Technikerfahrungen der Mieter, zu ihrem Alltagsleben, ihrer Wohnsituation sowie zu ihren Bedürfnissen, Wünschen und Sehnsüchten. Dies erlaubt Rückschluss darauf, welche technischen Assistenzsysteme die Mieter in ihrem Alltag nutzen und welche Bedeutung sie für den Alltag haben. Herausgearbeitet werden konnte ebenfalls, welche Technologien zwar als attraktiv bewertet, aber dennoch nicht verwendet werden, welche Nutzungsbarrieren dafür verantwortlich sind und welche nicht-technischen Hemmnisse überwunden werden müssten.

Die in den Mieterhaushalten erhobene Datenbasis ist aktuell die umfassendste nach dieser Methode (Interviews und Unsability-Beobachtungen bei den Probanden zu Hause) erhobene Datenbasis in Deutschland. Obwohl die einzelnen Fallbeispiele unterschiedliche technische Schwerpunkte aufweisen und die hinterlegten Vernetzungskonzepte sowie Sensoren und Aktoren voneinander abweichen, ist es durch die eingesetzte standardisierte methodische Vorgehensweise möglich, verallgemeinerbare qualitative Ergebnisse zur Attraktivität der gebotenen Assistenzsysteme sowie zur Nutzungsbereitschaft und den Nutzungsgewohnheiten der Mieter mitzuteilen.

Die Erhebung macht überdeutlich, dass auch bei der Einführung technischer Assistenzsysteme "der Teufel im Detail liegt". Von daher kann es auch keine plakativen Antworten auf die Frage nach den hilfreichsten technischen Assistenzsystemen mit der größten Akzeptanz geben. Der subjektive Nutzen der realisierten Anwendungen wird von den verschiedenen Nutzergruppen unterschiedlich bewertet in Abhängigkeit von ihrer Lebenssituation, ihrem aktuellen Unterstützungsbedürfnis, ihrer Technikaffinität und nicht zuletzt dem Vorhandensein alternativer/nicht-technischer Ressourcen (Familie, Freunde, Nachbarschaft).

Der Nutzen technischer Assistenzsysteme ist also eine wichtige aber nicht hinreichende Voraussetzung ihrer Akzeptanz; hinzu kommen müssen eine benutzerfreundliche Bedienung, Robustheit und geringe Fehleranfälligkeit der Technik, das Vorhandensein attraktiver flankierender Dienstleistungen sowie die Gewährleistung einer Vielzahl von Faktoren, die als nicht-technische Einflussfaktoren gekennzeichnet werden können. Hierzu gehören bauliche Faktoren, datenschutz- und haftungsrechtliche Fragen, ethische Aspekte sowie kulturelle und soziale Faktoren. Wir werden diese Zusammenhänge im Folgenden genauer erläutern.

Die meisten der in Kapitel 2 vorgestellten Projekte konnten zumindest in der Anfangsphase auf Förderung durch das BMBF oder länderspezifischen Förderprogrammen zurückgreifen[29]. Nur ganz wenige waren in der Lage, ihre Angebote ohne staatliche Förderung

---

[29] Zu Finanzierungsfragen siehe Kapitel 0

zu realisieren (zum Beispiel WBG Schönebeck). Die Mehrheit der identifizierten Projekte erhielt Mittel aus dem BMBF-Förderprogramm "Altersgerechte Assistenzsysteme für ein gesundes und unabhängiges Leben – AAL" (2008 bis 2012), das sich explizit auf das Wohnen älterer Menschen als Ort selbstständiger Lebensführung und Gesundheitsvorsorge richtete. Gemeinsam war diesen Förderprojekten die Einbindung der Nutzer in die Technologieentwicklung sowie die Erprobung der Assistenzsysteme in den Wohnungen der Mieter.

3.1.1
Eingesetzte Techniken und Faktoren

Will man die Attraktivität der technischen Assistenzsysteme für die Mieter beurteilen, gilt es zunächst zu identifizieren, was in den jeweiligen Wohnungen technisch umgesetzt wurde. Die im Rahmen der Untersuchung ausgewerteten Projekte zeichnen aus technischer Sicht ein vielfältiges Bild. So wurden teilweise neue Kabelstrukturen verlegt, während in anderen Fällen Funksysteme dominieren. In der Projektauswahl entfallen 50 % auf die Nutzung rein funkbasierter, 21 % rein kabelbasierter und 29 % hybrider Strukturen.

Die Funktionen der installierten Assistenzsysteme reichen von einer einfachen Notruffunktion bis zur partiellen oder nahezu kompletten Haussteuerung und Sturzprävention.

Wie aus der Übersicht über genutzte technische Anwendungen[30] ersichtlich, werden in der überwiegenden Zahl der Projekte Sicherheitsanwendungen genutzt. Im Fokus stehen Sensoren für Anwesenheitssimulationen, (In-)Aktivitätserkennung, Sturzerkennung, Strom-Ein-/Aus-Erkennung, Lichtsteuerung und Rauchwarnung. Zentrale Ein-/Aus-Funktionen dienen zum Beispiel beim Verlassen der Wohnungen durch die Abschaltung von Herd und Steckdosen primär der Sicherheit, können jedoch auch zu Energieeinsparungen führen.

Nahezu alle Projekte beinhalten eine Notruffunktion. Bei den heute noch üblichen Regelangeboten können die Bewohner Notrufe im Regelfall nur manuell auslösen. Positiv ist zu vermerken, dass im Gegensatz dazu bei der Mehrzahl der ausgewählten Projekte automatische Systeme eingesetzt werden. Zu den Pionieren des automatischen Notrufs gehört seit Jahren das von den SOPHIA-Anwendern eingesetzte Vivago-System. Der entsprechende Körpersensor ist in einem Armband integriert, der Aktivitätsdaten an eine Servicezentrale übertragen kann. Das Armband ist entsprechend dauerhaft zu tragen. Automatische Systeme, die zusätzlich immer noch einen manuellen Alarm erlauben, sind rein manuellen Systemen, gerade im Falle von Inaktivität oder Sturz deutlich überlegen. So können Ursachen und Folgen von Stürzen immer dazu führen, dass eine manuelle Alarmierung nicht mehr möglich ist. Allerdings setzen automatische Systeme, deren Sensoren nicht direkt am Körper getragen werden, einen deutlich höheren technischen (zum Beispiel Sensormatten, Rauchsensoren) und damit auch finanziellen Aufwand voraus.

---

[30] Vgl. die Tabelle "In Projekten genutzte technische Funktionen" in der Anlage.

In einer deutlich geringeren Zahl der betrachteten Fälle wurde eine Heizungs- und Rollädensteuerung eingebaut. Eine solche Steuerung dient zwar der Energieeinsparung, wird jedoch von den Mietern eher als Komfortfaktor klassifiziert. Einen besonderen Nutzen bieten solche Systeme – insbesondere optische Türklingeln und Jalousiesteuerungen – Menschen mit körperlichen Einschränkungen, sofern eine mobile Bedienung über Tablets oder Smartphone möglich ist und diese Geräte "in Griffnähe" liegen

In den Projekten eingesetzte technische Assistenzsysteme

Sicherheit:
Hausnotruf, (In)-Aktivitätsmonitoring, Dedektion von Rauch-, Brand- und Wasserschäden, Minimierung des Einbruchrisikos (zum Beispiel GeWoBau, DOGEWO21, Joseph-Stiftung, degewo, Schönebeck, Kaiserslautern, Speyer, easyCare).

Komfort/Alltagserleichterungen:
Hier geht es um die Erleichterung von Tätigkeiten, die im Alter schwerer fallen (Steuerungen von Jalousien, Überwachung der Eingangstür, Automatisierung der Hausarbeit, Steuerung von Heizung und Lüftung (zum Beispiel ARGENTUM, Kaiserslautern, Speyer, Hennigsdorf, ProPotsdam).

Soziale Einbindung:
Ziel ist die Erleichterung der Kommunikation mit der Umwelt, Vernetzung mit der Nachbarschaft sowie Vernetzung mit der Wohnungsbaugesellschaft (easyCare, SmartSenior, Kaiserslautern, Speyer, Hildesheim).

Energetische Optimierung der Wohnung:
Relevant sind hier die Strom- und Heizungseinsparung oder das Abschalten bzw. Herunterfahren von Geräten bei Abwesenheit (zum Beispiel WeWoBau, HWB)

Gesundheit:
Erprobt wird das Monitoring von Vitalwerten, (SmartSenior, WohnSelbst), Aktivitätsmonitoring (zum Beispiel Kaiserslautern, Wohlfahrtswerk) oder die Vermittlung von Anregungen, um dem kognitiven Altern vorzubeugen (Kaiserslautern, Speyer, Hildesheim).

In den Projekten angebotene Dienstleistungen

Folgende Dienstleistungen wurden in den identifizierten Projekten gefunden:
Haushaltsnahe Dienstleistungen:
Unterstützung bei der Hausarbeit, kleine Reparaturen im Haushalt, Unterstützung bei Behördenfragen (zum Beispiel SOPHIA Berlin, SmartSenior, Schönebeck)

Zugehende Betreuung:
Regelmäßige Anrufe eines Betreuers, Stärkung des Kontaktes zu den Angehörigen, neue Konzepte in der ambulanten Versorgung (zum Beispiel SOPHIA, Schönebeck)

Technischer Support:

Einführung in die Bedienung der zu nutzenden Technik, Hilfen bei technischen Problemen, AV-Erreichbarkeit eines Administrators, Fernwartung des Systems, Hilfen bei Problemen, die nicht aus der Ferne lösbar sind (Batteriewechsel, Austausch von Systemen, zum Beispiel easyCare, Kaiserslautern, ARGENTUM)

Mieterbetreuung:
(AV-)Kontakt zwischen Mieter und Kundenbetreuer, Beschleunigung der Prozesse bei Reparaturen und Wartung, schnelle Informationsvermittlung an Mieter, Warnungen bei Ausfall von Aufzügen (zum Beispiel SmartSenior, ARGENTUM)

Gesundheits- und Pflegedienstleistungen:
Messung von Vitalwerten und Übertragung an ein medizinisches Zentrum, Betreuung der Patienten aus der Ferne, AV-Erreichbarkeit von medizinischen Fachleuten bei Problemen, neue technikgestützte Betreuungskonzepte, Fernbetreuung von Patienten, Effektivierung von Leistungen im Sinne des Nutzers (zum Beispiel WohnSelbst, SmartSenior)

Mensch-Technik-Interaktion/Bedienung der Systeme

Die gefundenen Benutzerschnittstellen variieren stark. Eingesetzt werden aktuell vor allem Tablets, seltener Smartphones. Fernsehgeräte sind kaum noch vertreten, sie wurden nur in älteren bzw. ausgelaufenen Forschungsprojekten eingesetzt, zum Beispiel SmartSenior, AlterLeben, WohnSelbst. In den aktuellen Praxisprojekten wandert die Bedienung von der TV-Fernbedienung zur Bedienung von Touchscreens auf dem Tablet oder dem Smartphone.

Festzuhalten ist, dass Tablet und Smartphone in der Altersgruppe der Senioren bei Weitem nicht so verbreitet sind wie das Fernsehgerät, eine Touch-Bedienung ist nicht vertraut. Das bedeutet, dass viele der befragten Mieter den Umgang mit Tablet oder Smartphone erst erlernen müssen. Die Bedienfreundlichkeit der eingesetzten Tabletlösung und die Qualität der Schulung insbesondere der älteren Mieter sind also wesentlich für das Gelingen.

3.1.2
Bauliche Faktoren

Der Schwerpunkt unseres Projektes lag auf der Analyse der Möglichkeit, technische Assistenzsysteme im Bestand, also in der Sanierung und Modernisierung umzusetzen. Folgende Projekte wurden im Bestand identifiziert:
- WBG Burgstädt e. G. (Die mitalternde Wohnung),
- Gemeinnützige Baugenossenschaft Speyer (Assistenzsysteme im Quartier),
- DOGEWO21, Dortmunder Gesellschaft für Wohnen mbH (WohnFortschritt),
- degewo Berlin (Sicherheit und Service – SOPHIA Berlin),
- SWB Schönebeck (Selbstbestimmt und Sicher in den eigenen vier Wänden),
- WEWOBAU eG Zwickau (Technische Assistenz zur Energieoptimierung),
- HWB Hennigsdorf (Mittendrin – ServiceWohnen),

- Wohlfahrtswerk Baden-Württemberg (easyCare),
- Forschungsprojekt SmartSenior (GEWOBA Potsdam mbH)
- Forschungsprojekt WohnSelbst (GWW Wiesbaden).

Zum Vergleich wurden folgende Neubauprojekte einbezogen:

- Kreiswohnbau Hildesheim (Intelligentes Wohnen – ARGENTUM am Ried),
- Gemeinnützige Baugesellschaft Kaiserslautern AG (Ambient Assisted Living – Wohnen mit Zukunft)
- GEWOBAU Erlangen (Modellprojekt Kurt-Schumacher Straße).

Als Projekte, die sich sowohl auf Neubauvorhaben als auch auf Bestandssanierungen beziehen, sind die Bau AG Kaiserslautern sowie die Joseph-Stiftung in Bamberg zu nennen.

Festzuhalten ist, dass im Zuge umfassender Modernisierungsmaßnahmen die Grenze zwischen "Bestand" und "Neubau" fließend wird. Wenn Wohnungsbestände grundlegend für eine Modernisierung "angefasst" werden, d. h. Grundrisse verändert oder barrierearm umgestaltet werden, sind die Voraussetzungen für eine Installation technischer Assistenzsysteme mit denen im Neubau vergleichbar. Ganz anders liegt der Fall, wenn die Installation der Assistenzsysteme in bewohnten Objekten erfolgt; dann muss die Technik mieterschonend installiert, bauliche Interventionen vermieden werden.

Einige der evaluierten Projekte beziehen sich auf das Betreute Wohnen/Servicewohnen. Dort wird neben der technischen Ausstattung menschliche Unterstützung und/oder Betreuung angeboten, zumeist sind diese Gebäude mit Gemeinschaftsräumen ausgestattet, die als Mietertreffpunkt dienen. Solche Projekte im Betreuten Wohnen/Servicewohnen wurden gefunden in Kaiserslautern (Bau AG/Wohnen mit Zukunft), Sarstedt (Kreiswohnbau Hildesheim/ARGENTUM) sowie Stuttgart (easyCare).

Verminderung baulicher Barrieren in der Wohnung

Die durchgeführten Befragungen der Mieter der identifizierten Fallbeispiele zeigen, wie eng die Akzeptanz der technischen Anwendungen verknüpft ist mit der barrierearmen Gestaltung der Wohnung. Barrierefreier Umbau und Ausstattung mit technischen Assistenzsystemen – oder zumindest deren Vorrüstung – sollten Hand in Hand gehen. In den untersuchten Neubauprojekten im Betreuten Wohnen/Service Wohnen ist dies gut gelöst (zum Beispiel von der Kreiswohnbau Hildesheim (ARGENTUM) oder der Bau AG Kaiserslautern (Wohnen mit Zukunft) und auch in einigen Bestandsprojekten ist das Zusammenwirken von Barrierearmut und technischer Assistenz vorbildlich (zum Beispiel WBG Burgstädt – Die mitalternde Wohnung).

Dies bedeutet jedoch nicht, dass technische Assistenzsysteme ohne grundlegende bauliche Eingriffe wirkungslos wären. Gravierende Mobilitätseinschränkungen machen nur einen Teil der altersbedingten Defizite aus, hinzu kommen kognitive Einschränkungen wie beispielsweise die Demenz. Von der Sturzgefährdung in der Wohnung ist eine weit größere Gruppe von Menschen betroffen als diejenigen, für die umfangreichere barrierearme Umbauten nötig wären.

3.2 Erwartungen der Nutzer

Zuhause Wohnen mit Komfort und Unterstützung
Einen eigenen Haushalt möglichst lange selbstständig in der eigenen Wohnumgebung zu führen, hat für die Mehrheit der Älteren Priorität. Mit zunehmendem Lebensalter wird ein Großteil der Tageszeit in der eigenen Wohnung verbracht. Die wichtigsten Gründe für eine hohe Zufriedenheit der Bewohner resultieren deshalb aus der Wohnqualität und der Attraktivität des Wohnumfeldes. Die Eigenständigkeit aufzugeben, zum Beispiel durch einen Umzug in ein Pflege- oder Altenheim, wird von den meisten so lange wie möglich hinausgeschoben. Nur ca. 14 % der über 80-jährigen Frauen und rund 6 % der Männer über 80 Jahre leben in einer Einrichtung, das heißt im Umkehrschluss, dass auch die überwiegende Mehrheit der über 80-Jährigen zu Hause wohnen.[31]

Ist die eigene Selbstständigkeit aufgrund gesundheitlicher oder altersbedingter Umstände gefährdet, nimmt die Bereitschaft zu, professionelle oder private Unterstützung in Anspruch zu nehmen und auch technische Hilfsmittel einzusetzen. Diese Bereitschaft entsteht jedoch gerade bei älteren technikabstinenten Mietern erst dann, "wenn es nicht mehr anders geht". Sich bereits präventiv mit technischen Hilfsmitteln auszurüsten, ist in der untersuchten Altersgruppe kein gängiges Vorsorgemuster. Dies zeigen auch die für diese Studie durchgeführten Interviews.

Umzug – dann soll alles stimmen

Wenn ein Auszug aus den eigenen vier Wänden unabdingbar ist, präferieren Ältere den Umzug in Betreutes Wohnen oder Servicewohnen. Sind betreute Wohnformen nicht verfügbar, sind für die Auswahl einer anderen Wohnung Barrierefreiheit und Zugänglichkeit oberste Maxime.

Die Befragung der Mieter, die in die untersuchten Neubauprojekte gezogen sind (zum Beispiel Sarstedt oder Kaiserslautern), zeigt, dass die entscheidenden Gründe für den Umzug der höhere Wohnwert der neuen Wohnung (gut geschnitten, barrierefrei, modern, ruhig, hell, sicher und bezahlbar), die bessere Zugänglichkeit der Wohnung (barrierefreies Gebäude, Aufzug) sowie eine bessere Infrastrukturanbindung des neuen Gebäudes (Einkaufsmöglichkeiten, Verkehrsanbindung, Ärzte, Apotheke, Cafés) sind. Hinzu kommt die Nähe zu Kindern, Verwandten und Freunden.

Besonders geschätzt wurde weiterhin von den befragten Mietern, wenn in dem neuen Domizil attraktive Gemeinschaftsflächen oder Gemeinschaftsräume zur Verfügung stehen (zum Beispiel ARGENTUM, Kaiserslautern oder Wohlfahrtswerk). Daran ist die Hoffnung gekoppelt, neue Kontakte zu knüpfen und neue Freunde in einer ähnlichen Lebenslage zu finden. Hinzu kommt die Erwartung, Betreuung in Anspruch zu nehmen, "wenn dies irgendwann in der Zukunft notwendig würde". Die Option, in der neuen Woh-

---
[31] Vgl. Generali Altersstudie 2013, S. 109ff

nung später einmal gepflegt zu werden, ist ein entscheidender Grund für die Bereitschaft, umzuziehen und in der neuen, mit technischen Assistenzsystemen ausgestatteten Wohnung eine höhere Miete und eventuell auch eine Betreuungspauschale zu bezahlen.

Erwartungen abhängig vom individuellen Unterstützungsbedarf

Auch diese Untersuchung bestätigt den positiven Zusammenhang zwischen Bildungsniveau, Berufsausbildung und Technikakzeptanz[32] (Personen mit höherem Bildungsniveau und Berufsstatus sind eher technikaffin, d. h. der Nutzen einer technischen Funktion erschließt sich ihnen leichter und schneller. Personen mit einer geringeren Technikaffinität sind deutlich skeptischer gegenüber innovativer Technologie in der Wohnung eingestellt. Für jüngere, technikaffine Personen ist die Internetnutzung selbstverständlich, sie verfügen über ein Smartphone, sie sind mit Apps vertraut und die Bedienung eines Tablets schreckt wenig ab. Auf der anderen Seite stehen ältere Mieter, die bisher keinerlei Berührung mit dem Internet hatten, keine oder nur wenig PC-Erfahrung haben, Smartphones nicht kennen und auch mit Touch-Bedienungen nicht vertraut sind. Die Bereitschaft der Mieter technische Assistenz anzunehmen, ist nicht nur abhängig von ihrer Technikaffinität, sondern ebenfalls von ihren Erwartungen und Bedürfnissen im Alltag: je jünger und je gesünder, desto mehr Interesse an Komfort, Modernität und schnellen Internetanwendungen; je älter und gesundheitlich eingeschränkt, desto mehr müssen die altersbedingten Anforderungen von den technischen Assistenzsystemen aufgegriffen werden. Ältere Menschen sind überproportional betroffen von chronischen Krankheiten, wie Herz-Kreislauf-Erkrankungen, Stoffwechselkrankheiten, Diabetes, Schlaganfallfolgen, chronischen Schmerzen oder Krebsfolgekrankheiten.

Technische Anwendungen, die sich gezielt auf diese gesundheitlichen Schwierigkeiten richten, werden bislang vor allem in Forschungsprojekten erprobt, die die "Wohnung als Gesundheitsstandort" in den Blick nehmen (SmartSenior, WohnSelbst). In den untersuchten laufenden Projekten sind Gesundheitsanwendungen weniger im Fokus. Hierfür sind vor allem nicht-technische Gründe ausschlaggebend: Es mangelt an telemedizinischen Versorgungszentren, an ärztlichen Betreuungsdiensten, die telemedizinische Leistungen einbeziehen und insbesondere an der Möglichkeit der Abrechnung dieser Leistungen gegenüber den Krankenkassen.

---

[32] Vgl. zum Beispiel Meyer, Mollenkopf 2010; Fachinger, Künemund, Neyer 2012; Künemund 2013.

3.3
Attraktivität der Anwendungen

Trotz der Unterschiedlichkeit der untersuchten Praxisprojekte, erlaubt die Analyse der Attraktivität der einzelnen technischen Anwendungen verallgemeinerbare Aussagen.

3.3.1
Sicherheit

Technische Systeme zur Erhöhung der Sicherheit stehen im persönlichen Ranking der befragten Bewohner an erster Stelle. Gleichzeitig sind technische Lösungen zur Erhöhung der Sicherheit in den Praxisprojekten am weitesten verbreitet.

Gebäudeschutz

Der Nutzen von Brand-, Rauch- und Leckagemeldern und der dadurch mögliche Schutz des Gebäudes und letztlich des eigenen Lebens, waren den befragten Mietern durchgängig einleuchtend. Hinzu kommt, dass entsprechende Melder inzwischen mehr und mehr zum allgemeinen Wohnstandard gehören. Noch nicht selbstverständlich sind Melder, deren Signal aus der Wohnung weitergeleitet wird an Nachbarn (um sie zu warnen) oder direkt an einen angeschlossenen Sicherheitsdienst. Diese Möglichkeit wird von den befragten Mietern durchaus begrüßt und der Einsatz solcher Systeme wird nicht durch mangelnde technische Lösungen behindert, sondern vielmehr durch Kosten- und haftungsrechtliche Fragen bei Fehlalarmen.

Einbruchschutz

Sicherheit an der Haus und Wohnungstür:
Die Befragung zeigt, dass die Türsicherung und die Sicherheit vor der Eingangstür wichtige Themen für die befragten Mieter sind. Alle befragten älteren Mieter haben Sorge, dass sich Fremde in das Gebäude schleichen oder sie vor der Tür überraschen könnten. Entsprechend wird die Video-Sicherung des Hauseingangs oder des Laubenganges von der überwiegenden Mehrheit der befragten Senioren, die dies kennengelernt haben, sehr geschätzt. Die nur in einzelnen Projekten eingesetzten Video-Anrufbeantworter haben für die befragten Mieter ebenfalls Vorteile. Die Video-Überwachung der Hauseingangstür ist verhältnismäßig aufwendig und wird von daher nur in Neubauprojekten umgesetzt.

Offene Türen und Fenster vermeiden:
Um zu vermeiden, dass die Eingangstür, Fenster oder die Terrassentür offenstehen, wird in einigen der identifizierten Projekte mit Displays operiert, die dies dem Mieter anzeigen (zum Beispiel SmartSenior, Kaiserslautern). Diese Funktion wird von den befragten Mietern ambivalent bewertet: Das Fensterschließen vor dem Weggehen ist für ältere Menschen ein lebenslang konditioniertes Muster und der Nutzenzugewinn der Funktion zunächst nicht unbedingt einleuchtend. Für die Bewertung der Attraktivität ist es we-

sentlich, wo in der Wohnung die Erinnerung erfolgt: Aus Mietersicht erweisen sich festinstallierte Displays an der Eingangstür als praktisch (zum Beispiel Hennigsdorf oder Burgstädt). Eine Meldung auf ein portables Tablet (ARGENTUM, Kaiserslautern, Speyer) hat für die befragten Mieter Nachteile. Die Senioren berichten, dass sie vergessen, das Tablet einzusehen oder es in der Eile des Aufbruchs nicht finden können.

Sicherheit bei Abwesenheit

Automatisches Abschalten von Geräten bei Abwesenheit:
Das automatische Abschalten von potenziellen Gefahrenquellen (zum Beispiel Herd) und beim Verlassen der Wohnung wird von Personen über 70 Jahren als sehr nützlich eingeschätzt. Jüngere Befragte sehen eher (noch) keinen Bedarf. Umgesetzt wird die Funktion als Alles-Aus-Taste, die zumeist in der Nähe der Wohnungstür angebracht ist. So einleuchtend die Funktion für die älteren Mieter ist, so schwierig ist eine komfortable Lösung für den Mieter: Beispielsweise führt die Bedienung des Alles-Aus-Schalters dazu, dass der Stromkreis von Herd und/ oder Hi-Fi-Anlage, TV etc. und damit auch die Stromzufuhr für die eingebauten Digitaluhren unterbrochen wird. Dies bedeutet für den Mieter, nach jeder Rückkehr in die Wohnung die Digitaluhren neu einzustellen. Dieser Vorgang wird von den befragten Mietern als so lästig empfunden, dass eine eigentlich sinnvolle Funktion nicht benutzt wird.

Anwesenheitssimulation:
Die Anwesenheitssimulation bei Abwesenheit, realisiert zumeist durch Lichtszenarien in der Wohnung, soll dem älteren Mieter ein zusätzliches Gefühl von Sicherheit geben, wenn er nicht zu Hause ist. Diese Anwendung wurde in früheren Forschungsprojekten gerne erprobt, wird jedoch in den identifizierten Praxisprojekten kaum aufgegriffen. In den Projekten, die die Funktion technisch vorsehen (zum Beispiel ARGENTUM), sehen die befragten Mieter keinen Bedarf. Offensichtlich ist diese Funktion für Mietwohnungen im Geschosswohnungsbau wenig attraktiv.

Stolperschutz – intelligentes Nachtlicht

Um die Sturzgefahr in der Nacht zu reduzieren, experimentieren einige der untersuchten Praxisprojekte mit einem automatischen Nachtlicht (Beispiele: Erlangen, SmartSenior, Hennigsdorf, Burgstädt). Der Nutzen dieser Nachtbeleuchtung überzeugt abstrakt alle Befragten, wird jedoch nicht in jedem Kontext gewünscht. Die durchgeführten Befragungen zeigen, dass die technischen Lösungen sich im Alltag der Nutzer bewähren müssen. Ist das Nachtlicht im Schlafzimmer angebracht und wird durch Bewegungssensor gestartet, können heftigere Bewegungen im Bett bereits zur Beleuchtung führen oder beim Verlassen des Bettes den Partner stören (zum Beispiel Erlangen). Dies gilt auch, wenn eine Flurlampe mit dem Bewegungsmelder verbunden und das automatische Nachtlicht zu hell ist. In mehreren der untersuchten Fallbeispiele wurde das automatische Nachtlicht von den Mietern abgestellt, und wenn dies nicht möglich war, der Bewegungsmelder überklebt.

Hilfe in der Not

Hausnotruf:
Das in der Bundesrepublik am weitesten verbreitete Hausnotrufkonzept basiert darauf, dass der Mieter im Notfall eine Taste drückt – auf einem Armband, einer Umhängekette oder einem Gerät. Durch diesen Tastendruck wird eine Verbindung zu einer Notrufzentrale hergestellt, die sich um diesen Notfall kümmert. Das Drücken des Notrufknopfes stellt eine automatische Telefonverbindung her, sodass die Notrufzentrale mit dem in Not geratenen Mieter sprechen und die nächsten Schritte veranlassen kann. Solche Systeme sind auch in den identifizierten Projekten verbreitet (ARGENTUM, easyCare, Schönebeck etc.).

Ein Teil der Projekte entwickelt dieses Konzept des Hausnotrufs technisch weiter: Ziel ist es, Notsituationen automatisch zu erkennen und den Nutzer von dem händischen Auslösen des Notrufs zu entlasten. Zu nennen sind das SOPHIA-Konzept mit der Vivago-Armbanduhr, das Vitaldaten an die Zentrale überträgt, oder die Aktivitätskontrolle des PAUL-Systems.

Interessant ist die Koppelung des Hausnotrufs mit der Hausautomation, dies zeigt das Beispiel ARGENTUM. Dort ist das tägliche Drücken der Tagestaste nicht mehr nötig, die Hausautomation ersetzt diese händische Rückmeldung. Startet der Mieter morgens die Kaffeemaschine oder abends das Fernsehgerät, wird dem Hausnotrufgerät und damit der Hausnotrufzentrale signalisiert, dass in der Wohnung alles in Ordnung ist.

Besonders attraktiv aus Nutzersicht ist die Koppelung des Sicherheitssystems mit der zugehenden Betreuung durch ehrenamtliche Mitarbeiter des Sicherheitsservices (zum Beispiel SOPHIA oder die TeleZentrale in Schönebeck). So wird gewährleistet, dass in der Dienstleistungszentrale auch schleichende Verschlechterungen des Gesundheitszustandes des Mieters deutlich werden und frühzeitig reagiert werden kann – entweder durch Benachrichtigung von Verwandten, Einschalten von Beratungsstellen oder Anbieten von haushaltsnahen Diensten oder ambulanter Pflege. Dies wertet die Attraktivität des Standardsicherheitssystems – auch wenn es sich nicht um Hightechlösungen handelt – bei den Mietern deutlich auf; ein besonders gutes Beispiel hierfür ist das Projekt "Sicher zu Hause" der SWB Schönebeck.

Intelligenter Notruf – (In-)Aktivitätskontrolle:
Systeme zur (In)Aktivitätskontrolle sind bei den befragten Nutzern umstritten. Der Zugewinn an persönlicher Sicherheit steht einem unguten Gefühl gegenüber, in der eigenen Wohnung kontinuierlich überwacht zu werden. Dies abzuwägen ist für den Einzelnen nicht einfach und nicht zuletzt vom Alter und Grad der Einschränkung abhängig: Sind die Einschränkungen der persönlichen Gesundheit und Mobilität gravierend und damit der antizipierte Zugewinn an persönlicher Sicherheit hoch, werden Datenschutzprobleme und eine mögliche Gefährdung der eigenen Privatheit eher hingenommen. Jüngere, die einen geringeren Nutzen antizipieren und kritisch gegenüber dem Schutz der persönlichen Daten und persönlicher Autonomie sind, votieren eher umgekehrt.

Erste Projekte, die Systeme der Inaktivitätskontrolle bereits länger einsetzen (zum Beispiel easyCare), weisen darauf hin, dass die anfänglichen Bedenken der Mieter im Laufe der Zeit geringer werden, insbesondere dann, wenn sie ein vertrauensvolles Verhältnis zum Vermieter haben und dieser die datenschutzrechtlichen Lösungen schlüssig vermitteln kann (zum Beispiel Kaiserslautern, Speyer).

Notruf und Videokontakt:
Eine weitere Anwendung zur Erhöhung der Sicherheit sind videobasierte Systeme, die an die Internetverbindung, das Tablet oder einen Knopf am Mobiltelefon gekoppelt sind. Drückt der Mieter einen Notfallknopf, stellt er damit einen direkten Blickkontakt zu einem Mitarbeiter des angeschlossenen Callcenters her; der Mieter sieht den Mitarbeiter und dieser kann sowohl den Mieter als auch die direkte Umgebung des Klienten mithilfe der Kamera überblicken. Insbesondere die Evaluation des SmartSenior-Projektes hat gezeigt, dass der Video-Kontakt mit einem involvierten Sicherheitsdienstleister (dort die Johanniter-Unfall-Hilfe) ausschlaggebend für den Erfolg des gesamten Feldversuchs war. Für die interviewten Mieter war der Video-Kontakt zu den Mitarbeitern des Callcenters einer der beiden attraktivsten Anwendungen, die erprobt wurden.

Öffnung der Wohnungstür durch Pflegedienste:
Die Idee, die Wohnungstür technisch so auszurüsten, dass sie ohne Schaden im Notfall von Dritten geöffnet werden könnte, geht weniger von den Mietern als vielmehr von den Wohnungsunternehmen oder den ambulanten Pflegediensten aus, da dadurch Schäden an der Wohnungstür (Aufbrechen durch die Feuerwehr) und somit Kosten vermieden werden können. Die Einstellung der dazu befragten Mieter ist prinzipiell positiv, jedoch möchte man sich nur ungern damit beschäftigen, Notfallhilfe benötigen zu müssen (siehe auch die subjektiven Argumente gegen den Hausnotruf). In den evaluierten Fallbeispielen sind jedoch bislang keine solchen Systeme im Einsatz, lediglich in den Musterwohnungen werden sie gezeigt.

3.3.2
Komfort/Alltagsunterstützung

Assistenzsysteme, die die Alltagsverrichtungen der Mieter effektiv unterstützen, sind in Forschung und Anwendung noch selten. In den identifizierten Praxisbeispielen geht es eher um Komfortfunktionen wie die Steuerung von Beleuchtung, Temperatur und Jalousien. Zur Alltagsunterstützung werden haushaltsnahe Dienstleistungen sowie ehrenamtliche Unterstützung angeboten, die von den Mietern insbesondere dann sehr positiv bewertet werden, wenn sie niederschwellig und kostengünstig sind.

Lichtsteuerung

In den evaluierten Projekten werden steuerbare Lichtschalter und eine zentrale Steuerung der Wohnungsbeleuchtung über Tablet oder Smartphone sowie die Einrichtungen von Lichtszenarien angeboten. Beispiele sind gedimmte Beleuchtung zum Fernsehen und eine spezielle Beleuchtung beim Eintritt in die Wohnung. Weiterhin findet sich die Möglichkeit, alle Beleuchtungskörper mit einem Knopfdruck vom Bett aus oder beim Verlassen der Wohnung abzuschalten. Die Attraktivität dieser Lichtsteuerungen wird von den befragten Mietern durchaus positiv bewertet. Jüngere Mieter schätzen sie als attraktives modernes Komfortmerkmal ihrer Wohnung, ältere Mieter finden diese Angebote anfangs eher überflüssig und gewöhnen sich erst langsam an diese Komfortmerkmale, möchten sie nach einiger Zeit aber nicht mehr missen (Kaiserslautern, Wohlfahrtswerk).

Die durchgeführten Evaluationen in den identifizierten Fallbeispielen zeigen durchgängig, dass neben dem Angebot automatisch steuerbarer Beleuchtung oder Koppelung der Beleuchtung an Bewegungsmelder Lichtschalter und deren händische Schaltung erhalten bleiben sollten. Ist die Flurbeleuchtung an einen Bewegungsmelder gekoppelt und keine händische Schaltung mehr eingebaut, erweckt dies Unzufriedenheit bei den Mietern (zum Beispiel Erlangen). Auch sollte es dem Mieter ermöglicht werden, die für ihn eingerichteten Tablet-gesteuerten Szenarien auszustellen oder individuell zu verändern; ist er dazu technisch nicht in der Lage, sollte er Zugriff auf einen entsprechenden technischen Support bekommen.

Temperatursteuerung

Einzelraumsteuerung:
In den meisten identifizierten Fallbeispielen werden elektronische Heizungsthermostate eingesetzt, die eine Einzelraumsteuerung der Temperatur ermöglichen. Dieser Komfort wird von allen interviewten Probanden geschätzt. Allerdings zeigen die durchgeführten Hausbesuche, dass nicht alle Mieter mit den entsprechenden Steuerelementen zurechtkommen: Insbesondere für die älteren Mieter ist es ungewöhnlich, die Zimmertemperatur nicht mehr direkt am Heizkörper einzustellen, die Usability der in den Fallbeispielen gefundenen Steuerelementen ist nicht hinreichend, die Symboliken erklären sich nicht selbst, die Zeichen sind häufig zu klein für altersbedingte Sehschwächen.

Szenariosteuerung:
Die Einrichtung von definierten Temperaturszenarien wird von den befragten Mietern geschätzt. Dies gilt vor allem für die Möglichkeit, die Temperatur in der Wohnung bei Abwesenheit zu reduzieren (relevant vor allem für Personen, die im regelmäßigen Rhythmus außer Haus gehen) sowie die Temperatur im Bad zu programmieren. Alle interviewten Mieter, die über diese Funktion verfügen, schätzen es, das Bad kurz vor dem Aufstehen zu wärmen und nach einiger Zeit die Temperatur wieder abzusenken.

Jalousiesteuerung

Die Funktion Jalousiesteuerung ist in den untersuchten Praxisprojekten nur selten vertreten. In den besuchten Objekten, die Jalousiesteuerungen anbieten, wurde dies – ähnlich wie die Lichtsteuerung – unterschiedlich bewertet. Jüngere Mieter schätzen sie eher als ältere Mieter als attraktives, modernes Komfortmerkmal ihrer Wohnung. Ältere Mieter finden diese Angebote anfangs häufig überflüssig und gewöhnen sich erst langsam an diese Komfortmerkmale, möchten sie nach einiger Zeit aber nicht mehr missen (Kaiserslautern, Wohlfahrtswerk). Insbesondere ältere Mieter im Betreuten Wohnen (zum Beispiel ARGENTUM) argumentieren, dass ihnen eine motorgetriebene Jalousie mit Schalter an der Wand ausreichen würde ("dann bewege ich mich wenigstens etwas"). Szenariosteuerungen, die die Jalousie in Abhängigkeit von der Sonneneinstrahlung bewegen oder gar mit einer Absenkung der jeweiligen Heizkörper koppeln, sind aus Mietersicht praktisch, wurden jedoch nur in wenigen Wohnungen gefunden.

Haushaltsnahe Dienstleistungen

Zur Unterstützung der Mieter im Alltag werden in den meisten der evaluierten Praxisbeispiele haushaltsnahe Dienstleistungen oder ehrenamtliche Hilfe angeboten. Die Vermittlung dieser Services ist in den evaluierten Projekten unterschiedlich gelöst. Beispielsweise bietet die GEWOBA Potsdam ein breites Spektrum von Dienstleistungen an, die via Telefon bei einem Mitarbeiter geordert werden können. Ein Teil der untersuchten Praxisbeispiele vermittelt Dienstleistungen technisch basiert, d. h. auf Tablet-PCs werden Dienstleistungsanbieter eingestellt und deren Dienste dort beworben.

Die Erfahrungen der Praxisprojekte mit der technikgestützten Vermittlung von Dienstleistungen ist bisher wenig Erfolg versprechend: Für jüngere technikaffine Mieter ist das Ordern von Dienstleistungen vertraut, sie sind in der Lage, ihre Wünsche auch ohne eine voreingestellte Auswahl von Diensten selbst im Internet zu organisieren. Für ältere wenig technikaffine Mieter hingegen kommen zwei Barrieren zusammen: Die Nutzung der Tablets ist nicht vertraut, und sie sind es weder gewohnt, kostenpflichtige Dienstleistungen in größerem Maße in Anspruch zu nehmen, noch diese Dienstleistungen auf einer abstrakten Bestellplattform auszusuchen. Am ehesten gewünscht wird die Lieferung schwerer Getränke, kleine Handwerkerarbeiten etc. Persönliche Dienstleistungen wie Friseur, Fußpflege, Reinigungsarbeiten in der eigenen Wohnung werden gerade von älteren Menschen aufgrund von persönlichen Empfehlungen vertrauenswürdiger Personen aus dem Umfeld ausgesucht. Eine abstrakte Bestellplattform reicht also nicht aus, hinzukommen müssten vertrauenswürdige Empfehlungssysteme.

Erfolg versprechend jedoch ist die Vermittlung kostengünstiger und niederschwelliger Angebote sowie ehrenamtlicher Dienste. Gute Erfolge haben hier zum Beispiel die Joseph-Stiftung und die Berliner degewo aufzuweisen. Sie vermitteln für einmalige Unterstützung im Haushalt ehrenamtliche Mitarbeiter oder für regelmäßige Unterstützung, wie kleine Reparaturen, Fensterputzen, Gardinen abnehmen oder den Einkauf erledigen, kostengünstige Lösungen. Kleine Handreichungen sind ebenfalls im Betreuten Wohnen selbstverständlich (ARGENTUM, Wohlfahrtswerk, Kaiserslautern). Das Wohlfahrtswerk hat zur Erledigung kleiner Handwerksarbeiten sowie der notwendigen Wartungen der technischen Assistenzsysteme die Funktion des "Service-Helfers" geschaffen, andere Projekte vermitteln Haushaltshilfe über ihr soziales Netzwerk mit anderen Institutionen (Schönebeck).

Direkter Draht zum Vermieter

Vorwiegend in Forschungsprojekten wurde bislang erprobt, wie die Kommunikation zwischen Mieter und Wohnungsunternehmen optimiert werden könnte, um dem Mieter mehr Komfort zu bieten und gleichfalls die Kundenbetreuung für die Wohnungsunternehmen zu effektivieren. Im Projekt SmartSenior wurde erprobt, dass sich der Mieter via Video-Kommunikation an seinen Kundenberater wenden kann, Nachfragen zum Mietverhältnis stellen oder Schadensmeldungen effektiver platzieren kann. Für diese Anwendungen bestand aus der Perspektive der SmartSenior-Mieter durchaus Interesse, jedoch sind diese Anwendungen bisher nicht in der Praxis angekommen.

Besser erprobt ist die Möglichkeit, Informationen des Vermieters bzw. Trägers des Betreuten Wohnens via Tablet an die Mieter zu verteilen. Dies kann Informationen betreffen, die bislang als Aushang im Hausflur kommuniziert wurden, sowie Informationen über Veranstaltungen oder Angebote des Betreuten Wohnens.

3.3.3
Sozialkontakte und Kommunikation

Außerhäusliche Aktivitäten werden mit zunehmender körperlicher Einschränkung beschwerlicher, soziale Kontakte bleiben aber lebenswichtig. Die Mehrzahl der für diese Untersuchung befragten Mieter hat bis ins hohe Alter Interesse an Unternehmungen und sozialen Beziehungen und ist bestrebt, diese Interessen zu verwirklichen. Für manche war der entscheidende Umzugsgrund, im neuen Domizil neue Bekannte zu finden.

Die meisten der identifizierten Projekte zielen auch auf die Stärkung der Kommunikation und letztlich auf die Verhinderung der Vereinsamung im Alter. Die hierfür eingesetzten technischen Assistenzsysteme sind unterschiedlich.

"Schwarzes Brett" zur Aktivierung der Nachbarschaft

Zur Aktivierung nachbarschaftlicher Aktivitäten – sei es innerhalb eines Gebäudes (ARGENTUM, Kaiserslautern) oder innerhalb des Quartiers (Speyer, SmartSenior) – wird mit der sogenannten "Schwarzes Brett-Funktion" experimentiert. Die Idee hierbei ist, dass eine Betreuungskraft (etwa im Servicewohnen) oder ein Kundenberater des Unternehmens Informationen für alle Mieter gleichzeitig platzieren kann und damit umständlichere Informationswege verkürzen und beschleunigen kann. Ebenfalls möglich ist es, dass einzelne Mieter für alle anderen Mieter Informationen, Ideen oder Vorschläge zirkulieren können. Technische Plattform hierfür sind Tablet-PCs verbunden mit einer Webapplikation.

Die Befragung der Mieter, die solche Möglichkeiten haben, zeigt die Attraktivität der Lösungen. Informationen über Angebote im Haus (Betreutes Wohnen) oder Aktivitätsvorschläge anderer Mieter zu bekommen, ist – zumeist nach einigen Anlaufschwierigkeiten – überzeugend (zum Beispiel ARGENTUM oder Kaiserslautern, SmartSenior).

Videokommunikation mit Verwandten und Freunden

In einigen der untersuchten Praxisprojekte wird mit dem Einsatz von Videokommunikation experimentiert. Diese Form der Kommunikation wird von allen interviewten Mietern geschätzt, die damit Kontakt haben. Auch hier zeigt die Evaluation der Praxisprojekte, dass Anlaufschwierigkeiten überwunden werden müssen. Insbesondere für ältere, nicht technikaffine Mieter ist Videokommunikation neu, "skypen" gehört für sie nicht zum Alltagsrepertoire. Auch bei den jüngeren befragten Mietern hat nur eine Minderheit "Skype-Erfahrung". Die durchgeführten Usability-Tests mit den älteren Mietern zeigen auch, dass für sie die Skype-Software nicht hinreichend benutzerfreundlich ist. Benötigt werden einfachere, für die wenig technikaffine Altersgruppe angemessene Oberflächen. Solche benutzerfreundliche Angebote werden in Kaiserslautern eingesetzt (PAUL), werden im ARGENTUM erprobt (Qivicon) und wurden auch im Forschungsprojekt SmartSenior eingesetzt. Nach einigen Anlaufschwierigkeiten wurde dort die Videokommunikation zwischen den Mietern und insbesondere zwischen Mietern und Betreuern zu den attraktivsten der erprobten Anwendungen.

Die Befragungen der Unternehmen zeigen, dass bei einigen Unternehmen durchaus Interesse bestünde, ihren Mietern entsprechende Angebote zu machen. Die gilt zum Beispiel für die GEWOBA Potsdam, die im Projekt SmartSenior die positive Wirkung der Videokommunikation erproben konnte. Jedoch sind marktgängige Angebote mit einer Bedienoberfläche, die auch für die Altersgruppe 70+ angemessen ist, noch rar.

Neue Freunde finden per Videokommunikation

In Forschungsprojekten wie SmartSenior wurde erprobt, wie es gelingen kann, durch videobasierte "Partner-Finder" neue Kontakte mit Gleichgesinnten zu knüpfen. Hier geht es um webbasierte Communitylösungen, die Personen und ihre Interessen vorstellen und es einem Kontaktinteressierten durch wenige Klicks ermöglichen, Kontakt aufzunehmen. Die Erfahrungen in Forschungsprojekten mit einem solchen Angebot sind positiv, die überwiegende Mehrheit der in SmartSenior befragten Mieter fand diese Funktion attraktiv. Allerdings ist ein solches Angebot noch nicht technisch ausgereift genug, als dass es in den aktuellen Praxisprojekten eingesetzt würde.
Solche "Partner-Finder"-Angebote für die Altersgruppe 70+ sollten regionalisiert sein und es den gefundenen Freizeit- oder Hobbypartnern ermöglichen, sich nach dem digitalen Kontakt auch tatsächlich zu treffen. Verankert werden könnten solche "Partner-Finder"-Angebote in den in der Bundesrepublik aktuell entstehenden Quartiersplattformen.

3.3.4
Gesundheit und Betreuung

Assistenzsysteme, die sich auf die gesundheitliche Versorgung, Prävention oder Rehabilitation zu Hause beziehen, werden bislang vor allem in Forschungsprojekten erprobt (unter anderem SmartSenior, WohnSelbst). Ihr Regeleinsatz scheitert weniger an der Technik als vielmehr dran, dass für die Gesundheitsversorgung zu Hause Kooperationsstrukturen zwischen den medizinischen Versorgungspartnern neu gestaltet, telemedizinische Zentren aufgebaut und an den Abrechnungsmöglichkeiten technikbasierter Dienste geregelt werden müsste.

Monitoring von Vitalwerten, wie Gewicht oder Blutdruck

Das Monitoring von Vitalwerten wird in den Angeboten von SOPHIA/SOPHITAL durch die Vivago-Pulsuhr umgesetzt. Allerdings ist das Monitoring hier nicht verbunden mit einem medizinischen Versorgungszentrum, das qualifiziert auf Veränderungen der Werte reagiert. Vielmehr werden die Werte benutzt, um ein qualifiziertes (In-)Aktivitätsmonitoring durchzuführen.

Die Übertragung von Vitalwerten aus der Wohnung direkt an ein medizinisches Versorgungszentrum, wie dies bei Telemedizin-Anwendungen üblich ist, wurde bisher vor allem nur in Forschungsprojekten wie WohnSelbst (dort Übertragung an die HSK-Kliniken) oder SmartSenior (Übertragung an die Charité) eingesetzt.

Die Befragung der Probanden dieser beiden Forschungsprojekte ergibt eine große Attraktivität telemedizinischer Versorgung, insbesondere bei chronisch kranken (Herz-Kreislauf, Diabetes oder Adipositas) oder multimorbiden Klienten, für die es am Markt bisher kein entsprechendes medizinisch begleitetes Monitoring gibt. Die befragten Mieter wünschen sich jedoch ein qualifiziertes Monitoring durch medizinische Experten, am liebsten mit ihrem Hausarzt, in zweiter Option mit einem Telemedizin-Zentrum. Die Attraktivität solcher Anwendungen ist besonders hoch in der Altersgruppe über 70 Jahre bzw. bei Personen, die über entsprechende Handicaps verfügen. Umgekehrt zeigt sich in anderen Projekten, wenn Ärzte, Apotheken und Therapeuten in unmittelbarer Umgebung sind, dass genau diese Infrastrukturvorteile zur Attraktivität der Anlagen beitragen.

Die Vorteile einer gesundheitlichen Überwachung zu Hause liegen für die Mieter dann auf der Hand, wenn sie ein qualifiziertes Feedback zu ihrem Gesundheitszustand aus der medizinischen Versorgungseinrichtung bekommen. D. h., wenn sie sich sicher sein können, dass ihre übertragenden Gesundheitsdaten dort regelmäßig ausgewertet und falls Unregelmäßigkeiten auftreten, ihnen Handlungsanweisungen gegeben werden oder ein Arztbesuch empfohlen wird. Genau dies zu gewährleisten ist in den untersuchten Praxisprojekten nicht angepackt worden. Die Gründe liegen weniger auf der technischen Seite noch aufseiten der Mieterakzeptanz, sondern in den Strukturen unseres Gesundheitswesens.

Großer Bedarf für technische Assistenzsysteme, die auch gesundheitsbezogene Leistungen integrieren, ist vorhanden und vor allem in ländlichen Regionen, wo das Gesundheitsnetz zunehmend erodiert, überfällig. Nur durch den Ausbau des Gesundheitsstandortes "Wohnung" auf Basis technischer Assistenz wird es möglich sein, den Wegzug der Ärzte vom Land, den Rückbau medizinischer Versorgungszentren und die zunehmenden Schwächen der Verkehrsinfrastruktur zu kompensieren. Die Praxisbeispiele in ländlichen Regionen, wie beispielsweise die WBG Burgstädt, haben dies erkannt und engagieren sich, gemeinsam mit den sächsischen Wohnungsbaugenossenschaften, in entsprechenden Nachfolgeprojekten.

3.3.5
Technische Assistenz zur Energieoptimierung

Einzelne Projekte versuchen, technische Assistenzsysteme zur Unterstützung der selbstständigen Lebensführung zu koppeln mit technischen Assistenzsystemen zur Energieoptimierung. Die Möglichkeit, mehr und besser Energie sparen zu können, wird von den Mietern dieser Projekte prinzipiell positiv bewertet, insbesondere dann, wenn die Einsparungseffekte in ihrem Geldbeutel ankommen (geringere Heiz-, Strom- und Wasserkosten).

Heizkosten sparen

Die in den Praxisbeispielen eingebauten Heizungssteuerungen sind für die Mieter attraktiv aus Komfort- und Energiespargründen. Das Gleiche gilt für die Einzelraumsteuerung sowie Szenariosteuerungen (zum Beispiel Badezimmer), Heizenergie nur dann zu verbrauchen, wenn man sie wirklich benötigt. Deutlich wird in den Projekten natürlich auch, dass die Einspareffekte bei Älteren natürlich geringer sind, als bei jüngeren Mietern, die erwerbsbedingt viele Stunden täglich nicht zu Hause sind.

Informationen zum individuellen Energieverbrauch

Ein Ziel der technischen Assistenz für das Energiesparen ist es, den Mietern individuelle Informationen über ihren persönlichen Verbrauch zur Verfügung zu stellen, um ihnen einen Anhaltspunkt für effektiveres Energiesparen zu geben. Es wird davon ausgegangen, dass erst, wenn der Mieter weiß, was er im Monat verbraucht und welche Geräte hierfür verantwortlich sind, er aktiv werden kann. In den untersuchten Forschungsprojekten wurde deutlich, dass insbesondere für ältere Menschen die Verbrauchsinformationen nicht kompliziert sein dürfen, da die häufig verwendeten "Fieberkurven" von Laien nicht zu lesen sind (Ergebnis zum Beispiel in SmartSenior, auch in AutAGef). Entsprechend einfache und animierende Darstellungen fehlen weitgehend noch, in aktuellen Forschungsprojekten wird von Usability-Experten daran gearbeitet.

Resümierend lässt sich festhalten, dass technische Assistenzsysteme dann eine hohe Akzeptanz erfahren, wenn ihr Nutzen für die eigene Situation und für die aktuellen Bedürfnisse überzeugend ist.

3.4
Von der Attraktivität zur regelmäßigen Nutzung

Häufig wird angenommen, dass die bisher untersuchte Attraktivität technischer Assistenzsysteme zu einer regelmäßigen Nutzung der Systeme durch die Mieter führen müsste. Die Evaluierung der Projekte zeigt jedoch, dass ältere Menschen die erprobten Technologien nur eingeschränkt nutzen, obwohl viele der angebotenen technischen Funktionen als durchaus positiv bewertet werden. Umgekehrt kann aus einer unregelmäßigen oder geringen Nutzung der Systeme nicht monokausal darauf rückgeschlossen werden, die Funktionen seien nicht attraktiv. Andere Faktoren können die Nutzung behindern. Auf wesentliche dieser nutzungshemmenden Faktoren sei hier kurz eingegangen.

3.4.1
Usability

Voraussetzung jeder Nutzung ist, dass die Bedienung der Systeme einfach und unkompliziert für alle adressierten Zielgruppen ist. Es reicht nicht aus, dass nur ein Teil der adressierten Zielgruppen mit der Bedienung des Equipments zurechtkommt, etwa die jüngeren technikaffinen Smartphone-Nutzer. Umgekehrt dürfen Bedienprozeduren aber auch nicht nur auf die älteren, nicht technikaffinen Nutzer abstellen, da sonst die technikaffinen Nutzer den Spaß an der Anwendung verlieren. Ein Universal-Usage zu finden, ist im Bereich der technischen Assistenzsysteme schwierig. Aus Sicht dieser Untersuchung ist es nahe liegender, parallele Bedienschnittstellen für unterschiedlich technisch versierte Nutzer auf unterschiedlichen Bediengeräten zur Verfügung zu stellen.

In den Praxisprojekten verwendete Bedienschnittstellen

User-Schnittstelle TV:
Der Fernsehschirm als Ausgabemedium und die Eingabe und Steuerung per TV-Fernbedienung wurde in abgeschlossenen Forschungsprojekten erprobt (SmartSenior, WohnSelbst, AlterLeben). Die Bedienschnittstelle TV wurde jedoch inzwischen von der technischen Entwicklung weitgehend überholt. Zwar setzte die Nutzung des TV bei den Alltagsroutinen der Nutzer an, jedoch war in den älteren Projekten die Bedienung über die TV-Fernbedienung letztlich nie überzeugend gelöst worden. Inzwischen sind Bedienschnittstellen wie das Tablet oder Smartphone, die einen direkten Zugriff ins Internet ermöglichen, Standard. Herkömmliche Fernsehgeräte erlauben dies nicht, internetfähige Geräte sind in der hier relevanten Altersgruppe kaum vertreten.

User-Schnittstelle Tablet:
Die Mehrheit der untersuchten Praxisprojekte setzen Tablet-PCs als Bedienschnittstelle ein (ARGENTUM, Kaiserslautern, Speyer, Burgstädt, DOGEWO, Joseph-Stiftung). Die Software und die Oberflächen sind unterschiedlich gelöst und lassen dem Mieter unterschiedlich viele Gestaltungsmöglichkeiten. Am einfachsten für nichttechnikaffine ältere Mieter scheint das PAUL-System zu sein. Es ist

reduziert auf die Auswahl von einfachen Touch-Flächen und benutzt keine komplizierten Menüstrukturen. Die durch das SIBIS-Institut und die Kollegen der Universität Kaiserslautern durchgeführten Usability-Tests[33] attestieren ein einfaches Handling, das selbst älteren, nicht technikaffinen Mietern eine Nutzung auch ohne langwierige Schulung erlaubt. Allerdings kritisieren jüngere technikaffinere Nutzer das "altmodische" Design und die auf die technikabstinenten Nutzer abgestimmte Bedienung.

Abbildung 3: Gestaltung der Bedienschnittstelle bei "PAUL"/CIBEK in Kaiserslautern und Speyer

Quelle: CIBEK

Ästhetisch gut gelungen, jedoch etwas komplizierter ist die von Qivicon entwickelte Tablet-Oberfläche, die im ARGENTUM im Einsatz ist. Sie erlaubt dem Nutzer auch etwas kompliziertere Eingriffe in die Wohnungssteuerung bis hin zum Einrichten individueller Szenarien. Die durch das SIBIS-Institut durchgeführten Usability-Tests im ARGENTUM zeigen, dass hier die technikabstinenten Mieter Bedienschwierigkeiten hatten, die nur durch Schulung und wiederholte Assistenz durch das Betreuungspersonal gelöst werden konnte .[34] Insbesondere dieser, auf Schulungen angewiesene Personenkreis hatte vor dem Einzug ins ARGENTUM noch nie ein Tablet-PC in der Hand. Die jüngeren technikaffinen, internetversierten Mieter des ARGENTUM (ca. 65 Jahre) wünschen sich demgegenüber, dass die bisher auf separaten Tablets aufgebrachten Funktionen als App auf ihre eigenen internettauglichen Geräten implementiert würden, sodass sie dann auch eine Steuerung der eigenen Wohnung aus der Ferne vornehmen können.

---

[33] Schelisch 2014, Spellerberg & Schelisch 2012, Spellerberg & Schelisch 2011
[34] Meyer & Fricke 2014

Abbildung 4: Gestaltung der Bedienschnittstelle bei Qivicon/Deutsche Telekom AG im ARGENTUM

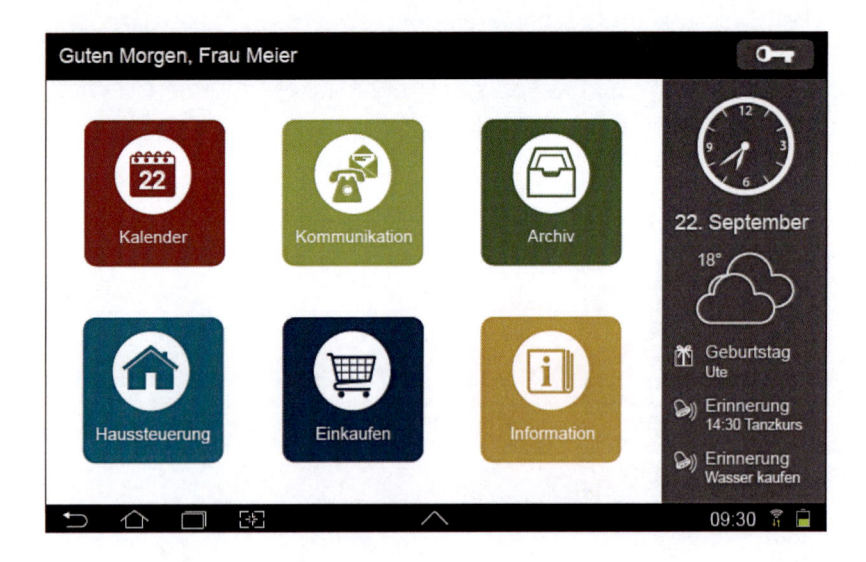

Quelle: Deutsche Telekom

User-Schnittstelle Smartphone:
Die vom SIBIS-Institut durchgeführten Usability-Tests im Forschungsprojekt SmartSenior zeigen, dass die Bedienqualität der Smartphones für Ältere geringer ist als beim Tablet: die Oberfläche ist zu klein und für ältere nicht-technikaffine Nutzer zu wenig übersichtlich. Die im Projekt SmartSenior involvierten Probanden der Altersgruppe 60+ hatten zur überwiegenden Mehrheit noch nie ein Smartphone in der Hand, der Umgang mit den diesbezüglichen Funktionen (wischen, vergrößern etc.) war ihnen nicht vertraut. Diese mangelnde Kenntnis des Endgerätes verhinderte die dort aufgebrachten, durchaus nützlichen Funktionen zu bedienen.[35]

Aktuell ist noch nicht davon auszugehen, dass das Smartphone für alle adressierten Altersgruppen praktikabel ist. Das führt auch dazu, dass durchaus sinnvolle Smartphone-Applikationen insbesondere im Gesundheitsbereich zwar von Jüngeren massiv genutzt werden ("die Selbstvermesser"), aber von Älteren weitgehend ignoriert werden.

Universal Usability oder individualisierte Bedienprozeduren?

Die bisherige Forschung und auch die für dieses Projekt durchgeführten Usability-Tests zeigen, wie schwer es ist, Bedienprozeduren und Oberflächen zu entwickeln und den Mietern zur Verfügung zu stellen, die für alle tauglich sind. Sind die Oberflächen und Bedienprozeduren zu einfach, sind sie für jüngere technikaffine Mieter uninteressant und stigmatisierend. Sind sie zu kompliziert, schließt die Bedienung einen Teil der Mieter von der Nutzung von Funktionen aus, die sie durchaus attraktiv finden, die sie in ihrem Alltag unterstützen könnten und die den Wohnwert ihrer Wohnungen erhöhen können. Dieses Problem ist von den befragten Unternehmen erkannt, jedoch sind diese darauf angewiesen, von der Industrie entsprechende auf unterschiedliche Kompetenzprofile abge-

---

[35] Meyer & Fricke 2012

stimmte Bedienkonzepte zur Verfügung gestellt zu bekommen. Dies wird erleichtert durch die Möglichkeit, Apps für unterschiedliche Endgeräte zu entwickeln und dem technisch versierteren User die Bedienung auf dem Smartphone zu ermöglichen und dem technikabstinenten Mieter eine einfachere Bedienung auf dem Tablet zu bieten.

3.4.2
Technikkompetenz und Schulung

Solange sich die Bedienung technischer Assistenzsysteme nicht für alle Mietergruppen automatisch erschließt, ist es erforderlich, den Mietern ausführliche Information zu den technischen Funktionen und eine qualifizierte Einführung/Schulung, insbesondere für wenig technikaffine Zielgruppen, zur Verfügung zu stellen. Diese Aufgabe fällt in den untersuchten Fallstudien zumeist den Wohnungsunternehmen zu.

Einführung der Nutzer (Usability):
Unabhängig davon, welches Equipment eingesetzt und welche Bedienschnittstelle angeboten wurde, ist eine Einführung der Mieter notwendig. Dabei variiert der Umfang des Informations- und Einführungsbedarfs stark.

Schwierig ist es, den optimalen Zeitpunkt für Information und Erstschulung festzulegen. Insbesondere die interviewten Mieter über 70 Jahre, die in eine neue technisch ausgestattete Wohnung gezogen sind, berichten, dass sie durch den Umzug und die neue Situation so überfordert gewesen seien, dass sie der Einführung nicht folgen konnten. Andererseits ist gerade dann eine Einführung erforderlich, da die Mieter sonst ihre technisch hochgerüstete Wohnung nicht adäquat nutzen können. Das Dilemma wurde aus Sicht der Mieter in keinem der untersuchten Praxisprojekte angemessen gelöst.

Unterstützungsaufwand und Technikkompetenz:
Das Ausmaß des Informations- und Unterstützungsbedarfs ist abhängig von der jeweiligen individuellen Technikkompetenz. In keinem der untersuchten Praxisprojekte gelang es, die ältesten, zumeist technikabstinenten Nutzer durch eine einmalige Einführung fit zu machen. Die Praxisprojekte Kaiserslautern und Speyer berichten, dass der dort eingesetzte PAUL gerade für diese wenig technikaffine Gruppe einen geringen Schulungsbedarf hat. Andere Systeme erforderten auch noch nach der erfolgten persönlichen Einführung Nachschulung.

Gerade dieser Nachschulungsbedarf ist schwierig zu organisieren und kostenintensiv. Eine günstige Prozedur für die Mieter wurde im ARGENTUM gefunden: Dort wurde der erforderliche Nachschulungsbedarf von der Betreuungskraft der Johanniter-Unfall-Hilfe übernommen, die im Objekt präsent ist. In Forschungsprojekten (zum Beispiel SmartSenior) wird erprobt, ob solche Schulungen auch online bzw. durch Videokommunikation gestützt, durchgeführt werden können.

Technischer Support:

Die evaluierten Projekte zeigen, dass die Bereitstellung eines technischen Supports wesentlich für die Zufriedenheit der Mieter ist. Der Unterstützungsbedarf der Mieter reicht von kleineren Fragen zur Bedienung (Wie war das doch gleich?), über alltägliche Irritationen (Warum sieht mein Tablet jetzt anders aus?) bis hin zu Systemabstürzen (Bei mir geht gar nichts mehr).

In den untersuchten Einrichtungen des Betreuten Wohnens wird dieser technische Support von einem Mitarbeiter aus der Betreuung face to face erledigt. Dies sind natürlich aus Mietersicht die optimalen Voraussetzungen, die aufgetretenen technischen Probleme zu lösen. Face to face-Support stößt natürlich an Grenzen, wenn die Mieter nicht in einem Gebäude, sondern im Bestand verstreut wohnen. Für die Betreuung von Mietern im Bestand wurde in einzelnen Forschungsprojekten (SmartSenior) erprobt, den nötigen Support via Videokommunikation zu lösen. Der für den technischen Support betraute Mitarbeiter schaltet sich per Videoleitung dazu und berät den ratlosen Mieter. Im Forschungsprojekt wurden damit gute Erfahrungen gemacht. Inwieweit sie sich auf den Regeleinsatz in der Praxis übertragen lassen, lässt sich aufgrund mangelnder Praxiserfahrungen nicht belegen.

3.4.3
Installation und Wartung

Sowohl für die Akzeptanz älterer Menschen als auch für die Investitionsbereitschaft der Wohnungsunternehmen ist entscheidend, wie aufwendig und kostenintensiv die Installation der Systeme und deren spätere Wartung ist. Dies betrifft die Installationskosten (höchster Kostenfaktor sind Unterputzarbeiten im Renovierungsbereich; der jedoch durch die zunehmende Verwendung von Funklösungen begrenzt wird), aber auch die Frage der Nachfolgekosten (zum Beispiel kann das System selbst programmiert/umprogrammiert werden, ist eine Fernwartung durch die Mitarbeiter des Wohnungsunternehmens möglich? Oder müssen jedes Mal Experten/Fremdfirmen zugezogen werden?) Weiterhin ist relevant, wie wartungsintensiv die Systeme sind, wie häufig Mitarbeiter des Wohnungsbauunternehmens oder einer Fremdfirma hinfahren müssen.[36]

Für den Mieter ist entscheidend, dass er auf Wartungsanfragen umgehende Antwort und Unterstützung erhält. Dies gilt zum Beispiel für den regelmäßigen Batteriewechsel von Sensoren, die der Mieter nicht selbst vornehmen kann oder nicht sollte, wenn dazu Leitern zu besteigen sind (Deckensensor). Als unkomfortabel wird von den Mietern vermerkt, dass manche an der Küchendecke eingebaute Brandmelder bereits (Fehl-)Alarm auslösen, wenn ausgiebig gekocht wird und der Mieter auf die Leiter steigen müsste, um den Melder abzustellen, um in Ruhe weiterkochen zu können (Hinweis zum Beispiel aus Erlangen). Da dies für mobilitätseingeschränkte Mieter häufig nicht möglich ist, sind sie gezwungen, das Wohnungsunternehmen oder den Hausmeister zu informieren und bei laufendem Alarm zu warten, bis dieser zur Hilfe kommen kann – was das Kochvergnügen und die Lebensqualität eher mindert als

---

[36] Vgl. Kapitel 0

unterstützt. Die ist ein Faktor, der beim Einbau der Melder berücksichtigt werden muss.

In den Befragungen wurde eine ganze Reihe solcher Beispiele gefunden, bei denen der Mieter auf die Qualität des Wartungsservice angewiesen ist und die Qualität des Wartungsservice zur Zufriedenheit der Mieter beiträgt.

3.4.4
Vertrauen in den Vermieter und sozialen Dienstleister

Ein ebenfalls wichtiger Faktor für die Nutzungsbereitschaft der Mieter ist das Vertrauensverhältnis des Mieters zu seinem Vermieter und zu den eingebundenen Dienstleistern. Die untersuchten Fallbeispiele zeigen, dass für die Realisierung technischer Assistenzsysteme in der Praxis neue Kooperationen zwischen Wohnungsbauunternehmen, Technikanbietern, Dienstleistern und Sozialverbänden notwendig sind. Dadurch sind die Projekte schwierig zu realisieren und die Ansprechpartner für die Mieter unübersichtlich. Für jedes einzelne Projekt stellt sich die Frage, ob der Dirigent dieses Konzertes das Wohnungsunternehmen ist und dieses auch als zentraler Ansprechpartner für die Mieter fungiert. Für die Mieter sind das Vertrauensverhältnis und die Verlässlichkeit dieses Ansprechpartners wesentlich.

Hier sind die identifizierten Wohnungsunternehmen ganz unterschiedlich aufgestellt: Die GEWOBA Potsdam hat ein ausnehmend großes Interesse an der Dienstleistungsvermittlung, der hierfür zuständige Mitarbeiter ist für die Mieter eine Vertrauensperson. Andere Unternehmen überlassen die Funktion des zentralen Ansprechpartners Partnern aus der Sozialwirtschaft, wie zum Beispiel im ARGENTUM, wo die Johanniter diese Funktion erfüllen. Für einen dritten Typus von Unternehmen spielen Kundenberater und Objektbetreuer die zentrale Rolle. Wichtig ist, dass die Schnittstelle zum Mieter mit Personen besetzt ist, zu denen die Mieter Vertrauen haben. Insbesondere dann, wenn es um Zugriff auf private Daten geht.

3.5
Akzeptanzhemmende Faktoren

Neben den beschriebenen Faktoren, die die Attraktivität der technischen Assistenzsysteme fördern und die Nutzungsbereitschaft der Mieter unterstützen, wurden in den untersuchten Praxisbeispielen eine Reihe von weiteren Faktoren gefunden, die die Akzeptanz und Nutzungsbereitschaft der Mieter behindern. Diese Faktoren betreffen keine technischen Attribute im engeren Sinne, sondern betreffen die Anpassungsmöglichkeit der Technik an die individuellen Anforderungen und an den Alltags- und Lebensstil der Nutzer, Fragen des Datenschutzes und des Schutzes der Privatheit. Hinzu kommt die weitgehende Unkenntnis der Nutzer über die Möglichkeiten der technischen Assistenzsysteme, über die damit verbundenen direkten und indirekten Kosten.

3.5.1
Mangelnde Information – unbekanntes Angebot

Nimmt man diejenigen Systeme in den Blick, die auf vernetzten Lösungen beruhen und Signale aus der Wohnung an Sicherheitsdienstleister oder Gesundheitszentren weitergeben, so sind marktreife Angebote noch sehr begrenzt. Zwar geht die Forschung hier zügig voran, doch der Schritt zu marktfertigen Anwendungen ist häufig noch nicht gemacht und die Systeme sind noch nicht ausreichend in der Praxis erprobt.

Über das Spektrum marktreifer vernetzter Lösungen besteht ein Informationsdefizit sowohl bei vielen Wohnungsunternehmen als auch bei ihren Mietern. Von daher wundert es nicht, dass die befragten Mieter der identifizierten Praxisprojekte die angebotenen technischen Assistenzsysteme nicht kannten, bevor sie in entsprechend ausgestattete Wohnungen zogen bzw. bevor ihre Wohnungen mit entsprechen Systemen ausgestattet wurden. Die Systeme erschließen sich für den Nutzer erst durch die alltägliche Praxis. Dies erklärt, warum in länger laufenden Projekten berichtet wird, dass anfangs ablehnende Mieter den Nutzen der Systeme erst nach einiger Zeit der Eingewöhnung zu schätzen wissen.

Es verwundert ebenfalls nicht, dass Mieter auf die Frage, welche Systeme sie denn gerne in der Wohnung haben wollen, nicht antworten können. Und es verwundert nicht, dass Mieter nicht bereit sind, hierfür eigenes Geld in die Hand zu nehmen. Nachfrage von Kunden kann erst kommen, wenn sie wissen, was es gibt und was man wollen kann. Und selbst wenn sie das Angebot kennen würden, wäre es ohne eine entsprechende Praxis kaum zu überblicken, welche Bedeutung dies für ihre Lebensqualität haben könnte. Hier liegt der große Nutzen von Musterwohnungen und auch Showrooms, von denen es in der Republik noch viel zu wenige gibt.[37] Einige der Musterwohnungen sind in Kapitel 2.4 beschrieben.

3.5.2
Mangelnde Anpassung an individuelle Anforderungen

Die Bedürfnisse und Bedarfe der Mieter verändern sich im Zeitverlauf

Es gibt kein Alter, sondern nur Altern, d. h. die individuellen Bedürfnisse der Menschen verändern sich entlang ihrer Biografie, in Abhängigkeit von Lebensumständen, Verlust von Arbeitsplatz, Veränderung in der Familienkonstellation und Haushaltsstruktur, gesundheitliche Verfassung. Dies bedeutet für technische Assistenzsysteme, dass sie sich diesem Alterungsprozess anpassen sollten. Es kann kein System für alle Lebenslagen geben, sondern die Systeme müssen sich aus verschiedenen Modulen zusammensetzen, die für

---

[37] Eberhardt 2014

das jeweilige Alltagssetting und die Bedürfnisstruktur passen und die "mitaltern" können.

Aus Mietersicht ist deshalb das ganze Spektrum der Möglichkeiten technischer Assistenzsysteme relevant, von der Komfortanwendung für jüngere Personen bis zu Systemen, die die Palliativversorgung zu Hause unterstützen. Gebraucht werden technische Systeme, die sich dem Alterungsprozess anpassen. Voraussetzungen hierfür sind Interoperabilität der Systeme, offene Standards und die Integrationsmöglichkeit in unterschiedliche Standards.[38] Letztlich werden aus Mietersicht ebenfalls selbstlernende Systeme benötigt, die dem Nutzer vorschlagen, welche Zusatzmodule auf seine inzwischen veränderte Situation reagieren können.

Technische Systeme müssen auf altersbedingte Defizite reagieren

Altersbedingte Einschränkungen haben virulente Auswirkungen auf die mögliche Bedienung der Systeme; die Bedienschnittstellen müssen sich altersbedingten Einschränkungen anpassen bzw. sollten die vorhandenen Einschränkungen kompensieren können. Die Schnittstelle zwischen technischer Assistenz und Gerontotechnik ist hier fließend. Gerade im hohen Alter geht es um die Individualisierung der technischen Lösungen und um barrierefreien Zugang zur Informations- und Kommunikationstechnologie (IKT). Folgende Faktoren gilt es zu kompensieren bzw. zu bedenken:

- Fingerfertigkeit:
  Arthrose verhindert Greifen, zunehmende Trockenheit der Haut erschwert Touch-Benutzung, eingeschränktes Tastempfinden erschwert die Bedienung
- Sehen:
  Einschränkungen der Sehkraft und Gesichtsfeldveränderungen erfordern anpassbare Schriftgrößen, verändertes Farbensehen erfordert Anpassung der Farbgestaltung von Oberflächen
- Hören:
  zunehmende Schwerhörigkeit (auch schon in jüngeren Jahrgängen) erfordert multimodale Signalausgabe (Hören und Sehen)
- Kognitive Einschränkungen:
  Erinnerungsschwierigkeiten, Kurzzeitgedächtnis betroffen

3.5.3
Abstimmung auf Lebensstil und Alltagsgewohnheiten erforderlich

Technische Assistenzsysteme sollten nicht in den altbewährten Lebensstil der Mieter eingreifen, ihre Vorlieben konterkarieren oder von ihnen verlangen, ihre Alltagsgewohnheiten zu verändern. Dies war jedoch in den untersuchten Forschungsprojekten eine wichtige Akzeptanzbarriere bei den Mietern. Wenn ein gesundheitliches Monitoring erfordert, die Körperwaage immer direkt vor dem Fernseher zu platzieren, statt sich wie gewohnt im Badezimmer zu wiegen oder wenn Bewegungsmelder, die automatisch das Licht an-

---

[38] Eichelberg 2012

und ausschalten, nicht den eigenen Wohngewohnheiten angepasst oder abgestellt werden können, muss man sich über eine ablehnende Haltung der Mieter nicht wundern.

Technische Assistenzsysteme müssen sich darüber hinaus der Wohnqualität und dem Lebensstil unterordnen. Die Systeme werden häufig für Laborsettings getestet, der Transfer in belebte, individuell gestaltete Wohnumgebungen muss nicht immer gelingen. Wenn Steuerelemente der Technik dort platziert wurden, wo eigentlich der beste Platz für das Sofa wäre, wenn die schaltbare Steckdose nicht zum Standort der Lieblingsstehlampe passt oder die langjährige Kochroutine durch Herdabsicherungssysteme gestört wird, braucht man sich ebenfalls über Ressentiments der Mieter nicht wundern.

Das klingt banal, ist es aber nicht – wie viele junge Technikentwickler haben ausreichend viele Wohnzimmer alter Menschen gesehen, um dieses Wissen in ihre Forschung einzubringen? Was wissen sie über die Alltagsroutinen einer Generation, mit der sie im Alltag kaum etwas zu tun haben? Interdisziplinäre Forschung ist notwendig, und Evaluationsstudien wie diese werden gebraucht, um aus den Erfahrungen der Mieter für künftige Praxisprojekte zu lernen.

3.5.4
Privacy, Datenschutz und Haftungsfragen

Die Kontrolle behalten

Ein wichtiger Aspekt, der die Gespräche mit den Mietern aus den identifizierten Projekten prägte, ist die Frage, ob sie die Kontrolle über ihr Alltagsleben und die dort implementierte Assistenztechnologie behalten. Die Technologie darf keine Entscheidungen für den Mieter treffen, in die der Nutzer nicht mehr eingreifen kann. Hier sind die Betroffenen sehr sensibel. Die befragten Mieter bestehen darauf, dass sie die angebotenen Geräte und Systeme nicht verwenden müssen bzw. darauf, dass sie sie jederzeit abschalten können.

Natürlich ist diese Forderung der Betroffenen in Grenzbereichen schwer einzulösen, zum Beispiel wenn das Urteilsvermögen der Betroffenen schwindet, wie zum Beispiel bei zunehmender Demenz. Hier muss im Einzelfall abgewogen werden zwischen den Bedürfnissen der Betroffenen nach Sicherheit und ihrer gleichzeitigen Selbstbestimmung über das technische System. Dies gilt umso mehr, weil sich die kognitive Verfassung im Alterungsprozesses verändert: Die geforderte Interessenabwägung müsste also im Verlauf des Alterungsprozesses immer wieder neu abgewogen werden. Hierzu gibt es bisher kaum Praxisbeispiele.

Haftungsfragen

Hinzu kommt die Frage der gesetzlichen Haftung insbesondere bei gesundheitlichen Anwendungen. Da bei Monitoringsystemen mehr Personengruppen involviert sind als bei herkömmlichen Verfahren, sind klare Regelungen notwendig, wer in welchem Fall die Verantwortung übernimmt, wer für welchen Aspekt des Monitorings zuständig ist und wie die Schnittstellen der Kooperation der beteiligten Personengruppen definiert sind. Es stellen sich andere Fragen der medizinischen Haftung als in traditionellen Versorgungskonzepten: Durch die Technologien des Monitorings wird eine De-Institutionalisierung der Versorgung möglich, die es den Betroffenen ermöglicht, in ihrem gewohnten Zuhause und in ihrer Nachbarschaft zu bleiben.

Datenschutz

Das Thema Datenschutz war in vielen der geführten Interviews Thema. Besprochen wurde die Frage, ob Daten 1:1 aus der Wohnung übertragen werden sollten (SOPHITAL), oder aber nur "Informationen in Form einer "Notfall-Ampel" übertragen werden sollten (zum Beispiel PAUL oder auch LOC.SENS). Unabhängig vom Alter sind die Nutzer sensibel dafür, dass die Grenze zwischen Zuhause und öffentlichen Orten zunehmend verschwimmt. Sie betonen, dass ihre Daten nur an Personen weitergegeben werden sollen, denen sie vertrauen.

Grundsätzlich besteht ein Konflikt zwischen der Datensicherheit und der einfachen Bedienbarkeit. Dies lässt sich am Beispiel der Eingabe von PINs diskutieren. Beispielsweise wurde im Projekt SmartSenior auf Empfehlung der Ethikkommission die Einsicht in die eigene persönliche Gesundheitsakte auf dem häuslichen Fernsehgerät mit einem komplizierten PIN gesichert, oder die bei jeder Einsicht in die eigenen Gesundheitsdaten vom Nutzer eingegeben werden musste. Diese Prozedur erschwerte gerade der ältesten Nutzergruppe, die gesundheitlich belastet und wenig technikaffin war, den Zugang zu ihren Daten, der aber gerade für sie von Nutzen sein könnte. Dem individuellen Nutzen der Nutzer/Patienten steht die Gefahr der unerlaubten Dateneinsicht bzw. des "Gehackt-Werdens" gegenüber – eine schwierig abzuwägende Entscheidung, die in jedem AAL-System spezifisch beantwortet werden muss.

3.6
Resümee: Von der Forschungsförderung zum Regelangebot?

Der Erfolg technischer Assistenzsysteme hängt stark davon ab, ob die Bedürfnisse, Wünsche und Anforderungen der potenziellen Nutzer berücksichtigt werden und frühzeitig in die Entwicklung von Technologien und Dienstleistungen eingehen. Die Forschungsförderung im Bereich "Technische Assistenzsysteme für ältere Menschen" hat bewiesen, dass die Beteiligung der Nutzer hilfreich für die Erstellung von Anforderungsanalysen, zum Testen und Bewerten von Produktkonzepten, zur Bewertung der Bedienkonzepte oder zur Gestaltung von Produkten, Verpackungen und Bedienungsanleitungen ist.

Die meisten der identifizierten Projekte haben ergeben, die Bedürfnisse und Interessen der Nutzer zum Ausgangspunkt der Betrachtung zu machen. Es geht nicht darum, dass Technologie eine Anwendung sucht, vielmehr gilt es, von den Bedürfnissen der Mieter und parallel dazu von den Anforderungen der Wohnungsunternehmen und der ambulanten Dienstleister auszugehen. Die meisten der hier untersuchten Projekte beobachten genau, was dem Nutzer dient und haben selbst Nutzerbefragungen durchgeführt.

Jedoch kann aus den vorliegenden sozialwissenschaftlichen Evaluationen der Feldversuche und Modellprojekte nicht schlüssig abgeleitet werden, welche Wirkung die eingebauten technischen Assistenzsysteme tatsächlich haben. In keinem der Projekte kann belegt werden, wie oft zum Beispiel die Erinnerungsfunktion an ein vergessenes Bügeleisen Brandschäden oder der "Fenster-Schließen"-Hinweis bei Verlassen der Wohnung einen Einbruch verhindert hat. Es ist zwar davon auszugehen, dass objektiv die Sicherheit vor Bränden, Wasserschäden und Einbruch durch die Technik erhöht wird. Auch das Risiko, nach einem Sturz längere Zeit nicht gefunden zu werden, dürfte durch die Notrufmeldefunktionen minimiert werden, jedoch fehlen hierfür eindeutige empirische Belege.

Auch in der vom BMG in Auftrag gegebenen Studie, die die Wirkung der technischen Systeme adressiert[39], wurde die konstatierte Wirkung der empfohlenen technischen Assistenzsysteme für den neuen Pflegehilfsmittel-Katalog ausschließlich durch Experteneinschätzungen, nicht jedoch durch empirische Wirksamkeitsstudien belegt.

Notwendig ist daher eine "Wirksamkeitsforschung" für einen evidenzbasierten Nachweis des Nutzens von alltagsunterstützenden Assistenzlösungen unter realen Bedingungen. Einen solchen Beleg kann auch die hier vorgestellte Evaluationsstudie nicht erbringen. Zwar ist die Datengrundlage mit N=90 Fallstudien aussagekräftig, jedoch sind die Daten aufgrund der Unterschiedlichkeit der eingesetzten Technologien und technikbasierten Dienstleistungen nur beschränkt vergleichbar. Allerdings erlauben die Ergebnisse, die Attraktivität der technischen Assistenzsysteme für die Mieter valide zu beurteilen und daraus Schlussfolgerungen zu ziehen. Es konnte an vielen Beispielen belegt werden, dass technische Assistenzsysteme dann eine hohe Akzeptanz erfahren, wenn ihr Nutzen für die eigene Situation und für die aktuellen Bedürfnisse überzeugend ist.

Attraktiv sind insbesondere Lösungen, die die subjektive Sicherheit erhöhen, sei es bezogen auf die Wohnungssicherheit oder die persönliche Sicherheit in der Not. Allerdings – auch das zeigt die Untersuchung deutlich – sind ältere Menschen nur selten bereit, solche Sicherungssysteme bereits präventiv einzusetzen. Die befragten älteren Mieter wollen so lange es geht, die Vorstellung aufrecht erhalten, nicht alt und gebrechlich zu sein und lehnen von daher präventive technische Assistenz zumeist ab.

Technische Assistenzsysteme, die den Komfort erhöhen und den Alltag unterstützen, werden von jüngeren und älteren Befragten gleichermaßen als attraktiv bewertet. Inwieweit sie tatsächlich genutzt werden, entscheidet sich an der Alltagstauglichkeit, der Be-

---

[39] BMG 2014

dienqualität und Fehlerresistenz der Anwendungen.

Technische Assistenz für die eigene Gesundheit, die die Möglichkeit geben, trotz gesundheitlicher Einschränkungen zu Hause betreut werden zu können, werden von den befragten Mietern sehr geschätzt. Durch telemedizinische Anwendungen und Gesundheitsmonitoring werden die Wege zum Arzt kürzer, die Betreuung engmaschiger. Allerdings sind entsprechende Erprobungen in der Praxis noch selten und erfordern weitreichende Anpassungen im Gesundheitssystem.

Soziale Einbindung zu fördern, Einsamkeit im Alter zu vermeiden und den Zusammenhalt in der Nachbarschaft zu erhöhen, werden ebenfalls als attraktiv angesehen. Entsprechende Assistenzsysteme sind in der Erprobung und teilweise bereits in der Praxis angekommen. Hier ist in den nächsten Jahren mit einer Vielzahl weiterer Anwendungen zu rechnen.

Es existieren hohe Erwartungen an die Leistungsfähigkeit assistiver Technologien. Da in die Betreuung und Pflege älterer Menschen viele Akteure eingebunden sind, ist neben der direkten Wirkung von Assistenzsystemen beim Anwender der indirekte Nutzen bei Dritten relevant. Dies können Kosteneinsparungen bei Versicherungsträgern durch vermiedene Krankenhausaufenthalte oder Arztbesuche oder das Hinausschieben des Umzugs in ein Pflegeheim sein. Auch für diese indirekten Wirkungen ist bisher noch kein Nutzennachweis in der Praxis erbracht. Nicht zuletzt deshalb mangelt es unter anderem noch an der Bereitschaft von Leistungsträgern oder Kommunen, sich an der Finanzierung der meist für den Anwender zu teuren technischen Lösungen zu beteiligen.

Die Erfolgschancen technischer Assistenzsysteme sind weiterhin von sozio-ökonomischen, rechtlichen und ethischen Rahmenbedingungen abhängig. In dieser Beziehung bestehen noch deutliche Forschungsdefizite. Relevant sind Fragen des Datenschutzes, des Haftungsrechts, der Finanzierung und der ethisch-sozialen Implikationen. Es sind Lösungen anzustreben, die die Rolle und die Rechte der unterstützten Menschen stärken und ihre ausdrückliche Zustimmung zum Einsatz und zur Ausdifferenzierung der Dienste erfordern. Auch Fragen des Vertragsrechts und insbesondere des Haftungsrechts sind angesprochen, wenn Menschen und Maschinen im Alltag immer enger zusammenrücken und diese Maschinen zunehmend autonom agieren.

4
Finanzierung und Geschäftsmodelle – Evaluation der Projekte aus ökonomischer Sicht

An die Analyse der Projekte und der darin eingesetzten Assistenztechnologien aus der Perspektive der Nutzer schließt sich eine Evaluation der Projekte aus ökonomischer Sicht an. Grundlage waren eine von InWIS durchgeführte Analyse vorliegender Projektunterlagen sowie vertiefende Leitfadeninterviews mit wesentlichen Projektbeteiligten.

Im Vordergrund steht die Fragestellung, welche Konzepte erarbeitet und angewendet wurden, um für die zur Verfügung gestellten technischen Assistenzsysteme und die angebotenen Dienstleistungen Erträge zu generieren und inwieweit es sich bei diesen Konzepten um Erfolg versprechende Geschäftsmodelle handelt.

Die Analyse der Finanzierungsmodelle ist ein erster Schritt, um die Liefer- und Leistungsbeziehungen und die daraus abzuleitenden Finanzströme in einer Konstellation mit mehreren Partnern transparent zu machen. Überwiegend wurden Kooperationsbeziehungen zwischen

- einem Wohnungsunternehmen,
- einem Anbieter von Technologien und
- Anbietern von weiteren Dienstleistungen

etabliert.

Als Technologiepartner ist entweder der Hersteller selbst oder ein unabhängiger Markt- bzw. Vertriebspartner aufgetreten, der technische Komponenten von einem oder mehreren Herstellern bündelt. Die Einbindung von Dienstleistungen geschieht in der Regel über eine Serviceleitstelle, die für eine umfassende Betreuung der Nutzer ganztägig zur Verfügung steht sowie Notrufe entgegennimmt und weiter verarbeitet. Weitere haushaltsnahe, pflegerische, gesundheitsbezogene und sonstige Dienstleistungen werden entweder vom Betreiber der Serviceleitstelle selbst angeboten (beispielsweise von Wohlfahrtsverbänden, die ein Dienstleistungsportfolio aufgebaut haben) oder über Kooperationsverträge mit spezialisierten Anbietern in die Wertschöpfungskette eingefügt.

Auf der Leistungsseite entstehen komplexe Kooperationsstrukturen, die hinsichtlich der Liefer- und Leistungsbeziehungen eindeutig definiert und durch vertragliche Vereinbarungen abgesichert sein müssen.

Aus der Analyse dieser unterschiedlichen Elemente werden die (Grund-)Strukturen der verfolgten bzw. angestrebten Geschäftsmodelle deutlich. Der Ansatz des Geschäftsmodells geht deutlich über die Betrachtung von Finanzströmen hinaus. Ein Geschäftsmodell befasst sich mit der Grundidee des Leistungsangebotes und ausgehend davon mit allen erforderlichen Aspekten, wie die Grundidee erfolgreich umgesetzt und dabei (dauerhaft) Wertschöpfung erzielt werden kann. Die Forschungsfragen lauten: Wie ist ein Geschäftsmodell für AAL-Konzepte aufgebaut? Wie müssen zentrale Bausteine gestaltet werden, um dauerhaft erfolgreich zu agieren?

In der Literatur wird das Fehlen geeigneter Geschäftsmodelle mit dafür verantwortlich gemacht, dass trotz fortschreitenden demografischen Wandels und erkennbarer Notwendigkeit für den verstärkten Einsatz von AAL-Konzepten immer noch eine viel zu geringe Anzahl von Wohnungen dafür vorgesehen ist bzw. ausgerüstet wird.

Während sich das Kapitel 4.1 mit den Finanzierungsmodellen befasst, werden in Kapitel 4.2 wesentliche Bausteine eines AAL-Geschäftsmodellansatzes diskutiert. Die dazu korrespondierende theoretische Grundlage befindet sich in Kapitel 6.1 des Anhangs.

In Kapitel 4.3 werden aufbauend auf den erarbeiteten Analyseergebnissen Vorschläge für alternative Geschäftsmodellansätze entwickelt.

4.1 Finanzierungsmodelle und -struktur der betrachteten Projekte

4.1.1 Vorüberlegungen zur Kosten- und Finanzierungsstruktur

Zu den wichtigsten Aufgaben für die Realisierung eines AAL-Projektes zählt es, die für einzelne Teilleistungen anfallenden Kosten zu bilanzieren und dafür geeignete Finanzierungsquellen zu erschließen. In den evaluierten Projekten wurden unterschiedliche Finanzierungsmodelle gewählt, die von der jeweiligen Zielsetzung des Vorhabens abhängen. Für forschungsorientierte Projekte oder solche, die vorrangig dazu dienten, um Erfahrungen mit der Anwendung von verfügbaren Technologien zu sammeln, werden andere Finanzierungsstrukturen aufgebaut, als dies bei Projekten der Fall ist, die nach einer kurzen Test- und Einführungsphase in den regulären Betrieb übergehen.

Die Realisierung eines AAL-Projektes kann in drei Phasen gegliedert werden:

- Die **Planungs- und Entwicklungsphase**, in der ein geeignetes Konzept für einen Gebäude- und Immobilienbestand erarbeitet wird. Nutzerwünsche werden analysiert und dazu passende technische Assistenzsysteme und begleitende Dienstleistungen konfiguriert. Diese Phase liefert Grundlagen für die

Entwicklung eines Geschäftsmodells, je nach Umfang geschieht dabei die Entwicklung eines Geschäftsmodells.

- In der **Umsetzungsphase** werden die erforderlichen technischen Assistenzsysteme angeschafft und in den Gebäude- und Wohnungsbeständen installiert.

- In der anschließenden **Betriebsphase** werden die Geräte bestimmungsgemäß genutzt, ggf. ergänzende Dienstleistungen erbracht.

Die folgende Abbildung gibt einen Überblick über die unterschiedlichen Phasen und die wesentlichen Kostenpositionen, die in jeder Phase charakteristisch anfallen.

Abbildung 5: Kostenanfall nach einzelnen Phasen der Projektrealisierung

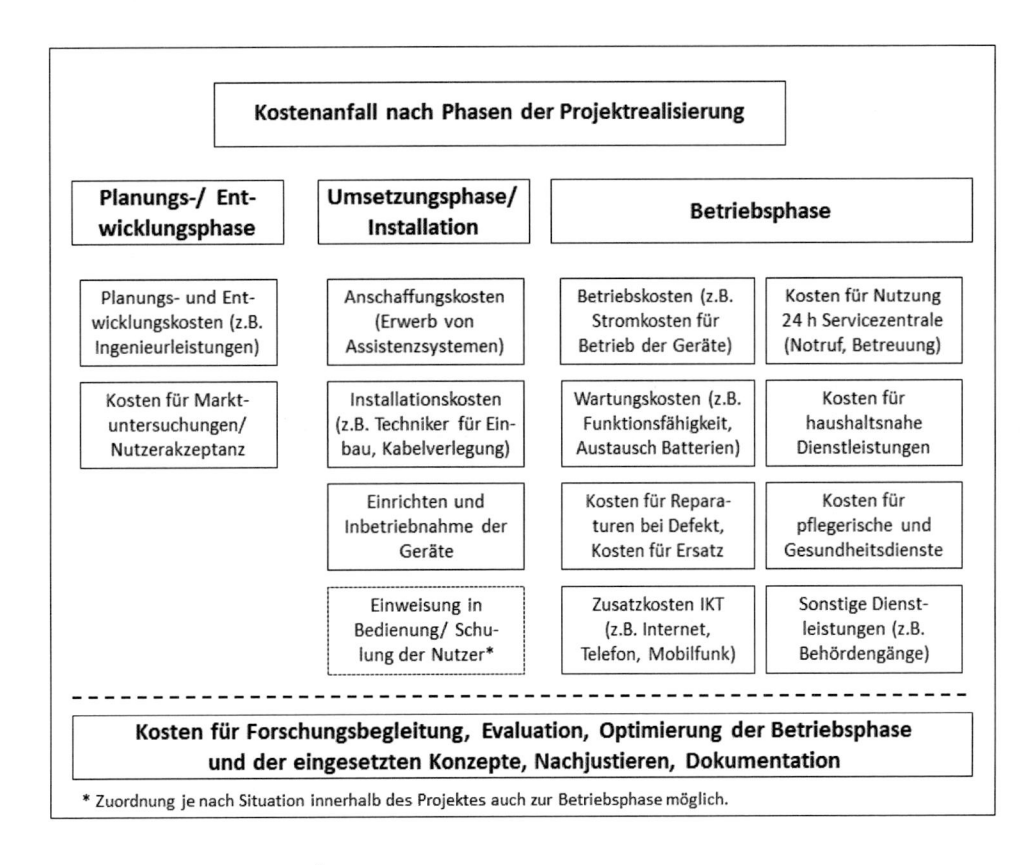

Kostenanfall nach Phasen der Projektrealisierung

Planungs-/ Entwicklungsphase	Umsetzungsphase/ Installation	Betriebsphase	
Planungs- und Entwicklungskosten (z.B. Ingenieurleistungen)	Anschaffungskosten (Erwerb von Assistenzsystemen)	Betriebskosten (z.B. Stromkosten für Betrieb der Geräte)	Kosten für Nutzung 24 h Servicezentrale (Notruf, Betreuung)
Kosten für Marktuntersuchungen/ Nutzerakzeptanz	Installationskosten (z.B. Techniker für Einbau, Kabelverlegung)	Wartungskosten (z.B. Funktionsfähigkeit, Austausch Batterien)	Kosten für haushaltsnahe Dienstleistungen
	Einrichten und Inbetriebnahme der Geräte	Kosten für Reparaturen bei Defekt, Kosten für Ersatz	Kosten für pflegerische und Gesundheitsdienste
	Einweisung in Bedienung/ Schulung der Nutzer*	Zusatzkosten IKT (z.B. Internet, Telefon, Mobilfunk)	Sonstige Dienstleistungen (z.B. Behördengänge)

Kosten für Forschungsbegleitung, Evaluation, Optimierung der Betriebsphase und der eingesetzten Konzepte, Nachjustieren, Dokumentation

* Zuordnung je nach Situation innerhalb des Projektes auch zur Betriebsphase möglich.

Quelle: Eigene Darstellung

Die Übersicht ist für die Planungs-/Entwicklungs- und Umsetzungsphase aus dem Blickwinkel eines Wohnungsunternehmens geschildert, für die Betriebsphase stand der Blickwinkel eines Nutzers im Vordergrund.

Dementsprechend werden die Kosten für den Betrieb einer Notrufservicezentrale als ein Block ausgewiesen. Aus dem Blickwinkel des Betreibers einer Notrufservicezentrale müssten typische Kostenpositionen und -arten aufgegliedert werden, die für die Leistungserstellung erforderlich sind (zum Beispiel Personalkosten für die Notrufbereitschaft und die Betreuung, Kosten für Räume und Einrichtungen, Betriebskosten). Einige dieser Informationen lagen teilweise nicht vor.

Die Fokussierung auf die Sichtweise eines Wohnungsunternehmens hat zudem den Vorteil, dass lediglich der Preis für die Inanspruchnahme einer einzelnen Einheit, wie zum Beispiel einer Stunde einer hauswirtschaftlichen Dienstleistung, betrachtet werden kann. Der Preis, den ein Dienstleister für eine solche Einheit ansetzt, ist Grundlage einer eigenständigen Kalkulation des jeweiligen Partners. Hier sind beispielsweise Kosten für das Vorhalten von Personal auch dann zu berücksichtigen, wenn keine Leistungen in Anspruch genommen werden. Der zu erwartende Umfang der Inanspruchnahme von Leistungen beeinflusst die Preis- bzw. Kostenkalkulation. Das kann Einfluss auf das Geschäftsmodell insgesamt nehmen: Dienstleistungen, die nur in geringem Umfang in Anspruch genommen werden, verursachen hohe Vorhaltekosten und können nur zu höheren Entgelten angeboten werden. Dadurch wird der Nutzerkreis eingeschränkt, der ausreichende Kaufkraft für die Inanspruchnahme zur Verfügung hat.

Mit dieser Betrachtung wird das Absatz- und Betriebsrisiko vollständig auf den Partner verlagert. Denn es wird vorausgesetzt, dass der Partner grundsätzlich in der Lage ist, sein Dienstleistungsangebot auch dann zur Verfügung zu stellen, wenn die Inanspruchnahme aus dem AAL-Projekt heraus in zu geringem Umfang stattfindet.

Partner, die sich speziell auf AAL-Dienstleistungen konzentrieren, benötigen aus diesem Markt heraus ein ausreichendes hohes Volumen der Inanspruchnahme.

Dieser Aspekt spielt auch bei den eingesetzten Technologien eine Rolle: Ein großer Absatzmarkt für technische Assistenzsysteme führt im Lebenszyklus eines Marktes zu Lernkurven- oder Skaleneffekten, sodass die Kosten je Gerät bei steigender Stückzahl deutlich sinken können (Kostendegressionseffekte). In den betrachteten Projekten sind die Anschaffungskosten beispielsweise um 50 % und mehr zurückgegangen. Die Kostenangaben verbessern das Verständnis des Vorgehens in einzelnen Projekten. Sie sind für die Realisierung eigener Projekte neu zu erfragen, um eine aktuelle Kalkulationsgrundlage zu erhalten.

Diese Überlegungen zeigen, dass bei der Entwicklung eines Geschäftsmodells für die Umsetzung von AAL-Projekten die Situation der jeweiligen Kooperationspartner simultan mit berücksichtigt werden muss. Ist ein Partner selbst bereits erfolgreich am Markt tätig, so kann man voraussetzen, dass er bereits über ein eigenes, erfolgreiches Geschäftsmodell verfügt. Beispielsweise verfügt der Betreiber einer Notrufservicezentrale über ein Geschäftsmodell, entweder nur für den Betrieb einer Notrufservicezentrale, weil dies sein wesentlicher Geschäftszweck ist, oder für sein gesamtes Betätigungsfeld, in dem die Notrufservicezentrale mit einem Teilgeschäftsmodell eingebettet ist (beispielsweise werden Notrufservicezentralen oft von Sozialverbänden wie dem Deutschen Roten Kreuz angeboten, die ein komplexes Dienstleistungsportfolio steuern und am Markt platzieren).

Technikanbieter können für andere Absatzmärkte, beispielsweise für gewerbliche Kunden, über ein erfolgreiches Geschäftsmodell verfügen und planen jetzt über AAL-Konzepte den Einstieg in ein anderes Marktsegment beispielsweise für private Nutzer. Aus der

Anbietersicht entwickelt dieser im Idealfall für dieses (neue) Kundensegment ein eigenständiges Geschäftsmodell.

In einem derart komplexen Anwendungsfeld stellt sich daher vor allem die Frage, inwieweit die Geschäftsmodelle der jeweiligen Partner miteinander kompatibel sind und sich miteinander verbinden lassen. Es kann ausreichend sein, die Geschäftsmodelle der jeweiligen Partner einfach zu kombinieren, ohne sie zu verändern. Es kann auch sein, dass ein eigenständiges AAL-Geschäftsmodell entwickelt werden muss, in das die Beiträge der einzelnen Partner in gänzlich neuer Art und Weise miteinander kombiniert werden. In dem ersten Fall nutzt man lediglich die bewährten Geschäftsmodelle der jeweiligen Partner und es bedarf keines neuen AAL-Geschäftsmodells. Im letztgenannten Fall kommt es zu einer kooperativen Geschäftsmodellentwicklung, weil sich neue Partnerstrukturen bilden müssen, die erst in der innovativen Kombination der Beiträge jedes einzelnen Partners zu einem neuen Geschäftsmodell führen, über den der Markt erschlossen werden kann.

Zu den Kostenarten sind folgende Erläuterungen notwendig: Kosten für die Planungen und Entwicklung von konkreten technischen Assistenzsystemen in Kombination mit Dienstleistungen werden oft herstellerseitig getragen und dann nicht gesondert ausgewiesen. Oft sind sie Bestandteil eines Forschungsprojektes und bilden dort die erste Phase.

In der Umsetzungsphase werden die erforderlichen Investitionen vorgenommen. Vor allem zählen dazu die Anschaffungskosten der erforderlichen technischen Assistenzsysteme. Weitere Handwerker-/Technikerkosten fallen – je nach Konzept – für die Installation in der Wohnung an, wie zum Beispiel ein Gateway oder Inaktivitätssensoren.

Sind die Geräte installiert, d. h. in die Wohnumgebung eingebracht, müssen sie noch in Betrieb genommen und für den Anwendungsfall konfiguriert werden. Hierfür können Servicekosten von spezialisierten Technikern anfallen.

Kosten, die neben den Anschaffungskosten in unmittelbarem Zusammenhang mit dem Erwerb und der Inbetriebnahme stehen, werden auch als Anschaffungsnebenkosten bezeichnet. Sie könnten den Anschaffungskosten zugeschlagen werden; um das Augenmerk darauf zu lenken, werden sie in der Abbildung gesondert ausgewiesen.

Aufwendige Installationsarbeiten in der Wohnung, wie beispielsweise das Verlegen von Verkabelung unter Putz sind nicht als Anschaffungsnebenkosten aufzufassen, sondern stellen eine eigene Kostenposition dar.

Nach dem Herstellen der Betriebsbereitschaft können Kosten für Erläuterungen oder die intensive Schulung der Nutzer anfallen. Für die Nutzer sind diese Leistungen von großer Bedeutung, weil sie sonst nicht in der Lage sind, das bereitgestellte System zweckentsprechend, richtig und damit sicher einzusetzen (vgl. Kapitel 3). Diese Kosten fallen einmalig in zeitlichem Zusammenhang zur Inbetriebnahme an. Steuerrechtlich handelt es sich bei Schulungskosten für die Inbetriebnahme und Nutzung von Geräten um Anschaffungsnebenkosten, die wie die Anschaffungskosten für die Geräte behandelt werden und in der Regel zu aktivieren sind. Sie können daher u. U. zu den anfänglichen (Investitions-)Kosten gerechnet werden.

Oft werden für Schulungskosten andere Finanzierungsalternativen gewählt als für die reinen Anschaffungskosten, insbesondere in Fällen, in denen zum Beispiel nicht die Mitarbeiter des eigenen Wohnungsunternehmens, sondern die Mieter als Nutzer geschult werden. Da je nach der Komplexität des eingesetzten Systems auch nach Inbetriebnahme und dem ersten Einsatz eine Nachschulung erforderlich sein kann oder sporadisch Fragen zur Nutzung oder zur Behebung von Fehlern auftreten können, können solche Kosten auch in eine laufende Servicepauschale eingerechnet werden. Die Ersteinweisung ist dann die erste sichtbare und umfassende Leistung, die der Nutzer für die (monatliche) Servicepauschale erhält. In diesen Fällen können die Kosten auch der Betriebsphase zugerechnet werden.

Das ist von Bedeutung, weil die Frage zu klären ist, ob die erstmalige Einweisung noch vom Hersteller der Geräte (beispielsweise dessen Servicetechniker, der den Einbau vornimmt) oder bereits von der später betreuenden Stelle vorgenommen wird. Entsprechend können die Kosten in die Anschaffungskosten eingerechnet, den Installationskosten zugeschlagen oder in die Betriebsphase verlagert werden. Werden technische Assistenzsysteme fest verbaut, so wird in der Regel das Wohnungsunternehmen die Anschaffungs- und auch die Installationskosten tragen. Denkbar wäre es, dass – ähnlich wie bei Multimediaverkabelung der Netzebene 4 (innerhalb des Gebäudes bis zur Wohnung) – der Hersteller oder ein Dritter diese Kosten übernimmt. Können die technischen Assistenzsysteme wieder zurückgebaut und beispielsweise bei einem Umzug in eine andere Wohnung dort weiter verwendet werden, so kann auch der Nutzer Anschaffungs- und Installationskosten übernehmen. In diesem Falle spricht vieles dafür, die Kosten für die Einweisung und Schulung auch dem Nutzer zu belasten.

Das Beispiel der Kosten für Schulung und Einweisung zeigt, dass unterschiedliche Zuordnungsmöglichkeiten der Kosten denkbar sind. Grundsätzlich sollte das Preismodell einfach, transparent und gut nachvollziehbar sein, damit es von den beteiligten Partnern akzeptiert werden kann. Das Prinzip der Verursachergerechtigkeit spielt zwar eine Rolle, allerdings muss das Preismodell vor allem für den Nutzer eingängig sein und auf seine Akzeptanz stoßen, weil das ausschlaggebend dafür sein kann, dass er das in Anspruch nimmt.

In der Betriebsphase des technischen Assistenzsystems fallen weitere Kosten an. Je nach eingesetzter Gerätetechnik können sich (deutlich) erhöhte Stromkosten für den Betrieb der technischen Komponenten ergeben. Diese Kosten werden überwiegend dem Nutzer belastet. Da Betriebsstrom für Geräte im allgemeinen Verbrauch von Haushaltsstrom aufgeht, bestehen Schwierigkeiten, die Mehrkosten genau zu beziffern.

Die technischen Assistenzsysteme müssen regelmäßig gewartet und auf Funktionsfähigkeit geprüft werden, es sei denn, dass die Geräte einen Funktionsfehler selbst diagnostizieren und an eine Leitstelle weitergeben können. Je nach Energieversorgungskonzept ist ein Austausch von Batterien erforderlich, der zwar vom Nutzer vorgenommen werden kann. Allerdings spielen Aspekte des Komforts und der objektiven Fähigkeit zur Durchführung eine Rolle, wie in Kapitel 3.4.3 zur Frage der Nutzerakzeptanz dargestellt. Hinzu treten Haftungsfragen, falls der Nutzer diese Aufgabe nicht wahrnimmt und beispielsweise ein Sensor kein Signal liefert und dadurch ein Schaden entsteht.

Für solche Fragen sind unter Berücksichtigung der Eigenschaften der technischen Systeme individuelle Lösungen zu erarbeiten, die auf die jeweilige Zielgruppe zugeschnitten sind. Dies betrifft auch Kosten für Reparaturen bei einem Defekt der technischen Assistenzsysteme oder den Kosten eines erforderlichen Austausches, um ein defektes Gerät durch ein neues zu ersetzen.

Die technischen Assistenzsysteme erfordern in der Regel, dass aus der Wohnung eine Kommunikationsverbindung zu einer zentralen Stelle – einem Server des Herstellers oder einer Serviceleitstelle – hergestellt werden kann. Häufig ist dafür eine Internetverbindung erforderlich, die vorausgesetzt wird. Verschiedene Dienste benötigen einen Festnetzanschluss oder ein GSM-Mobilfunkmodul.

Häufig werden die technischen Assistenzsysteme mit Dienstleistungsangeboten kombiniert, die sowohl fest mit der technischen Ausstattung verknüpft werden (zum Beispiel mit Blick auf Sicherheitssysteme das Notrufsystem, das im Alarmfall einen Notruf an eine Notrufserviceleitstelle absetzt, die 24 Stunden täglich erreichbar ist) als auch optional bei Bedarf von dem Nutzer in Anspruch genommen werden können.

Bei den Dienstleistungen kann es sich ergänzend zum Notrufsystem um ein Betreuungskonzept (zum Beispiel regelmäßige Patenanrufe, aufsuchende Betreuung, Erinnerungsdienste) oder um haushaltsnahe, pflegerische und/oder medizinische und sonstige Dienstleistungen handeln. Solche Leistungen können – zumindest teilweise - im Rahmen einer Servicepauschale vergütet werden, alternativ kann jeweils für eine einzelne Inanspruchnahme gezahlt werden.

Auf der Grundlage dieser Vorüberlegungen zur Kostenstruktur werden die analysierten Projekte im folgenden Kapitel systematisch dargestellt. Zunächst werden die Investitionskosten dargestellt, danach die im laufenden Betrieb anfallenden Kosten, zuletzt die Kosten für die Inanspruchnahme von Dienstleistungsangeboten. So weit möglich wird dargestellt, welche Kosten in ungefähr Größenordnung angefallen sind, wer die Kosten getragen hat und wie diese finanziert wurden.

Insbesondere stellt sich die Frage, wie die anfallenden Kosten gedeckt wurden. Wichtig ist die Aufgliederung nach Eigen- und Fremdmitteln oder in welchem Umfang Fördermittel eingesetzt wurden. Von großem Interesse ist es, inwieweit direkte oder indirekte Erträge generiert wurden, mit denen tragfähige, auf unternehmerisches Handeln ausgerichtete Betriebs- und Wertschöpfungsstrukturen etabliert werden konnten.

In vielen der beobachteten Projekte wurden Fördermittel in unterschiedlicher Höhe eingesetzt. Oft wurde damit begleitende Forschung finanziert, teilweise aber auch Investitionskosten für die technischen Komponenten. Förderung wird oft für einen Anschub oder zur Abfederung nicht rentierlicher, aber für den Erfolg eines Projektes notwendiger Kosten eingesetzt. Dies führt zu der Frage, inwieweit die Finanzierung der AAL-Projekte auch ohne Fördermittel aus sich selbst heraus gewährleistet werden kann und ob solche Projekte wirtschaftlich tragfähig sind oder eine solche Tragfähigkeit in überschaubaren Zeiträumen bei vertretbaren Anlaufverlusten erreicht werden kann.

Der zuletzt genannte Aspekt der Tragfähigkeit ist von großer Bedeutung für den Erfolg und die weitere Verbreitung von Assistenztechnologien und vor allem für deren Anwendung, nicht nur in einer überschaubaren Zahl von Wohnungen, sondern für einen größeren Wohnungsbestand. Mit Tragfähigkeit soll zum einen darauf abgestellt werden, dass die beteiligten Partner in der Lage sind, die sich ergebenden Finanzierungsbedarfe zu tragen, insbesondere, wenn Assistenztechnologien nicht in einigen wenigen Wohnungen des Bestandes eingesetzt werden, sondern für einen größeren Teil des Wohnungsbestandes oder sogar im gesamten Wohnungsbestand verfügbar gemacht werden sollen.

Dies bedeutet nicht, dass grundsätzlich in jede Wohnung eines Wohnungsunternehmens Assistenztechnologien verbaut werden sollen, ohne zu wissen, dass der jeweilige Mieter diese nutzen möchte und bereit ist, ein Entgelt dafür zu entrichten. Es sollte die Möglichkeit bestehen, auf Anfrage von Mietern, die einen individuellen Hilfebedarf entwickeln, eine mit den erforderlichen technischen Assistenzsystemen ausgerüstete andere Wohnung anzubieten oder die derzeitige Wohnung des Mieters damit aus- oder nachzurüsten.

Wirtschaftliche Tragfähigkeit meint vor allem, dass die entstehenden Kosten durch Rückflüsse in Form von Erträgen oder durch Kosteneinsparung an anderer Stelle gedeckt werden und nicht von einem Partner – beispielsweise dem Wohnungsunternehmen oder einem Technikanbieter – dauerhaft Zahlungen aus frei verfügbarem Eigenkapital geleistet werden müssen, um entstehende Defizite auszugleichen. Eine dauerhafte Quersubvention aus anderen Geschäftsbereichen, ohne dass dort zumindest quantifizierbare Vorteile entstehen, wird nicht in dem Maße stattfinden, dass die weitere Entwicklung des AAL-Marktes befördert wird.

4.1.2
Darstellung der Kosten- und Finanzierungsstruktur der analysierten Projekte

Durch die Darstellung der Finanzströme und der in den Projekten verfolgten Finanzierungsmodelle werden auch die Leistungs- und Kooperationsbeziehungen sowohl zwischen den Wohnungsunternehmen und den Mietern als auch zwischen den Kooperationspartnern, die in das Projekt eingebunden wurden, deutlich.

Mit Blick auf die Finanzströme weisen die Projekte einen unterschiedlichen Detaillierungsgrad auf. Nicht alle Beziehungen zwischen den Partnern konnten separat mit Kosten belegt und ausgewiesen werden, wie beispielsweise Planungs- und Entwicklungsleistungen oder auch Servicekosten. Im Folgenden werden die Informationen dargestellt, die von den Vertretern der Projekte benannt werden konnten bzw. aus den zur Verfügung gestellten Unterlagen ersichtlich waren.

Zu einigen wenigen Vorhaben wurden aus internen Gründen der jeweiligen Projektpartner keine detaillierten Kostendaten übermittelt bzw. die zur Diskussion und Beurteilung des Vorhabens zur Verfügung gestellten Daten nicht zur Veröffentlichung freigegeben.

- **Kreiswohnungsbau Hildesheim "Intelligentes Wohnen – ARGENTUM am Ried" in Sarstedt**

Die in dem Wohnbauvorhaben verwendete Technik (Qivicon-Hausautomationssystem der Deutschen Telekom) wurde in der Bauphase des Projektes installiert. Je Wohnung sind dafür rund 3.000 EUR an Kosten einschließlich der Anschaffungskosten für die Aktoren sowie für jeweils einen Tablet-PC zur Steuerung der Komponenten und für die Nutzung der Kommunikationsanwendungen angefallen. Der Gesamtaufwand belief sich auf ca. 75.000 EUR. Zusätzlich sind für das Wohnungsunternehmen Kosten für die Projektentwicklung wie Ingenieur- und Technikerleistungen und anteilige Personalkosten für die Begleitung des Vorhabens in der Planungs- und Einführungsphase, die noch bis zum 31.12.2014 läuft, entstanden.

Die Assistenz- und Sicherheitsfunktionen wurden als ein festes Paket je Wohnung konfiguriert (zwei Rauchmelder in Schlafzimmer und Flur, steuerbare, gesondert gekennzeichnete Steckdosen, Alles-Aus-Schalter, Heizungssteuerung, Lichtszenarien, Jalousiesteuerung, Bewegungsmelder). Die eingesetzten Tablet-PCs konnten zu Sonderkonditionen erworben werden und kosteten jeweils 250 EUR. Die Mieter können bei Bedarf weitere Technikkomponenten aus der Qivicon-Produktreihe erwerben und in das bestehende System integrieren.

Für die Entwicklung und Bereitstellung der Kommunikations- und Dienstleistungsplattform (Kommunikation mit Nachbarn, Freunden und Servicekräften, Bestellung von Dienstleistungen, Abrufen lokaler und regionaler Informationen) sowie die Betreuung der Mieter sind während der Projektlaufzeit bis zum 31.12.2014 weitere Personal- und Sachkosten zu berücksichtigen, die insbesondere bei der Johanniter-Unfall-Hilfe sowie bei der Deutschen Telekom angefallen sind bzw. anfallen.

Zur Finanzierung des Projektes sind EFRE-Fördermittel federführend von der Johanniter-Unfall-Hilfe beantragt worden; die Kreiswohnungsbau Hildesheim war an der Antragstellung als Kooperationspartner beteiligt. Rund 75 % der Fördermittel hat die Johanniter-Unfall-Hilfe erhalten und vorwiegend für Personalkosten während der Projektphase und die Entwicklung der Kommunikations- und

Dienstleistungsplattform verwendet. 25 % hat die Kreiswohnungsbau Hildesheim zur Deckung der eigenen Aufwendungen eingesetzt. Die Kosten für die Anschaffung und die Installation der eingesetzten Technik hat das Wohnungsunternehmen aus Eigenmitteln getragen.

Die Wohnungen werden bedingt durch die Ausstattung am Markt zu einer etwas höheren Miete vermietet; anteilig wird darüber auch die Technikausstattung refinanziert. Die Miete liegt oberhalb von 7,00 bis ca. 7,50 EUR/m² Wohnfläche pro Monat, für zwei Penthousewohnungen auch darüber. In dem Gebäude befinden sich Gemeinschaftsbereiche, für die ein gesondertes Entgelt anfällt, ebenso wie für Stellplatz bzw. Garage. Die Warmmiete bewegt sich in einer Spanne von 622 EUR für eine 55 m²-Wohnung ohne Balkon bis zu 1.111 EUR für eine Penthousewohnung mit 94 m² Wohnfläche.

Die Mieter in dem Wohngebäude erhalten eine Kombination aus AAL-, Smart Home- und Kommunikationstechnologien gepaart mit einem ergänzenden Dienstleistungsangebot. Für die Nutzung der Kommunikations- und Dienstleistungsplattform sowie einzelner Funktionen der installierten Technik (zum Beispiel Nutzung der Notruffunktionen) ist ein Internetanschluss erforderlich, der vom Mieter zur Verfügung gestellt werden muss.

Die Johanniter-Unfall-Hilfe ist als Servicepartner im Einsatz und übernimmt die First-Level-Betreuung für die technische Ausstattung (Einrichtung des Tablets, Installation der erforderlichen Applikationen, Aufstellen der Geräte und Anbringen/Verlegen weiterer Kabel etc.) und die Einführung in die Bedienung. Dazu zählt auch die Konfiguration des Internetrouters des Kunden zur Nutzung der Leistungsmerkmale des Systems (Servicekosten am freien Markt in der Regel 100 EUR). Nach der erstmaligen Inbetriebnahme ist die Johanniter-Unfall-Hilfe auch für die Pflege und Wartung der Geräte zuständig und übernimmt den laufenden Support. Dadurch entstehen überwiegend Personalkosten.

Die Wohnungen sind an ein Hausnotruf-System mit einer 24-Stunden besetzten Notrufzentrale angeschlossen, das bereits von der Johanniter-Unfall-Hilfe betrieben wird. Der Marktpreis beläuft sich dafür auf ca. 30 EUR monatlich; die für den Betrieb der Notrufzentrale anfallenden Kosten sind nicht weiter aufgeschlüsselt.

Laufende Personalkosten fallen bei der Johanniter-Unfall-Hilfe für die soziale Betreuung der Mieter und weitere kommunikative Dienste, zum Beispiel die Vermittlung von haushaltsnahen Dienstleistungen, an.

Des Weiteren fallen laufende Entgelte in Höhe von 1,50 EUR monatlich je Tablet-PC als Servicepauschale für Software an, die für die Nutzung der Kommunikations- und Dienstleistungsplattform installiert ist und die von der Johanniter-Unfall-Hilfe an den Lizenzgeber entrichtet werden.

Diese laufenden Kosten der Johanniter-Unfall-Hilfe werden durch die EFRE-Fördermittel sowie eine monatliche Servicepauschale der Mieter gedeckt.

Die Servicepauschalen sind in Abhängigkeit von der Personenzahl eines Haushaltes festgelegt worden: Einpersonenhaushalte zahlen pro Monat 59,50 EUR, Zweipersonenhaushalte zahlen monatlich 77 EUR. Für den Internetanschluss wird für die Mieter von monatlichen Kosten in Höhe von rund 20 EUR ausgegangen.

Die Kommunikations- und Dienstleistungsplattform ermöglicht es den Mietern, zusätzliche Dienstleistungen von weiteren Anbietern in Anspruch zu nehmen. Der Dienst kann konventionell über die Betreuung der Johanniter-Unfall-Hilfe oder auch mithilfe des Tablet-PCs beauftragt werden. Die dafür anfallenden Kosten werden direkt mit den jeweiligen Anbietern abgerechnet.

Derzeit ist nicht absehbar, wie die Leistungen über den jetzigen Förderzeitraum bis zum 31.12.2014 hinaus finanziert werden können. Auch die endgültigen Kosten für die Mieter stehen noch nicht fest. Aus Sicht der Projektpartner vor Ort wäre es sinnvoll, wenn die Nutzung von AAL-Technologien als Kassenleistung abrechnungsfähig wäre, ähnlich wie bei Kostenübernahme oder Zuschüssen für die Nutzung von Hausnotrufsystemen auch.

- **Gemeinnützige Baugesellschaft Kaiserslautern AG (BAU AG) – Ambient Assisted Living – Wohnen mit Zukunft**

Die zusätzlichen Investitionskosten für die Verkabelung und die kabelbasierte Installation des technischen Assistenzsystems PAUL in 20 Wohnungen des Neubaus (Albert-Schweitzer-Straße) beliefen sich bei Projektrealisierung im Jahr 2007 auf rund 200.000 EUR.

Bis Ende 2013 wurden 15 Bestandswohnungen mit der funkbasierten Lösung von PAUL ausgestattet, wobei insgesamt eine Zielmarke von 20 Wohnungen erreicht werden soll. Die Kosten für die Nachrüstung von 20 Wohnungen belaufen sich auf rund 220.000 EUR. Sie sind für künftige Installationen lediglich eine Orientierungshilfe, da sich die Preise der Komponenten deutlich vermindern. Beispielsweise haben sich die Kosten für den PAUL-Mini-Server von 3.000 EUR im Jahr 2007 auf zuletzt 300 EUR (2013) verringert.

Die Investitionskosten wurden von der BAU AG übernommen. Für die Umsetzung im Neubau sind Fördermittel des Landes Rheinland-Pfalz und für die Umsetzung in den Bestandswohnungen Fördermittel des Bauforums Rheinland-Pfalz bewilligt worden.

Je nach den Voraussetzungen in den Gebäuden sind einzelne Module, wie beispielsweise die Haustürkamera, im Bestand schwierig nachzurüsten, insbesondere wenn nicht das gesamte Gebäude, sondern nur einzelne Wohnungen damit ausgestattet werden sollen. Das kann zu höherem Installationsaufwand führen.

Kosten für den Betrieb und die Wartung können nicht genau beziffert werden. Sie werden derzeit von dem Hersteller CIBEK getragen.

Die Mieter konnten das PAUL-System während der Projektphase und auch darüber hinaus unentgeltlich nutzen. Den Mietern könnte zukünftig ein solches System für eine höhere Nettokaltmiete angeboten werden. Überlegungen hierzu gehen von rund 20 EUR höherer Nettokaltmiete pro Monat aus. Für Betrieb und Wartung könnte eine Servicepauschale erhoben und im Rahmen der Betriebskostenabrechnung berücksichtigt werden. Exemplarisch ist von 10 EUR ausgegangen worden. Die Höhe von Kostensätzen bzw. der zu vereinbarenden Miete hängt von den eingebauten Anwendungen und somit dem individuellen Bedarf ab; sie müssen individuell kalkuliert werden. Die Abrechnung laufender Kosten kann alternativ auch direkt mit CIBEK erfolgen.

Das PAUL-System erfordert einen Internetanschluss, für den zusätzliche Kosten bei den Mietern anfallen können. Die Kosten für die Anbindung an eine Notrufstation über das Deutsche Rote Kreuz (DRK) als Partner fallen zusätzlich an. Ein Dienstleistungsportfolio befand sich noch im Aufbau.

- **Gemeinnützige Baugenossenschaft Speyer – Technisch-soziales Assistenzsystem im innerstädtischen Quartier**

Für die Installation des technischen Assistenzsystems PAUL der Firma CIBEK in zehn Bestandswohnungen der Gemeinnützige Baugenossenschaft Speyer (GBS) fielen im Jahr 2011 Gesamtkosten von 80.000 EUR für die Nachrüstung an, je Wohnung beliefen sich die Kosten für die Assistenzsysteme anfangs auf 6.000 bis über 8.000 EUR. Die Investitionskosten wurden im Rahmen eines vom BMBF-geförderten Verbundvorhabens mit mehreren Kooperationspartnern – unter anderem von CIBEK und begleitenden Forschungseinrichtungen – vollständig finanziert.

Diese Kosten von 2011 können heute lediglich nur zur Orientierung dienen, weil sich die Preise für die Komponenten stark verändern und deutlich sinken. Zudem wurden innerhalb des Projektes unterschiedliche Komponenten zur Erprobung eingesetzt, beispielsweise wurden sowohl batterie- als auch strombetriebene Schalter getestet. In der 3. Generation wurden funkbasierte EnOcean-Schalter verwendet, die unabhängig von extern zugeführtem Strom eingesetzt werden können.

Auch die Kosten für die Installation der Komponenten haben sich deutlich vermindert: Anfangs waren zwei Tage Installationszeit in den Wohnungen erforderlich; bei den letzten Wohnungen konnte die Installation innerhalb eines halben Tages abgeschlossen werden.

Eine pauschale Bestimmung der Kosten ist schwierig, weil gemäß Angaben von CIBEK dafür die jeweiligen Ausgangsbedingungen in den Wohnungen eine entscheidende Rolle spielen und individuell berücksichtigt werden müssen.

Die GBS geht heute davon aus, dass für ein vom Mieter angenommenes System Hardwarekosten in einer Größenordnung von rund 2.000 bis 3.000 EUR entstehen. Komfortkomponenten, wie beispielsweise die Nachrüstung von elektrischen Rollläden, die von den Mietern weniger gut angenommen worden sind, sind darin nicht enthalten.

Während der Förderung des Projektes durch das BMBF sind die Kosten für Software, Installation, Einbau und Wartung nicht gesondert aufgeschlüsselt worden, weil diese übernommen bzw. kostenfrei vom Anbieter erbracht wurden. Nach Auslaufen des Förderprojektes im Jahr 2013 werden die Kosten für den laufenden Support der technischen Komponenten (Wartung und Unterhalt) von der GBS und CIBEK gemeinsam übernommen. Kosten für den Support können jedoch nicht beziffert werden, weil diese nicht separat ausgewiesen bzw. von CIBEK nicht in Rechnung gestellt werden.

Für den Mieter fallen lediglich Kosten für einen zwingend notwendigen Internetanschluss sowie erhöhte Stromkosten für den Betrieb der Geräte an. Für die Nutzung des Notrufdienstes fallen weitere Kosten des jeweiligen Anbieters an. Kosten für die Inanspruchnahme weiterer Dienstleistungen, die über das PAUL-Portal beauftragt werden können, werden zwischen Mieter und Dienstleister direkt verrechnet.

Die GBS beziffert die weiteren Kosten, die für die Durchführung des Forschungsprojektes entstanden sind, auf rund 120.000 EUR, die aus Eigenmitteln finanziert worden sind.

- **WBG Burgstädt eG – Die mitalternde Wohnung**

Die WBG Burgstädt eG hat die technischen Assistenzsysteme parallel zur Modernisierung und barrierearmen Umgestaltung der jeweiligen Wohnungen installiert. Für die Pilotwohnung mit einer Wohnfläche von 57 m², die ab 01.02.2011 vermietet wurde, beliefen sich die Gesamtkosten auf rund 62.000 EUR, davon entfielen ca. 35.000 EUR auf die Modernisierung bzw. den barrierearmen Ausbau (breitere Wohnungstüren ohne Schwellen, Badumbau mit bodengleichen Duschen, Hilfsmittel an WC, Waschtisch usw. sowie Veränderung des Wohnungsgrundrisses zur Herstellung und Sicherung von Bewegungsfreiheit) sowie ca. 22.000 EUR auf die Elektronik einschließlich der Wohnungselektrik unter Pilotbedingungen.

Bei der zweiten Wohnung wurde auf eine Modulbauweise unter Nutzung des Systems ViciOne umgeschwenkt. Mit den beim Ausbau der Pilotwohnung gewonnenen Erfahrungen konnte die Modernisierung deutlich optimiert und dadurch die Gesamtkosten um rund 12.000 EUR vermindert werden. Wurden bei der Pilotwohnung als plakatives Beispiel rund 600 m EDV-Kabel (CAT5/CAT7), 500 m Stromkabel und 100 m Steuerkabel verbaut, ließ sich die Länge der Kabelstränge um insgesamt 400 m reduzieren. Die Kosten für die Elektronik haben sich nahezu halbiert, einschließlich der Elektroarbeiten in der Wohnung beliefen sich die Kosten auf rund 15.000 EUR.

Bei den weiteren Wohnungen, die derzeit regelmäßig im Bestand umgebaut werden, haben sich die Kosten gegenüber dem Ursprungswert für die Pilotwohnung mehr als halbiert. Die WBG Burgstädt eG kalkuliert mit Gesamtkosten von 25.000 bis 30.000 EUR (statt 62.000 EUR).

Je nach den gewählten Modulen für die technischen Assistenzsysteme belaufen sich deren Kosten auf 2.000 bis 5.000 EUR. Das Wohnungsunternehmen hat unterschiedliche Ausstattungsvarianten berechnet und setzt für ein niedrigschwelliges Assistenzpaket heute ca. 3.000 EUR einschließlich Kosten für Verkabelung an. Für das vollständige System mit allen angebotenen Modulen fallen 7.000 EUR an, davon 5.000 EUR für die technischen Assistenzsysteme und

2.000 EUR für die Verkabelung. Ein niedrigschwelliges System kann nachträglich zu einem vollständigen System ausgebaut werden. Die Investitionskosten für die Modernisierungsmaßnahmen wurden vollständig von der WBG Burgstädt eG aus Eigenmitteln bzw. im Rahmen typischer Finanzierungsmodelle finanziert. Unter wirtschaftlichen Gesichtspunkten gibt es keine Einzelbetrachtung der technischen Assistenzsysteme, sondern eine Gesamtbetrachtung, d. h. inwieweit sich der Wert der Wohnung steigern lässt, und die Vermietbarkeit dauerhaft sichergestellt wird. Bei Investitionskosten von ursprünglich 62.000 EUR für die Pilotwohnung wurde 2011 von einer notwendigen Nettokaltmiete von 7,55 EUR/m² ausgegangen, wobei am Markt zunächst nur rund 6 EUR/m² durchsetzbar waren. Die Miete konnte aber ab Mitte 2012 auf 6,75 EUR/m² gesteigert werden.

Nur bezogen auf die technischen Assistenzsysteme kalkuliert die WBG Burgstädt eG mit rund 0,07 EUR/m² Wohnfläche zusätzlicher Miete je 500 EUR Gesamtinvestitionskosten der Wohnung. Bei Vollausstattung wäre eine Nettokaltmiete von 1 EUR/m² oberhalb des sonst angesetzten Mietpreises erforderlich. Bei Umsetzung des niedrigschwelligen Assistenzpaketes würde das eine monatliche Mieterhöhung um 0,42 EUR/m² erfordern. Die zusätzliche Miete würde sich für den Mieter bei einer 57 m² großen Wohnung auf 24 bis 57 EUR/Monat belaufen.

Die technischen Assistenzsysteme sind wartungsfrei ausgelegt, sodass keine Wartungskosten entstehen. Eine Reparatur wird als Instandsetzung kategorisiert und den Bewirtschaftungskosten zugerechnet.

Für den laufenden Betrieb fallen Systemkosten für den Einsatz des Notruftelefones, den erforderlichen Internetanschluss und für den erhöhten Stromverbrauch bei den jeweiligen Anbietern der Dienste an. Bei der Pilotwohnung beliefen sich diese Kosten auf rund 75 EUR/Monat. Derzeit wird von monatlichen Mehrkosten von 30 bis 50 EUR für diese Komponenten ausgegangen, die der Mieter zu zahlen hat. Der in das Gesamtsystem integrierte Notruf wird von der VHN GmbH – Volkssolidarität Hausnotrufdienst Chemnitz als Kooperationspartner angeboten und schlägt mit 18 EUR/Monat zu Buche.

Werden von den Mietern weitere Leistungen, zum Beispiel Bezug von täglichen Mahlzeiten oder haushaltsnahe Dienstleistungen, in Anspruch genommen, so werden diese mit der Volkssolidarität bzw. dem jeweiligen Anbieter abgerechnet. Die WBG Burgstädt eG hat dafür Kooperationsvereinbarungen geschlossen.

Für die Durchführung des Projektes wurden Fördermittel des Bundesministeriums für Bildung und Forschung (BMBF) für die wissenschaftliche Begleitung, die Erarbeitung des Konzeptes und die projektbezogene Verwaltungsarbeit bewilligt, von denen 140.000 EUR auf die WBG Burgstädt entfielen. Bestimmungsgemäß konnten Investitionskosten oder Nebenkosten der Projektrealisierung daraus nicht finanziert werden.

- **DOGEWO21 Dortmunder Gesellschaft für Wohnen mbH – WohnFortschritt**

Die Kosten für ein LOC.Sens-System von Locate Solution GmbH beliefen sich ursprünglich auf 5.000 EUR pro Wohneinheit. Darin enthalten sind die Sensoren und Aktoren, das erforderliche Tablet für die Bedienung sowie die Kosten für die Installation durch den Anbieter. Die Kosten für die LOC.Sens-Komponenten ausschließlich für die Inaktivitätsüberwachung (ohne Videotürsprechanlage und ohne Steuerung einzelner Beleuchtungselemente) betragen 1.500 EUR.

Die DOGEWO21 hat 2011 vom Bundesministerium für Familie, Senioren, Frauen und Jugend (BMFSFJ) im Rahmen des Bundesprogramms "Technikunterstütztes Wohnen – Selbstbestimmt leben zuhause" in der Kategorie "Technische Gesamtlösungen" ein Preisgeld von 50.000 EUR erhalten, das vollständig für die Finanzierung der technischen Assistenzsysteme eingesetzt wurde. Weitere Mittel der DOGEWO21 wurden nicht eingesetzt.

Die Kosten für die Wartung der Geräte werden von der Locate Solution GmbH übernommen.

Für die Mieter fallen während einer zweijährigen Pilotphase keine Kosten für die eingesetzten technischen Assistenzsysteme an. Für den Internetanschluss fallen Kosten in einer Größenordnung von 20 bis 30 EUR monatlich an. Falls das System an eine Notrufserviceleitstelle gekoppelt wird, fallen zusätzliche Kosten beim Kooperationspartner Diakonie in Höhe von 18 EUR pro Monat an. Ohne Anbindung an eine Notrufserviceleitstelle löst das System eine SMS entsprechend einer vorgegebenen Benachrichtigungskette aus.

Das installierte technische Assistenzsystem verfügt nicht über eine Schnittstelle zu weiteren Kommunikations- und Dienstleistungsangeboten. Die DOGEWO21 hat zusammen mit der Diakonie auch am Standort des Gebäudes eine Nachbarschaftsagentur aufgebaut, über die Beratung geleistet und zusätzliche Dienste angeboten bzw. vermittelt werden. Die Kosten für den Betrieb der Nachbarschaftsagentur übernimmt die DOGEWO21, einzelne Leistungen werden zwischen Mieter und Dienstleister abgerechnet.

- **Joseph-Stiftung Bamberg – Wohnen mit Assistenz – Wohnen mit SOPHIA und SOPHITAL** und **degewo Berlin – Sicherheit und Service – SOPHIA Berlin**

Die Leistungen der Joseph-Stiftung in Bamberg und der degewo in Berlin unterscheiden sich kaum, sodass die beiden Projekte gemeinsam dargestellt werden können. Zu berücksichtigen ist, dass die Joseph-Stiftung die Konzepte selbst entwickelt hat und anwendet, während die degewo die Leistungen lediglich anwendet.

Für das SOPHIA-System sind unterschiedliche Paketlösungen verfügbar, deren Leistungsumfang sich unterscheidet. Ausgangspunkt ist das SOPHIA Basis-Betreuungsangebot, mit einer sozialen Betreuung, die 24 Stunden täglich erreichbar ist.
Die Pakete Sicherheit Classic, Comfort und GSM beinhalten technische Assistenzsysteme, die ohne größeren Installationsaufwand in

der Wohnung eingesetzt werden können. Dafür fallen einmalige Anschlussgebühren an. Für den Mieter fallen laufende monatliche Betreuungskosten an. Zusätzlich fallen Kosten mindestens für einen analogen Festnetzanschluss an; je nach Häufigkeit und Intensität der Inanspruchnahme und dem gewählten Tarif beim Telefonanbieter können zusätzliche und der Höhe nach schwankende Kosten anfallen.

Für die Wohnungsunternehmen fallen keine Investitionskosten an. Die Abrechnung erfolgt zwischen dem Mieter und dem jeweiligen SOPHIA-Partner (SOPHIA Franken GmbH bzw. SOPHIA Berlin und Brandenburg) unmittelbar.

Die folgende Tabelle zeigt eine Übersicht über die Leistungen und Kosten der SOPHIA-Pakete:

Tabelle 5: Überblick über SOPHIA-Paketlösungen

SOPHIA BASIS – Betreuungsangebot: 20,90 EUR monatlich; soziale Betreuung; Zentrale 24 Stunden erreichbar; Paten- und Teilnehmerprogramm; Beratung; Vermittlung von Dienstleistungen
SOPHIA SICHERHEIT CLASSIC (inkl. Betreuungsangebot): 32,90 EUR monatlich für Hausnotrufsystem; Anschluss an Notrufzentrale kann von der Pflegekasse über 18,36 EUR bezuschusst werden 40,00 EUR einmalige Anschlussgebühr (Funkknopf und Basisstation). Kosten für einen analogen Festnetzanschluss (Kosten sind abhängig von der Anzahl der Alarme und Meldungen, Aktivierung der Tagestaste)
SOPHIA SICHERHEIT COMFORT (inkl. Betreuungsangebot): 39,90 EUR monatlich für Notrufsystem, zusätzlich zum CLASSIC-Paket gibt es ein Sicherheitsarmband (Notrufknopf am Armband; meldet automatisch eine längere Regungslosigkeit des Trägers). An die Basisstation können andere Alarmmelder (Feuer, Einbruch, Wasser, Paniktaste) angeschlossen werden. Basisstation zeichnet Aktivitätskurven auf, Übermittlung von Körpersignalen (Bewegung, Ruhe oder Schlaf). 60,00 EUR einmalige Anschlussgebühr
SOPHIA SICHERHEIT GSM (inkl. Betreuungsangebot): 39,90 EUR monatlich für des GSM-Hausnotrufsystem; ähnlich CLASSIC Paket, jedoch auf Basis von Mobilfunk; nutzbar ohne analogen Festnetzanschluss. 40,00 EUR einmalige Anschlussgebühr (Handsender (Umhängen oder Armband) und Basisstation), Kosten für Mobilfunkverbindung.

Beispiel Sophia Franken GmbH, Stand: 31.07.2014.

SOPHIA Berlin GmbH differenziert die Leistungen anders aus. Mieter von Wohnungsunternehmen, die an das System angeschlossen sind, erhalten einen Preisnachlass.

Einzelne Betreuungsleistungen werden von ehrenamtlich tätigen Helfern erbracht, wie beispielsweise regelmäßige Patenanrufe aus der Servicezentrale oder Einzelbetreuung vor Ort (u. a. Begleitung zum Arzt, Spaziergänge und Einkaufshilfe).

Für die degewo vermittelt SOPHIA Helfer für den Wohnalltag und Handwerker zu günstigen Preisen. Hierfür fallen 12 EUR je Stunde zzgl. einer maximalen Anfahrtspauschale in Höhe von 5 EUR an. Das Angebot ist auf hilfebedürftige Senioren beschränkt. Die Handwerkerleistungen werden teilweise ehrenamtlich erbracht.

Bei der degewo fallen für SOPHIA einmalige und laufende Kosten in Form von Franchiseentgelten für die Teilnahme am System an, die nicht näher beziffert worden sind.

In den letzten Jahren ist das SOPHIA-System weiterentwickelt worden. Das Nachfolgesystem SOPHITAL[40] ergänzt die SOPHIA-Funktionalität bzw. lässt sich eigenständig nutzen. SOPHITAL ist ein modular aufgebautes Hausautomationssystem aus den Bereichen Sicherheit, Steuerung, Raumklima, Gesundheit und Energie. Die Komponenten lassen sich einzeln nach der jeweiligen Bedarfssituation und den Anforderungen zusammenstellen.

Zur Grundausstattung gehört die sogenannte SOPHITAL-Komfort-Box zum Preis von 999 EUR (Angaben laut Herstellerpreisliste, Stand: November 2013) als zentrale Datenbox zur Kommunikation nach außen mit dem SOPHITAL-Server. Damit wird der Zugang auf die Wohnungs- und Gesundheitsdaten über das TV- und das Webportal ermöglicht. Für verschiedene Hausautomationskomponenten ist zusätzlich die SOPITHAL-Hausvernetzungszentrale als zentrale Kontrolleinheit für Sicherheits- und Steuerungspakete erforderlich (Preis 279,90 EUR). Der Einbau bzw. die Inbetriebnahme ist im Preis enthalten.

Tabelle 6: SOPHITAL – Kostenrichtwerte für unterschiedliche Pakete

Kostenrichtwerte für unterschiedliche Pakete (netto; Stand: Oktober 2013)	4-Zimmer-Whg./Haus	3-Zimmer-Whg./Haus	2-Zimmer-Whg.
Vollausstattung			
SOPHITAL-KOMFORT – alle Pakete außer Paket Energie und Servicepauschale	6.490	5.690	4.890
SOPHITAL-BASIS mit Paketen Sicherheit und Steuerung	4.590	3.790	2.990
einzelne Erweiterungspakete			
Sicherheit	1.890	1.590	1.290
Steuerung	2.490	1.990	1.490
Raumklima	690	690	690
Gesundheit	290	290	290
Energie	790	790	790

Einzelne Komponenten müssen von einem Fachbetrieb (Elektriker) eingebaut werden. Solche Kosten fallen in der Regel zusätzlich an.

Grundsätzlich können die Komponenten des Systems vom Wohnungsunternehmen oder vom Mieter erworben werden.

---

[40] SOPHITAL® ist ein eingetragenes Warenzeichen.

Voraussetzungen für den Einsatz der SOPHITAL-Komfort-Box ist ein Internetanschluss, für den weitere Kosten anfallen. Der Betrieb eines Teils der Geräte erfordert einen Telefonanschluss.

Für Unterstützung durch eine Servicezentrale einschließlich einer Hotline sowie die Wartung der Geräte (zum Beispiel Batteriewechsel je nach Energieversorgungskonzept) fällt eine Servicepauschale an, die für unterschiedliche Laufzeiten gebucht werden kann. Für 12 Monate fallen Kosten von 189 EUR an. Bei Buchung einer 5-jährigen Servicepauschale wird ein um rund 15 % günstiger Monatsbetrag berechnet.

- **SWB Schönebeck – Selbstbestimmt und Sicher in den eigenen vier Wänden**

Das Sicherheitskonzept kann vergleichsweise einfach in Bestandswohnungen umgesetzt werden. Für das Basisgerät, das mit Mobilfunktechnologie arbeitet, fallen Kosten von 360 EUR an, Funk-Rauchwarnmelder schlagen mit jeweils 100 EUR zu Buche. Um eine 2-Zimmer-Wohnung damit auszurüsten, sind rund 600 EUR kosten erforderlich.

Die Investitionskosten werden von der SWB getragen. Da es sich um eine Modernisierungsmaßnahme handelt, kann die Nettokaltmiete nach den Regelungen des § 559 BGB um 11 % der Modernisierungskosten als Bemessungsgrundlage erhöht werden. Für das Berechnungsbeispiel einer 2-Zimmer-Wohnung erhöht sich die monatliche Gesamtmiete um 5,50 EUR/Monat.

Die Basisstation sendet im Falle eines Alarms Daten an eine Hausnotrufzentrale "Telehilfe", die von dem Verein "Selbstbestimmt Wohnen e.V." als wirtschaftlicher Geschäftsbetrieb betrieben wird. Für den Betrieb der "Telehilfe" fallen rund 104.000 EUR Personalkosten an, von denen 12.000 EUR vom Jobcenter gefördert werden. Für die "Telehilfe" sind acht Mitarbeiter rund um die Uhr an allen Wochentagen im Einsatz. Sie kamen bzw. kommen aus der Langzeitarbeitslosigkeit. Betriebs- und Heizkosten werden mit rund 4.500 EUR angegeben, sächliche Verwaltungskosten entstehen in Höhe von 3.000 EUR.

Die "Telehilfe" finanziert sich aus den Entgelten der Mieter. Diese belaufen sich auf 17,90 EUR/Monat für den reinen Hausnotruf, für den Anschluss des Sicherheitspaketes ohne Hausnotruf 11 EUR/Monat und für das Sicherheitspaket mit Hausnotruf 20 EUR/Monat. Die Anschlusskosten betragen einmalig 25 EUR, die SWB rabattiert die Anschlusskosten mit 15 EUR, sodass lediglich 10 EUR für Mieter zu zahlen sind. Zusätzlich werden jährlich rund 3.000 bis 5.000 EUR Spenden generiert. Die SWB übernimmt die Nettokaltmiete für die von der "Telehilfe" genutzten Räume. Die "Telehilfe" arbeitet bei derzeit rund 800 Nutzern (400 nutzen davon das Sicherheitspaket) annähernd kostendeckend. Rücklagen können nicht gebildet und gesetzliche Änderungen wie beispielsweise die Mindestlohnregelung kaum aufgefangen werden. Neben der SWB hat auch die Wohnungsbaugenossenschaft Schönebeck eG 2004 eine Anschubfinanzierung für die "Telehilfe" in Form einer Kostenübernahme von jeweils 100 Geräten gewährt.

Die in den Wohnungen eingesetzten Geräte werden regelmäßig durch technische Mitarbeiter der Telehilfe gewartet. Diese Kosten werden von der SWB im Rahmen der Betriebskostenabrechnung abgerechnet. Dafür entstehen Kosten in Höhe von 10 EUR monatlich.

Die "Telehilfe" vermittelt Dienstleistungen von Kooperationspartnern, die in einem Leistungsverzeichnis geregelt sind. Die Kooperationspartner sind zugleich Mitglieder des Vereins "Selbstbestimmt Wohnen e.V.". Die Leistungen werden separat abgerechnet. Über die "Telehilfe" können auch Mitteilungen an den Vermieter weitergeleitet werden, wie zum Beispiel Reparaturmeldungen.

4.1.3
Zwischenfazit zur ökonomischen Evaluation der analysierten Projekte

Aus ökonomischer Sicht weisen die Projekte eine große Bandbreite von Variationsmöglichkeiten auf. Dies betrifft sowohl die Art und den Umfang der eingesetzten technischen Assistenzsysteme als auch die Art der Gebäude, die für die AAL-Projekte ausgewählt wurden. Beispielsweise bietet ein Neubauvorhaben, wie bei der GEWOBAU Erlangen, der Kreiswohnungsbau Hildesheim und der BAU AG Kaiserslautern die Möglichkeit, in der Bauphase spezielle Installations- bzw. Kabelverlegearbeiten für die technischen Assistenzsysteme in den üblichen Bauablauf zu integrieren und damit hohe Kosten einer Nachrüstung im Bestand zu vermeiden.

In der Mehrzahl wurden AAL-Projekte im Wohnungsbestand realisiert, die WBG Burgstädt hat diese Maßnahme mit einem aufwendigen barrierearmen Umbau der Wohnung verbunden. Die HWB Hennigsdorf hat einen Aufzug an dem Gebäude nachgerüstet. Die BAU AG Kaiserslautern hat neben dem Neubauvorhaben auch Wohnungen im Bestand mit der funkbasierten Variante des PAUL-Systems ausgestattet und damit Erfahrungen gesammelt.

Für die Analyse ist es zweckmäßig, nach Erprobungs-, Forschungs- und Pilotvorhaben und anderen Vorhaben zu unterscheiden.

- **Erprobungs-, Forschungs- und Pilotvorhaben**

Die Mehrzahl der Projekte waren als Forschungs- bzw. Erprobungsprojekte oder als Pilotvorhaben konzipiert, in denen besondere Rahmenbedingungen herrschten bzw. Fördermittel zum Tragen kamen (GEWOBAU Erlangen, Kreiswohnungsbau Hildesheim, WBG Burgstädt, BAU AG Kaiserslautern, GBS Speyer, HWB Hennigsdorf, STÄWOG Bremerhaven, DOGEWO21 Dortmund).

Das Projekt WohnFortschritt der DOGEWO21 ist im engeren Sinne kein Forschungsprojekt, war aber als Pilotvorhaben konzipiert, um Erfahrungen zu sammeln. Fördermittel sind dafür nicht beantragt worden, jedoch hat das Projekt im Rahmen des Bundesprogramms "Technikunterstütztes Wohnen – Selbstbestimmt leben zuhause" (BMFSJ) ein Preisgeld von 50.000 EUR erhalten, das für die technischen Assistenzsysteme ausgegeben wurde.

Gemäß den Bedingungen der Forschungsvorhaben waren die Anschaffungs- bzw. Installationskosten für die technischen Assistenzsysteme nur in wenigen Vorhaben förderfähig (BAU AG Kaiserslautern, GBS Speyer, I-Stay@Home Förderquote 50 %, HWB Henningsdorf – 20 bis 50 % je nach Programmbedingungen).

Dort, wo keine Finanzierung der technischen Assistenzsysteme im Rahmen der Förderung möglich war, sind die Kosten von den Wohnungsunternehmen getragen worden (GEWOBAU Erlangen, Kreiswohnungsbau Hildesheim, WBG Burgstädt, STÄWOG Bremerhaven, I-stay@home). Bei dem Projekt der HWB Hennigsdorf sind die nicht über Fördermittel abgedeckten Kosten für die en:key-Technologie vom Hersteller Kieback&Peter übernommen worden.

In den Forschungsprojekten wurden die technischen Assistenzsysteme den Kunden ohne zusätzliches Entgelt zur Verfügung gestellt (BAU AG Kaiserslautern, GBS Speyer, DOGEWO21 Dortmund, I-stay@home, GEWOBA Potsdam). In der Regel können die Mieter die Geräte auch nach dem Auslaufen der Förderphase weiter kostenlos nutzen. Bei der GEWOBA Potsdam wurden die Systeme nach Abschluss des Vorhabens wieder aus den Wohnungen entfernt.

In den Projekten der Kreiswohnungsbau Hildesheim wurde eine – ausgehend vom allgemeinen Marktniveau für Neubauten – etwas höhere Mieten verlangt, um eine Refinanzierung sicherzustellen. Der konkrete höhere Mietanteil ist nicht beziffert worden. In dem Modernisierungsvorhaben der WBG Burgstädt wurde ebenfalls eine höhere Miete nach Durchführung der Modernisierung umgesetzt. Nach dem Kostenumfang der Gesamtmaßnahme wäre jedoch eine höhere Miete erforderlich gewesen, die am Markt nicht oder nur schwer durchsetzbar ist.

Zusätzliche Kosten in der Betriebsphase wie beispielsweise Betriebsstrom für die technischen Assistenzsysteme sowie Kosten für Telefon- oder Internetverbindungen wurden von den Mietern getragen. Wartungskosten wurden – je nach Vereinbarung der Kooperationspartner – von dem Wohnungsunternehmen bzw. dem Hersteller getragen (wie BAU AG Kaiserslautern, GBS Speyer).

Kosten, die für das Aufschalten auf eine Notrufservicezentrale entstehen, werden dem Mieter belastet, entweder integriert in einer Servicepauschale (wie Kreiswohnungsbau Hildesheim, WBG Burgstädt) oder mittels Einzelabrechnung. Haushalte bzw. Personen mit Pflegestufe erhalten den jeweils vereinbarten Satz (17,90 EUR monatlich) erstattet.

Die meisten Forschungs- und Erprobungsprojekte hatten auch zum Ziel, für die Zeit nach Auslaufen des Forschungsvorhabens ein Geschäftsmodell bzw. ein Finanzierungskonzept zu erarbeiten, um weitere Wohnungen insbesondere im Wohnungsbestand mit technischen Assistenzsystemen auszustatten und die Belastung für den Mieter auf ein vertretbares Maß zu begrenzen. Dies betrifft beispielsweise die Projekte der GEWOBAU Erlangen, die BAU AG Kaiserslautern, und Wohlfahrtswerk Baden-Württemberg. Noch laufende Vorhaben, wie beispielsweise GBS Speyer, sind dabei, entsprechende Geschäftsmodelle zu entwickeln.

Aus den Gemeinsamkeiten, aber auch den Unterschieden der Vorhaben zeichnen sich Vorschläge für den Aufbau von Geschäftsmodellen ab, die später noch erörtert werden sollen.

- **Vorhaben im Regelbetrieb**

Bei den Projekten der SWB Schönebeck sowie der Joseph-Stiftung Bamberg und der degewo, Berlin, handelt es sich um AAL-Projekte, die inzwischen im Regelbetrieb laufen.

Das Konzept der SWB Schönebeck reicht bis in das Jahr 2004 zurück und hat sich über die Jahre weiterentwickelt. Heute nutzen über 400 Kunden das eigens konzipierte Sicherheitspaket. Die Kosten für die Geräte in einer Größenordnung von rund 600 EUR je Wohnung werden von der SWB Schönebeck getragen. Die Nettokaltmiete wird nach den Vorschriften der modernisierungsbedingten Mieterhöhung um 5,50 EUR/Monat je Wohnung erhöht. Wartungskosten in Höhe von 10 EUR/Monat werden im Rahmen der Betriebskostenabrechnung abgerechnet. Das Entgelt für die Notrufservicezentrale wird direkt zwischen Mieter und dem Betreiber "Telehilfe" abgerechnet. Die für die technischen Assistenzsysteme anfallenden Kosten werden damit vollständig vom Mieter getragen. Die Kosten für Anschaffung, Installation und Wartung der Geräte werden nach den bestehenden mietrechtlichen Regelungen dem Mieter vollständig weiter berechnet. Dies geschieht im bewährten Geschäftsmodell von vermietenden Wohnungsunternehmen. Über die Hausnotrufservicezentrale vermittelte Leistungen werden mit dem jeweiligen Kooperationspartner zu den vereinbarten Entgelten abgerechnet.

Die Joseph-Stiftung Bamberg und die degewo, Berlin, setzen das SOPHIA-System der SOPHIA Franken GmbH bzw. der SOPHIA Berlin GmbH ein. Die Joseph-Stiftung hat das SOPHIA-Konzept entwickelt und ist Hauptgesellschafter der SOPHIA Franken GmbH. SOPHIA ist in Deutschland über 4.500 Mal im Einsatz. Das Preismodell sieht monatliche Pauschalen für die Nutzung der Geräte und der Dienstleistungen sowie einmalige Anschlussgebühren vor. Die Anschaffungskosten der Geräte werden im Rahmen der monatlichen Pauschale kalkuliert. Ebenso wie im Konzept der SWB Schönebeck findet somit eine Weitergabe der Kosten an die Mieter statt, jedoch rechnet der Kooperationspartner des Wohnungsunternehmens direkt mit dem Mieter ab. Das Wohnungsunternehmen erleichtert beispielsweise über entsprechende Werbemaßnahmen und Empfehlungen die Kundenansprache und unterstützt den Vertrieb. Zudem werden Preisvorteile für eigene Mieter gewährt (günstigere monatliche Pauschalen und niedrigere Anschlussgebühren). Die degewo, Berlin, trägt durch einmalige und laufende Franchiseentgelte für die Teilnahme an dem System zur Finanzierung des Anbieters bei. Die Franchisegebühren sind nach Zahl der Nutzer gestaffelt.

Bei entsprechender Pflegestufe kann ein Zuschuss der Pflegekasse zu den Kosten des Hausnotrufes beantragt werden, der dem Mieter direkt zugutekommt und dessen Kosten reduziert.

Bei den Vorhaben im Regelbetrieb sind Besonderheiten zu beachten:

- In Schönebeck finanziert sich der Betreiber der "Telehilfe" als wirtschaftlicher Zweckbetrieb des Vereins "Selbstbestimmt Wohnen e.V." weitgehend über Nutzungsentgelte der Mieter und Kunden, darüber hinaus in einer Größenordnung von rund 20 bis 25 % durch Spenden und Zuschüsse. Sofern die Ausgaben bei konstanter Teilnehmerzahl nicht gedeckt werden können, sind ggf. weitere Zahlungen erforderlich, ohne die das Leistungsangebot nicht fortgesetzt werden könnte. Der Verein und dessen Mitglieder tragen ein typisches wirtschaftliches Betriebsrisiko, das von der kritischen Masse an Teilnehmern abhängt, wobei die Teilnehmerzahl wiederum von der Attraktivität des Angebotes und der Höhe der Kosten abhängt. In Schönebeck ist ein Angebot konzipiert worden, das auf eine größere Zustimmung trifft und dessen Kosten noch überschaubar sind, und von einer größeren Zahl von Haushalten getragen werden kann. Aus dem Blickwinkel der SWB Schönebeck hat das System den Vorteil, dass in einem schwierigeren Marktumfeld mit höherer Wahrscheinlichkeit Leerstand vermieden oder hinausgezögert werden kann und sich dadurch zusätzliche Vorteile ergeben können. Zudem bündelt die Notrufservicezentrale Mitteilungen und Meldungen der Mieter, wodurch die Kundenzufriedenheit gesteigert und die eigene Kundenbetreuung entlastet werden kann.

- Das SOPHIA-Konzept setzt für das Betreuungsangebot auf ehrenamtliche Helfer, die akquiriert und strukturiert in das System eingebunden werden müssen. SOPHIA Franken GmbH übernimmt keine Garantie, dass die Betreuungsleistungen dauerhaft angeboten werden können. In Berlin werden zusätzliche Dienstleistungen zu festen Stunden- und Anfahrtspauschalen angeboten, aber deren Inanspruchnahme wird auf hilfebedürftige Senioren beschränkt. Kleine Handwerkerleistungen werden ehrenamtlich erbracht. Das Betreuungskonzept ist ein wesentliches Unterscheidungsmerkmal zu einem herkömmlichen 24-Stunden-Notrufdienst. Dieses Merkmal wird ausschlaggebend dafür sein, dass Mieter das SOPHIA-Konzept vorziehen. Um wie viel das monatliche Entgelt erhöht werden müsste, wenn die Leistungen der ehrenamtlichen Helfer durch reguläres Personal erbracht werden müsste, ist nicht bekannt.

Auch wenn für die Vorhaben der SWB Schönebeck, der Joseph-Stiftung Bamberg und der degewo, Berlin, ein kontinuierlicher Regelbetrieb und ein unter den aktuellen Rahmenbedingungen tragfähiges wirtschaftliches Konzept konstatiert werden kann, so ist das Leistungsspektrum im Regelfall auf wenige Funktionen von technischen Assistenzsystemen begrenzt.

Das Konzept der "Telehilfe" in Schönebeck sieht vor, dass weitere Geräte wie Einbruchmelder und Falldetektoren zusätzlich aufgeschaltet werden können, wofür jedoch zusätzliche Kosten entstehen. Entgelte für zusätzliche Komponenten eines technischen Assistenzsystems sollten auf die Zahlungsmöglichkeiten der Zielgruppen abgestimmt sein. Kritisch wäre es, wenn die Kunden zusätzliche technische Assistenzsysteme aufgrund ihrer Hilfebedarfe als sinnvoll ansehen würden und mit einbauen bzw. aufschalten lassen möchten, aber finanziell dazu nicht in der Lage sind. In Bezug auf die

Nutzergruppen zu teure Komponenten stehen zwar technisch zur Verfügung, sind aber für viele nicht bezahlbar.

Auch das SOPHIA-Konzept ist um SOPHITAL erweitert worden und bietet damit die Möglichkeit, aus einer Hand zusätzliche technische Assistenzsysteme in die bestehende Wohnung zu integrieren. Das Angebot umfasst eine Fülle von AAL- und Smart Home-Technologien und stellt auch gesundheitsbezogene Anwendungen zur Verfügung. Wie andere Systeme auch, ist es am Markt verfügbar und kann sowohl von Wohnungsunternehmen als auch von Mieterhaushalten erworben werden. Weil die Komponenten für den nachträglichen Einbau in Bestandswohnungen vorgesehen sind und bei einem Umzug wieder in einer anderen Wohnung installiert werden können, liegt es nahe, dass der Mieter die Komponenten erwirbt.

Eine besondere Stellung nimmt das Projekt der Kreiswohnungsbau Hildesheim ein ("Intelligentes Wohnen – ARGENTUM am Ried" in Sarstedt). Es ist für den Regelbetrieb konzipiert worden, jedoch wurde eine Evaluationsphase durchgeführt, in der die Erfahrungen der Mieter analysiert wurden.

4.2
Bausteine von AAL-Geschäftsmodellen

Vor dem Hintergrund der bisherigen Überlegungen und der theoretischen Grundlagen sollen die verschiedenen Bausteine eines AAL-Geschäftsmodells aus dem Blickwinkel der Wohnungswirtschaft skizziert werden. Dies entspricht der zentralen Rolle der Wohnungsunternehmen: Sie besitzen den unmittelbaren Zugang zu den Mieterhaushalten bzw. können die bestehende (Miet-) Vertragsbeziehung für AAL-Angebote nutzen. Zugleich besitzen sie als Eigentümer erforderliche Verfügungsrechte über die Wohnungen und können Entscheidungen über baulich-technische Veränderungen treffen. Durch diese, durch Rechts- und Eigentumsverhältnisse begründete Rolle haben sie eine Schlüsselfunktion.

Darüber hinaus verfolgt die Wohnungswirtschaft ein nachhaltiges Geschäftsmodell, in dem die Beziehungspflege zum Mieter als Kunden einen sehr hohen Stellenwert einnimmt. Zwar ist die Pflege von Kundenbeziehungen ein wichtiges Element jeglicher Art von Geschäftsmodellen auch in anderen Branchen. Aufgrund des besonderen Charakters des Gutes Wohnen agieren Wohnungsunternehmen mit ihren Leistungen aber sehr nah an den Lebensentwürfen ihrer Kunden.

Seit Jahren erleben Wohnungsunternehmen in ihren Quartieren, wie durch den fortschreitenden demografischen Wandel in den Nachbarschaften überproportional viele ältere und alte Menschen wohnen und sich von daher die Bedürfnisse der Mieterhaushalte verändern. Für Wohnungsunternehmen ist es wichtig, sich auf die deutliche Zunahme von Bedarfslagen, die mit dem älter werden in der Wohnung einhergehen, perspektivisch einzustellen. Das führt dazu, sich mit der Wohnung als zentralem Leistungsbaustein innerhalb eines Mietverhältnisses auseinanderzusetzen und Produktveränderungen zu überlegen, die den unterschiedlichen Bedürfnissen älter werdender Menschen gerecht werden. So sind auch vollständig neue Wohnformen entstanden zum Beispiel Servicewohnen, Betreutes Wohnen, Wohngemeinschaften älterer Menschen und etwa Pflege-Wohnen. Das zieht auch eine Veränderung bzw. Erweiterung des Service- oder Dienstleistungsangebotes nach sich, das stärker auf die besonderen Anforderungen dieses Lebensabschnittes zugeschnitten sein muss.[41]

Die stärkere Integration von AAL-Technologien in die Wohnumgebung bzw. die Wohnung in Kombination mit zusätzlichen Dienstleistungen und altengerechter Wohnungsanpassung lässt daher gerade für die Wohnungswirtschaft einen höheren Nutzen erwarten, beispielsweise durch den längeren Verbleib älterer Mieter in der Wohnumgebung. Auch dies liefert eine Begründung, die Betrachtung aus dem Blickwinkel von Wohnungsunternehmen zu führen.

Wohnungsunternehmen können AAL-Projekte grundsätzlich eigenständig umsetzen und die dafür verfügbaren technischen Assistenzsysteme und die ergänzenden Dienstleistungen am Markt von den jeweiligen Herstellern beziehen. Die Erprobungs- und Forschungsprojekte zeigen jedoch, dass es sinnvoll ist, in der jetzigen Marktphase eng mit Herstellern und weiteren Forschungspartnern zu kooperieren, um technische Assistenzsysteme sowohl auf die baulich-technischen Voraussetzungen als auch auf die Kunden und deren Bedürfnisse abzustimmen und anhand der gewonnenen Erkenntnisse gezielt weiterzuentwickeln.

Wir können nicht den Anspruch erheben, mit den folgenden Überlegungen zum jetzigen Zeitpunkt ein tragfähiges Geschäftsmodell zu entwickeln. Jedoch sollen dafür relevante Informationen zusammen getragen und abgewogen werden. Da in einem Geschäftsmodell sämtliche Aspekte aufeinander abgestimmt werden müssen, sind Überschneidungen in der Beschreibung der einzelnen Partialmodelle nicht ausgeschlossen.

Die Beschreibung eines Geschäftsmodells kann prinzipiell mit jedem Baustein beginnen. Einige Bausteine bieten sich jedoch in größerem Maße an. Die Fokussierung auf Kundensegmente hat stets eine besondere Bedeutung, weil von den handelnden Akteuren bestimmte Kundensegmente besser erreicht werden können als andere.

4.2.1
Kundensegmente

Als Kundensegmente kommt für technische Assistenzsysteme die Wohnbevölkerung in Deutschland in Betracht. Dazu zählen sowohl Mieter- als auch Eigentümerhaushalte. Da die Wohnungswirtschaft in diesem Forschungsprojekt im Vordergrund steht, ist es notwendig, sich mit den derzeitigen Kundensegmenten der Wohnungsun-

---

[41] Eichener et al. 2002, S. 43ff

ternehmen zu beschäftigen, zugleich aber zu überlegen, ob nicht neue Kundensegmente durch AAL-Angebote erschlossen werden können. Derzeit zeichnet sich beispielsweise ab, dass ältere Empty-Nest-Haushalte, die lange Jahre im Eigentum gewohnt haben, im letzten Lebensdrittel noch einmal bereit sind umzuziehen, das Eigenheim zu verkaufen, aber dann eine entsprechend ausgestattete und beschaffene Wohnung suchen, um ihren Lebensabend dort zu verbringen. Für solche (Eigentümer-)Haushalte, die oft über ein höheres Renteneinkommen verfügen, ist eine komfortable, barrierearme oder -freie Mietwohnung mit guter infrastruktureller Anbindung sowie entsprechender assistenztechnischer Ausstattung eine Alternative.

Auch wenn die Erschließung neuer Kundengruppen eine Option überwiegend in Neubau- und Modernisierungsvorhaben darstellt, soll der Fokus zunächst auf die bestehende Mieterschaft gelegt werden. Angesichts des zunehmenden Alters der Mieter stellt diese Aufgabe bereits eine Herausforderung dar.

Genossenschaften weisen einen besonders hohen Altersquerschnitt auf. Im Jahr 2013 sind 17 % der Mieter von Wohnungsunternehmen über 65 Jahre alt, bei Unternehmen in der Rechtsform der Genossenschaft sind es sogar 24 %. Die Tendenz ist steigend.

Abbildung 6: Kundenstruktur nach Alter

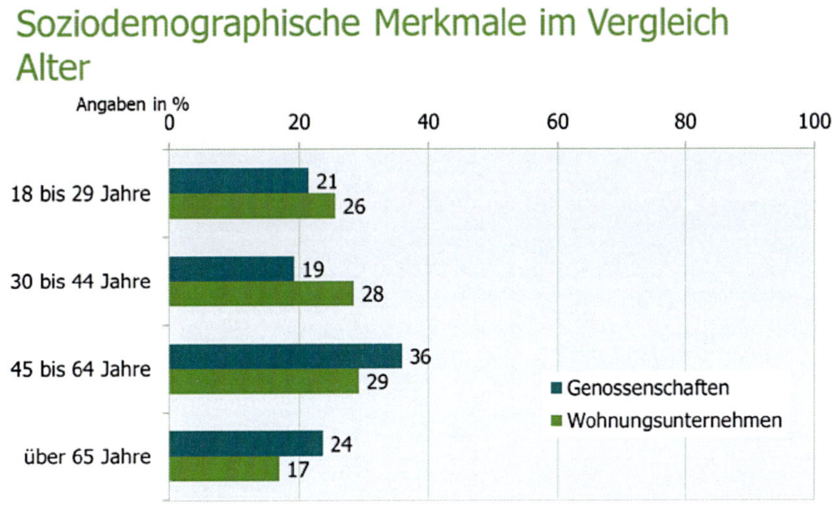

Soziodemographische Merkmale im Vergleich
Alter

Altersgruppe	Genossenschaften	Wohnungsunternehmen
18 bis 29 Jahre	21	26
30 bis 44 Jahre	19	28
45 bis 64 Jahre	36	29
über 65 Jahre	24	17

Quelle: GdW Wohntrends 2030

Im Hinblick auf die sozio-ökonomische Ausgangssituation der Kundensegmente von Wohnungsunternehmen gibt es natürlich Unterschiede zwischen den Unternehmensformen, aber auch zwischen einzelnen Marktregionen, wie beispielsweise städtisch geprägten Räumen oder ländlichen Regionen. Die jeweilige Kunden- und Mieterstruktur ist auf der Grundlage der regionalen Besonderheiten differenziert zu bestimmen.

Die rein quantitative Betrachtung der aktuellen ökonomischen Situation der älteren Bevölkerung zeigt, dass für Technologien und ergänzende Dienstleistungen zunächst gute Voraussetzungen bestehen, weil das Marktpotenzial in der Gruppe der älteren grundsätzlich hoch ist. Allerdings besitzen Mieterhaushalte oft kein hohes

Einkommen. Die nähere Betrachtung der ab 60-Jährigen zeigt, dass Gruppen mit einem höheren Einkommen von 2.500 EUR und mehr in Wohnungsgesellschaften weniger stark vertreten sind. Bei Wohnungsunternehmen beispielsweise in der Rechtsform der GmbH oder AG (im Folgenden als Wohnungsgesellschaften bezeichnet) sind es rund 9 % der Mieter, bei Wohnungsgenossenschaften nur 3 %.

26 % der Mieter bei Wohnungsgenossenschaften, die über 60 Jahre alt sind, verfügen nur über ein Haushaltsnettoeinkommen von nicht mehr als 1.000 EUR. Bei Wohnungsgesellschaften sind es 19 %. 52 % der Mieter in Wohnungsgenossenschaften haben nur ein Einkommen von weniger als 1.300 EUR monatlich.

Abbildung 7: Haushaltseinkommen von Mieterhaushalten

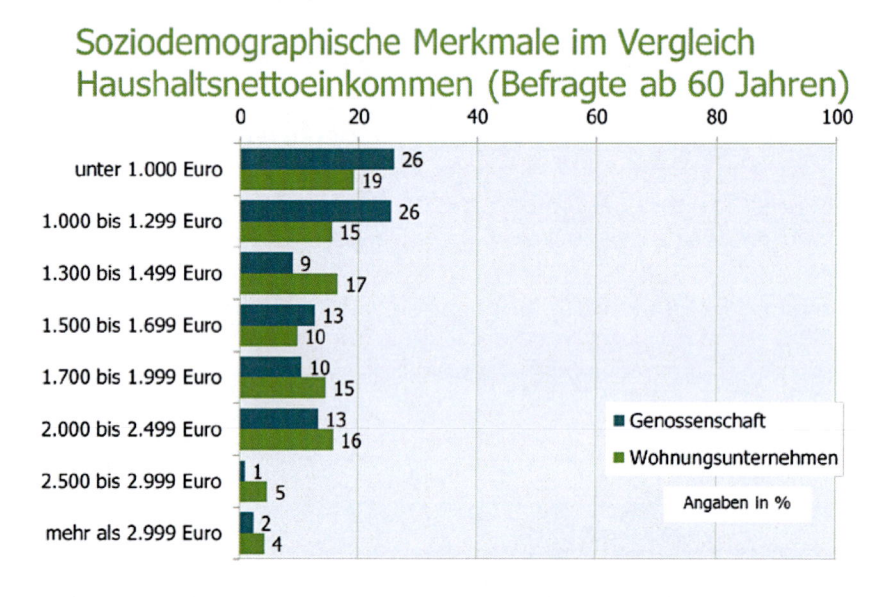

Soziodemographische Merkmale im Vergleich
Haushaltsnettoeinkommen (Befragte ab 60 Jahren)

Einkommen	Genossenschaft	Wohnungsunternehmen
unter 1.000 Euro	26	19
1.000 bis 1.299 Euro	26	15
1.300 bis 1.499 Euro	9	17
1.500 bis 1.699 Euro	13	10
1.700 bis 1.999 Euro	10	15
2.000 bis 2.499 Euro	13	16
2.500 bis 2.999 Euro	1	5
mehr als 2.999 Euro	2	4

Angaben in %

Haupteinkommensquelle der Mieterhaushalte – bei beiden Unternehmensgruppen – sind Renten- oder Pensionseinkünfte (86 % bei Wohnungsgenossenschaften und 85 % bei Wohnungsgesellschaften). Zukünftig wird damit gerechnet, dass die Haushaltsnettoeinkommen zukünftiger Rentnergenerationen weiter zurückgehen werden.

Geht man beispielhaft von einer 55 m²-Wohnung aus, die ein Mieterhaushalt bewohnt und unterstellt 5,15 EUR/m² Nettokaltmiete und rund 2,53 EUR/m² kalte und warme Betriebskosten[42], so resultiert daraus eine monatliche Mietbelastung von rund 420 EUR. Bei Haushalten eines Einkommens von weniger als 1.000 EUR resultiert daraus bereits eine Mietbelastungsquote von rund 45 bis 50 %, während allgemein ein Drittel des Einkommens als Wohnkostenbelastung als üblich angesehen wird. Im Durchschnitt wird dieses Drittel auch bei den Haushalten mit einem Einkommen zwischen 1.000 EUR und unter 1.300 EUR/Monat erreicht, sodass die Spielräume in diesen Gruppen vergleichsweise begrenzt sind.

Im Durchschnitt steht allen Haushalten über 60 Jahre ein Einkommen in Höhe von rund 1.500 EUR zur Verfügung (entsprechend der

---

[42] Die Werte entsprechen den Durchschnittswerten nach der jüngsten Jahresstatistik des GdW. Vgl. GdW 2014, S. 31f

Personenzahl gewichtetes Äquivalenzeinkommen). Dadurch ist das ökonomische Potenzial begrenzt. Das gilt vor allem bei Genossenschaftsmitgliedern. Jedoch ist erkennbar, dass es für komfortbezogene Ausstattungsmerkmale, die das Leben im Alter erleichtern, eine gewisse Zahlungsbereitschaft gibt. Dies gilt vor allem für ein altersgerechtes Bad; es ist zu vermuten, dass dies für technische Assistenzsysteme, die die Sicherheit erhöhen, ebenfalls gelten dürfte.

Abbildung 8: Zahlungsbereitschaft im Hinblick auf seniorengerechte Ausstattungsmerkmale

Seniorengerechte Ausstattungsmerkmale
(Befragte ab 60 Jahren)

Merkmal	Trägertyp	Das geht über den Standard hinaus, dafür würde ich sogar eine höhere Miete zahlen	Das setze ich voraus, das ist für mich Standard	Das ist mir egal	Das würde mich stören
Abstellmöglichkeiten für Rollatoren	Genossenschaft	2,9	81,1	15,9	
	Wohnungsunternehmen	6,6	75,5	17,9	
Aufzug/Fahrstuhl	Genossenschaft	17,0	53,5	27,9	1,6
	Wohnungsunternehmen	12,7	57,3	30,0	
Barrierearmer bzw. -freier Zugang zur Wohnung	Genossenschaft	12,9	68,8	16,4	1,9
	Wohnungsunternehmen	8,3	71,2	19,5	1,0
Altersgerechtes Bad mit bodengleicher Dusche und Haltegriffen	Genossenschaft	21,3	59,6	18,4	0,7
	Wohnungsunternehmen	23,6	51,1	25,3	
Schwellenfreier Zugang zu allen Räumen auch zum Balkon	Genossenschaft	10,5	74,5	15,0	
	Wohnungsunternehmen	11,3	75,8	12,9	

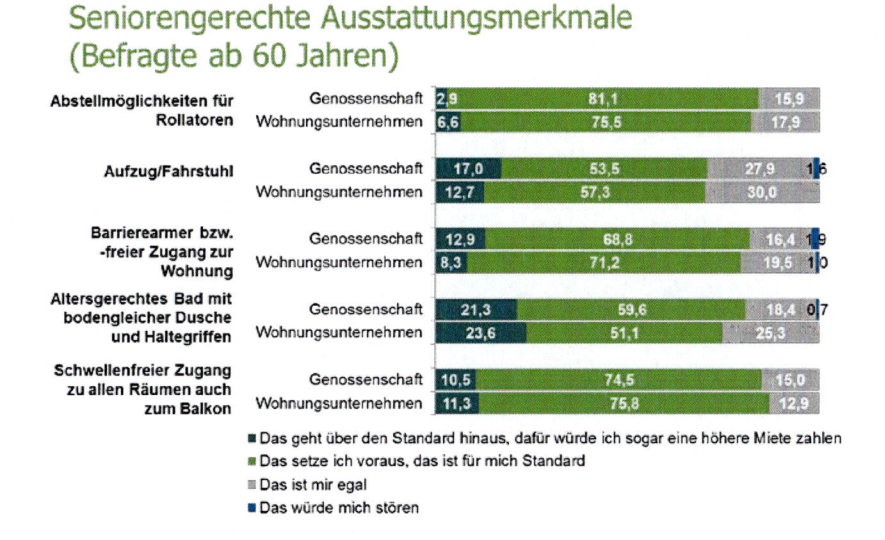

Letztlich hängt es von der Akzeptanz und der Affinität der Haushalte zu verschiedenen Technologien einschließlich der Bedarfssituation ab, inwieweit für erforderliche, zweckmäßige bzw. nutzenstiftende Techniken eine höhere Zahlungsbereitschaft existiert, d. h. die Mieterhaushalte bereit sind, dafür höhere monatliche Aufwendungen zu leisten. Die Wohntrends 2030-Befragung hat gezeigt, dass Mieterhaushalte ab 60 Jahren für eine nach ihren Vorstellungen gestaltete Wohnung (Wunschwohnung) eine um 0,64 EUR/m² pro Monat höhere Miete zahlen.

Abbildung 9: Zahlungsbereitschaft von Mietern (über 60 Jahre)

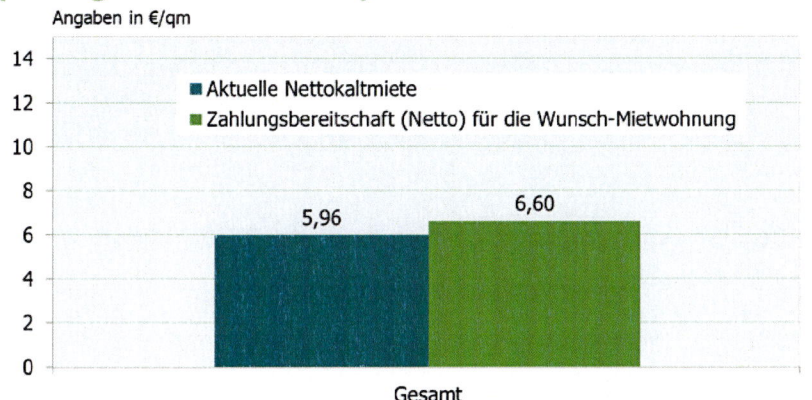

Durchschnittliche Zahlungsbereitschaft für die Wunsch-Mietwohnung/Nettokaltmiete
(Befragte ab 60 Jahren)

Angaben in €/qm

Gesamt	
Aktuelle Nettokaltmiete	5,96
Zahlungsbereitschaft (Netto) für die Wunsch-Mietwohnung	6,60

Quelle: GdW Wohntrends 2030

4.2.2
Wertangebote

Für die relevante Kundengruppe 60+ sind entsprechende Wert- bzw. Leistungsangebote zu konzipieren, die auf deren Bedürfnisse zugeschnitten sind und deren Erwartungen entsprechen. Die Analyse ist in Kapitel 3 aus der Nutzersicht vorgenommen worden.

Die Wertangebote sind in einem engen Zusammenhang mit dem Haushaltseinkommen und der Zahlungsbereitschaft der Haushalte für unterschiedliche Leistungen zu sehen, die im vorangegangenen Kapitel skizziert wurde. Bei einer durchschnittlichen Wohnungsgröße von 65 m² beläuft sich das monatliche zusätzliche Zahlungspotenzial auf rund 41,20 EUR pro Monat. Bei Wohnungsgenossenschaften ist die zusätzliche Zahlungsbereitschaft deutlich geringer als bei Wohnungsunternehmen anderer Rechtsform. Dieses Entgelt bezieht sich auf verschiedene Teilaspekte einer Wohnung, nicht nur auf AAL-Technologien. Das Entgelt stellt eine Obergrenze für eine durchschnittliche Zahlungsbereitschaft dar. Die Zahlungsbereitschaft kann für AAL-Leistungen noch erweitert werden, wenn deren Nutzen erkannt wird (vgl. genauer Kapitel 3).

Neben der Zahlungsbereitschaft, die von Wünschen und Nutzenvorstellungen geprägt und damit veränderbar ist, stellt das verfügbare Einkommen von Haushalten eine wesentliche, objektive und nur begrenzt veränderbare Schranke dar. Damit steht die Realisierung von AAL-Projekten grundsätzlich vor der Herausforderung, dass – bei konstatiertem zunehmendem Hilfebedarf – zwar eine große und zukünftig noch wachsende Kundengruppe erschlossen werden kann, das Einkommen von rund der Hälfte der Haushalte aber nur in begrenztem Umfang zusätzliche Belastungen zulässt. Mangelt es an geeigneten anderen Wohnmöglichkeiten, so besitzt der Haushalt keine Alternative und muss zusätzliche Teile seines geringen Einkommens dafür aufwenden, um erforderliche technische Assistenzsysteme und zusätzliche Leistungen in Anspruch zu nehmen. Hier gilt die Maßgabe, dass die Wertangebote so günstig wie möglich sein sollten.

Je nach Kundenstruktur des einzelnen Unternehmens ist es Erfolg versprechend, eine Basisausstattung für Haushalte mit niedrigem Einkommen anzubieten und darüber hinaus Komfortangebote für Haushalte mit höherem Einkommen, die bei Bedarf zusätzlich angeboten werden können.

Auch die ergänzenden Dienstleistungsangebote sind prinzipiell auf die Anforderungen der jeweiligen Zielgruppen abzustimmen. Sofern auf die Leistungen von Kooperationspartnern zurückgegriffen werden kann, die in deren Geschäftsmodell angeboten werden, reicht eine breite Angebotspalette, die der Haushalt auf seinen Bedarf hin konfigurieren kann.

Für die Entwicklung von Geschäftsmodellen zu wohnbegleitenden Dienstleistungen können ergänzend Spezifikationen des DIN-Normenausschusses, Bereich Innovation, herangezogen werden (DIN SPEC 91300-1 bis 4).

4.2.3
Kommunikations-, Distributions- und Verkaufskanäle

In den Forschungs- und Erprobungsvorhaben ist vereinzelt davon berichtet worden, dass es nicht leicht war, die Mieter so umfassend über technische Assistenzsysteme zu informieren, dass sie sich als Testhaushalte zur Verfügung stellten. Dies ist bei der Konzeptionierung der Kommunikationskanäle zu berücksichtigen.

Bei den Regelangeboten der SWB Schönebeck und den Unternehmen, die SOPHIA einsetzen, wird multimedial auf die Angebote aufmerksam gemacht. Für die Mieteransprache stehen Informationsmaterialien zur Verfügung, weitere Informationen sind im Internet auf speziellen Informationsseiten verfügbar.

Unserer Einschätzung nach ist der Einsatz der Kommunikationskanäle kein kritischer Faktor bei der Entwicklung von wirtschaftlich tragfähigen Geschäftsmodellen. Unterschiedliche Kommunikationskanäle sind technisch verfügbar. Es kommt aber auf den Einsatz und die Gestaltung der verwendeten Instrumente an, beispielsweise Aufbau von Informationsmaterialien sowie die Möglichkeit zur persönlichen Ansprache und Beratung.

Hilfreich könnte hier auch die Strategie einzelner Unternehmen sein, ihre Mieterschaft durch die Ausstattung von Musterwohnungen über technische Assistenzsysteme und deren Nutzen für ein sicheres und komfortables Alter zu informieren (siehe Kapitel 2.4).

4.2.4
Einnahmequellen

Für die ökonomische Beurteilung sind die Einnahmequellen der Wohnungsunternehmen, aus denen Erträge zur Finanzierung der technischen Assistenzsysteme und der Dienstleistungen generiert werden können, von erheblicher Bedeutung. Gersch/Lindert haben im Zusammenhang mit der Frage nach innovativen Geschäftsmodellen im Bereich e-Health@Home eine komplexe Übersicht möglicher Einnahmenquellen aufgestellt.[43]

---

[43] Vgl. Gersch/Lindert/Schröder 2010, S. 6 f.

Abbildung 10: Mögliche Finanzierungs- bzw. Einnahmequellen

	Anschub/ Entwicklung	Anwendung/ Betrieb
Öffentliche Finanzierung	✓ Int./EU-Förderung ✓ Nat. Forschungsförderung (u.a. Bund/Land/...)	✓ Dauerhafte Projektförderung/ öffentlicher Auftraggeber ✓ Regelversorgung KV/PV (SGB V, SGB XI, ...) ✓ Sonderformen der Versorgung (u.a. IV, DMP, MVZ, ...)
Private Finanzierung	✓ Stiftungen ✓ F&E-Aufwendungen (Unternehmen, Verbände, ...) ✓ Auftragsentwicklung von Nachfragerseite ✓ Tüftler/Bastler	✓ Direkte und indirekte Erlöse (u.a. Entgelt/monetäre Gegenleistung, Verwertung nicht monetärer Gegenleistungen) ✓ Fixe und variable Erlöse (u.a. Einrichtung/Vorhaltung, je Nutzung, Flatrate, ...) ✓ Quersubventionierung (u.a. durch Cross-Selling, ...)
Misch-/Kombi-Finanzierung	✓ Anwendungsorientierte Forschungsvorhaben ✓ F&E-Subventionen, ...	✓ Zuzahlungsmodelle und Selbstbeteiligungen ✓ Öffentl. Förderung neuer Ansparmodelle („Riestern", ...) ✓ Umlagemodelle ✓ Premiummodelle

Quelle: Gersch/Lindert (2010).

Wie bei den Erprobungs- und Forschungsprojekten geschehen, werden öffentliche Finanzierungsprogramme ebenso wie private Mittel für die Entwicklung, aber auch für den Anschub/Einstieg verwendet. Für den Regelbetrieb kommen diese nicht in Betracht.

Von größerem Interesse ist es, die möglichen Einnahmequellen in der Anwendungs- bzw. Betriebsphase zu analysieren und auch nicht-monetäre Effekte als Nutzen zu betrachten bzw. die längerfristigen oder indirekten Effekte mit zu betrachten.

Konkrete Ertragspotenziale lassen sich nur bei direkten Zahlungen (höhere Mietzahlung, eigenständige Servicepauschale) vergleichsweise leicht ermitteln. Da das Gros der älteren Mieterschaft über kein hohes Einkommen verfügt, sind zusätzliche Ertragspotenziale tendenziell begrenzt. Oft muss man davon ausgehen, dass zusätzliche Ausstattung und zusätzliche Leistungen eher kostendeckend angeboten werden können. Zugleich ist jedoch erkennbar, dass bei Vorliegen einer konkreten Notsituation alle verfügbaren Finanzquellen durch den Haushalt erschlossen werden, um erforderliche Unterstützungsleistungen zu finanzieren.

Schwieriger ist es, indirekte bzw. nicht-monetäre Effekte zu quantifizieren. Gehen Wohnungsunternehmen beispielsweise auf Bedarfe und Wünsche ihrer Kunden proaktiv ein, so kann damit eine höhere Kundenbindung erreicht und die Fluktuation gesenkt werden. Das hat eine positive Wirkung auf die derzeitigen Mietverhältnisse und für Mietinteressenten.

In bestehenden Mietverhältnissen kann der Einsatz von AAL-Konzepten – wie allgemein vermutet – dazu führen, dass Mieter selbstbestimmt länger im eigenen Zuhause wohnen bleiben. Zwei wesentliche Aspekte werden hier oft genannt:

– Der Wechsel eines älteren Mieters wird hinausgezögert. Da gerade bei älteren Mieterhaushalten, die eine höhere Wohndauer aufweisen als jüngere Haushalte, Wohnungen über einen längeren Zeitraum nicht modernisiert wurden, stehen aufwendigere (Einzel-)Modernisierungen an, um die Wohnungen auf einen zeitgemäßen Standard zu heben und die Vermietbarkeit sicherzustellen. Bei einer Verlängerung der Wohndauer des älteren Mieters wird ein Mieterwechsel jedoch nur verzögert und nicht vermieden. Der Vorteil besteht in einer zeitlichen Verlagerung der anfallenden Modernisierungen, woraus sich – je nach Zeitdauer – ein Zinsvorteil berechnen lässt.

– Vorzeitiger Leerstand kann dadurch vermieden werden. Je nach Marktsituation ist es in unterschiedlichem Maße möglich, unmittelbar nach Freiwerden einer Wohnung einen neuen Mietinteressenten zu gewinnen. In entspannten Märkten mit Angebotsüberhang kann längerer Leerstand drohen. Oft sind Wohnungen trotz Modernisierung lageabhängig gar nicht mehr vermietbar. In starken Märkten mit hohem Nachfrageüberhang ist eine Anschlussvermietung rasch auch ohne zusätzliche Modernisierung zu realisieren, sodass kein Leerstand droht.

Ob die Wohndauer durch zusätzliche Hilfen tatsächlich verlängert werden kann, ist eine breit geteilte Auffassung, die aber empirisch bisher nicht hinreichend belastbar untersucht worden (vgl. Kapitel 3). Daher besteht auch Unsicherheit darüber, um wie viele Monate eine Verlängerung im Durchschnitt für eine bestimmte Zielgruppe mit gleichen Merkmalen erzielt werden kann. Für eine Kosten-/Nutzen-Überlegung einschließlich einer Quantifizierung der entstehenden Erfolge wäre dies vorteilhaft, damit diese Faktoren in rationale Wirtschaftlichkeitsüberlegungen einbezogen werden könnten.

Zins- und Liquiditätsvorteile haben nur angesichts des derzeitigen Zinsniveaus eher eine untergeordnete Bedeutung, wären aber bei höheren Zinssätzen in die Wirtschaftlichkeitsbetrachtungen einzubeziehen. Schwerer wiegen aktuell höhere Sollmieterträge durch die Vermeidung von Leerstand. Dies betrifft aber überwiegend Marktkonstellationen, in denen Wohnungsangebot und -nachfrage ausgeglichen sind bzw. ein Angebotsüberhang besteht.

Vorteile entstehen aber nicht nur bei Wohnungsunternehmen: Für die Politik steht die Daseinsvorsorge im Vordergrund. Zielsetzung ist es, die Lebensqualität älterer Menschen zu erhalten bzw. zu steigern. Gleichzeitig ergeben sich Potenziale zur Kostensenkung, wenn ambulante Pflege organisiert werden kann und stationäre Pflege oder im Rahmen der medizinischen Versorgung eine stationäre Aufnahme in ein Krankhaus vermieden werden könne. Soziale Sicherungssysteme können davon profitieren.

Abschließend wird ein Nutzen für die Anbieter von Technologien und der oft damit kombinierten Dienstleistungen generiert. Der Nutzen besteht darin, dass mit dem verstärkten Einsatz von AAL-Technologien im vermieteten Wohnungsbestand ein weiterer Teilmarkt für Technikanbieter und Dienstleistungsunternehmen erschlossen wird, den es sonst nicht geben würde.

Eine sachliche Betrachtung ist daher erforderlich, um vorhandene Potenziale sichtbar zu machen und insbesondere die (Schüssel-)Rolle der Wohnungswirtschaft unter Berücksichtigung berechtigter Interessen einer Vielzahl von allen Beteiligten – zum Beispiel Sozialkassen, Wohlfahrtsverbänden, Gesundheitsdienstleister und Herstellern – auch zu definieren.

Im Projekt "AlterLeben" sind verschiedene Erwartungen an die Finanzierung formuliert worden: "Alle, die einen Nutzen haben, oder eine Wertschöpfung erzielen, müssen sich an der Finanzierung beteiligen." Das führt zu der folgenden Finanzierungsüberlegung:

- Der Mieter erbringt für höhere Lebens- und Wohnqualität eine höhere Mietzahlung als Eigenbeteiligung. Ggf. trägt er weitere Leistungen der angeschlossenen Partner.

- Kranken- und Pflegekassen können je nach Produktkonfiguration durch eine qualifizierte ambulante Betreuung Kosten einsparen und können sich durch Mietzuschüsse und Investitionsbeiträge – wie in bestehenden Modellen – beteiligen.

- Finanzdienstleister können Finanzierungsmodelle entwickeln, beispielsweise Ansparmodelle, um im Alter in eine entsprechend ausgestattete, aber teurere Wohnung zu ziehen. Aus dem angesparten Gutachten einer "Mietkasse" werden die höheren Kosten abgefedert bzw. egalisiert.

- Für soziale und technische Dienstleister ergeben sich neue Geschäftsfelder, sie leisten daher einen Finanzierungsbeitrag.

- Wohnungsunternehmen preisen die längere Verweildauer und eingesparte Kosten entweder in die Miete ein oder nutzen diese Beträge für Investitionen in die Systeme.

Damit diese Erwartung Wirklichkeit wird, müssen gezielt Leistungsbausteine für AAL-Konzepte zusammengefügt werden, von denen die erwarteten positiven Effekte ausgehen. So lassen sich die apostrophierten Einsparungen bei den Kranken- und Pflegekassen nicht hinreichend genau bestimmen.

4.2.5
Schlüsselpartnerschaften

In allen untersuchten Vorhaben sind Leistungsbeziehungen oder Partnerstrukturen über mehrere Unternehmen hinweg gebildet worden. Für die Realisierung von AAL-Projekten hat diese eine große Bedeutung, sowohl für die Einbindung der Technologien einschließlich der laufenden Wartung wie auch für das ergänzende Angebot von Dienstleistungen. Technikanbieter und soziale Dienstleister sind Schlüsselpartner der Wohnungswirtschaft zur Umsetzung von AAL-Projekten im eigenen Wohnungsbestand.

In der Regel kann vor Ort auf verschiedene Dienstleistungsanbieter zurückgegriffen werden oder – wie im Beispiel SOPHIA – alternativ ein Konzept mit ehrenamtlicher Hilfe umgesetzt werden. Technikanbieter sind überregional und häufig auf internationalen Märkten tätig. Technikanbieter besitzen eigene Geschäftsstrategien und wenden eigene, teilweise in Geschäftsverbindungen mit Industriekunden langjährig eingesetzte Geschäftsmodelle für die Gebäudeautomation und ergänzende Dienstleistungen von Zweckbauten an (beispielsweise Kieback&Peter).

Viele Technikhersteller bieten nicht nur technische Assistenzsysteme an, die in AAL-Projekten zum Einsatz kommen können, sondern bewegen sich darüber hinaus in unterschiedlichen Segmenten des Marktes für Smart Home-Technologien. Die Anbieterseite des Smart Home-Marktes befindet sich in Bewegung, d. h., Geschäftsmodelle werden geprüft und den Markterfordernissen entsprechend angepasst. Betrachtet man den gesamten Markt der Anbieter von AAL/Smart Home-Systemen, so lässt sich die Situation und die Dynamik in der Weiterentwicklung von Geschäftsmodellen anhand der folgenden Übersicht darstellen:[44]

Tabelle 7: Unterschiedliche Geschäftsmodelle für AAL-/SmartHome-Anbieter

Geschäftsmodell-Variante	Gegenstand
1	Anbieter in verschiedenen eigenen Anwendungsbereichen, zum Beispiel Bereich Klima/Energie, Licht/Komfort, Sicherheit. Sie bieten lediglich in einem Anwendungsbereich Produkte an, zum Beispiel Belkin, RWE Smart Home (im ursprünglichen Ansatz). Zum Teil sind die Anbieter in mehreren Anwendungsbereichen tätig und erweitern diese, wie bei Locate Solution, ViciOne und CIBEK.
2	Anbieter von eigenen und fremden Anwendungsbereichen, d. h., es werden Lösungen von Partnerfirmen eingebunden. Der Kunde erhält Investitionssicherheit, dass zusätzliche Technologien erhältlich sind und in das bestehende System eingebunden werden können.
3	Aggregatoren von fremden Anwendungsbereichen beschränken sich auf die Vernetzung und die Steuerung, die Anwendungen stammen von anderen Anbietern. Ziel dieser Gruppe ist eine möglichst breite Produkt- und Leistungspalette in vielen Anwendungsfeldern von Smart Home abzudecken. Kernkompetenz liegt im Partnermanagement. Beispiel: Telekom/Qivicon, AT&T/Digital Live
4	Spezialisten in einzelnen Anwendungsbereichen, die ein nicht-vernetztes Produkt anbieten und die Vernetzung den Aggregatoren der Geschäftsmodelle 2 und 3 überlassen. Ziel ist es, Umsatz mit dem Verkauf eigener Geräte zu generieren. Beispiele: Grohe, Miele.
5	Anwendungsspezialisten mit eigener Vernetzung eines einzelnen Anwendungsbereichs. Konzentration auf die Vernetzung eines einzelnen Anwendungsbereiches, dort oft Vorreiter. Oft lediglich für einen Einstieg in den Smart Home-Markt; es folgt im nächsten Schritt eine Erweiterung der Strategie im Sinne des Geschäftsmodells 1. Beispiele: Philips (hue: WLAN-Gateway plus Lampen), Nest (Gateway plus Heizungsthermostat), Miele (eigenes Gateway für die Vernetzung von Maschinen)

---

[44] Arnold 2013 und eigene Zusammenstellung

Solange der Markt für unterschiedliche Smart Home-Geräte noch intransparent ist, ist es für die Wohnungswirtschaft schwer, den Überblick zu gewinnen und sich für eine dauerhaft erfolgreiche Lösung zu entscheiden. Oft wird die Wohnungswirtschaft als Orchestrator bezeichnet, der die Leistungen unterschiedlicher Anbieter zusammenführt. Um in der Nomenklatur der vorangegangenen Übersicht zu bleiben, würde ein Wohnungsunternehmen die Rolle eines Aggregators (Smart Home-Geschäftsmodell 3) einnehmen.

Zwar zeigt sich, dass der Markt allmählich eine gewisse Reife erlangt und daher Geschäftsmodellsituationen auf der Anbieterseite erkennbar werden, allerdings wird seitens der Hersteller erwartet, dass sich die Typen 1 und 2 noch länger am Markt halten werden, danach aber eine Konzentration in Richtung von 3 und 4 stattfinden wird. Bei dieser Entwicklung ist fraglich, ob die Wohnungswirtschaft selbst umfassende Kompetenzen im Sinne des Geschäftsmodells 3 aufbauen muss, obwohl dies vielfach bereits geschehen ist (wie zum Beispiel bei der Kooperation mit Sozialverbänden).

Jenseits solcher Geschäftsmodelle arbeiten verschiedene Hersteller und Initiativen an einer Vereinheitlichung der Systeme zur Heimvernetzung. Die europäischen Smart Home-Initiativen EEBus, Energy@home und Agora wollen eine einheitliche Sprache für die Vernetzung von Geräten entwickeln. Ziel ist es, einfache Plug and Play-Lösungen zu erarbeiten und Möglichkeiten zu schaffen, die Funktionalitäten von Systemen einfacher zu erweitern. Mit dieser Kooperation, die mehrere Bereiche wie Energieversorgung, Telekommunikation und Gebäudeautomation abdeckt, will man der Problematik begegnen, dass immer neue Geräte und Dienste von verschiedenen Herstellern entwickelt werden, die untereinander meist nicht kompatibel sind. Eine Vereinheitlichung der Standards wäre ein wichtiger Schritt, mit dem mehr Investitionssicherheit geschaffen wird, weil die Bindung an einen Hersteller nicht erforderlich ist. Die Auswahl eines einzelnen Technikanbieters als zentralen Schlüsselpartner, von dem der Erfolg eines Projektes abhängen kann, verliert daher an Bedeutung, da bei einem Anbieterwechsel die bisherigen Komponenten weiter genutzt und durch zusätzliche Komponenten eines anderen Anbieters ergänzt werden können.

Bei der Ausgestaltung der Schlüsselpartnerschaften ist noch unklar, welche Kooperationsvereinbarungen zwischen einzelnen Partnern geschlossen werden müssen und wie die finanziellen Transfers darin transparent geregelt werden können.

4.2.6
Kostenstruktur

Wie in Kapitel 4.1.1 dargestellt, besteht – auch über mehrere Partner hinweg – eine differenzierte Kostenstruktur. Je nach Zielgruppe gibt die maximale Zahlungsbereitschaft und -möglichkeit die Kosten vor, die im dauerhaften Betrieb anfallen können.

Für den Mieter kann sich eine unübersichtliche Kostenstruktur zeigen:

- monatlich höhere Miete für den Einbau der technischen Komponenten;

- regelmäßig anfallende Wartungskosten, die beispielsweise über die Betriebskostenabrechnung abgerechnet werden;

- Servicepauschalen für regelmäßige Betreuung und Notrufservicetelefon;

- Betriebskosten wie Stromkosten, die in der einen Stromabrechnung aufgehen;

- Kosten für Internetanschluss oder für ergänzende Festnetz-/ Mobiltelefonie für die Datenübertragung nach außen. Ist ein Internetanschluss bereits vorhanden, werden Kosten voraussichtlich nicht bilanziert, ist dies nicht der Fall, muss der zusätzliche Nutzen separat beurteilt werden.

- Kosten für einzelne Dienstleistungen, die separat in Auftrag gegeben werden können.

Die Einzelentgelte können sich auf einen vergleichsweise hohen Gesamtbetrag summieren. Erst eine bestimmte Anzahl von Nutzern macht es möglich, einen Service, wie beispielsweise die Notrufservicezentrale "Telehilfe" im Beispiel der SWB Schönebeck überhaupt wirtschaftlich tragfähig anzubieten.

Der Zwischenbericht zum europäischen Forschungs- und Entwicklungsprojekt "I-stay@home – ICT Solutions for an Ageing Society" erläutert verschiedene Aspekte, weswegen die Wirtschaftlichkeit von AAL-Systemen oft nicht gegeben ist und daher auch in dieser Studie als das größte Hemmnis für die Marktreife von AAL-Komponenten genannt wird:

- AAL-Komponenten werden oftmals für einzelne Projekte entwickelt bzw. nicht in Großserien produziert, weswegen die Kosten für diese "Kleinserien" entsprechend hoch ausfallen.

- In den überwiegenden Projekten sind keine staatlichen Kostenträger (dauerhaft) eingebunden. Ebenso sind nur in Ausnahmefällen Krankenkassen in die Finanzierungsmodelle eingebunden. Beiden Gruppen entstehen grundsätzlich jedoch weniger Kosten für stationäre Pflegeaufenthalte, da AAL-Systeme hier präventiv bzw. kostenlindernd wirken. So wären gerade für einkommensschwächere Ältere Finanzierungsmodelle bzw. Kostenbeteiligungen sinnvoll und erstrebenswert, in der Praxis jedoch nicht verbreitet.

- Aufgrund der individuellen Entwicklung von Komponenten für die verschiedenen Projekte sowie die Inkompatibilität der Komponenten und Schnittstellen zwischen verschiedenen Herstellern, werden viele Entwicklungsschritte mehrfach absolviert. Erfahrungen und bereits erprobte Funktionen werden teilweise nicht genutzt oder können nicht in andere Systeme eingebunden werden.[45]

Die Integration potenzieller bzw. zukünftiger Nutzer (oder zumindest die Berücksichtigung ihrer Bedürfnisse und Wünsche) bei der Entwicklung von AAL-Systemen oder Dienstleistungspaketen ist der Schlüssel zur Akzeptanz und damit auch zum Erfolg dieser in der Praxis.[46] Dahingegen bestimmt die Einbindung der zukünftigen Partner (zum Beispiel Dienstleistungsunternehmen, Ehrenamtliche, Pflegeeinrichtungen und medizinische Versorgungszentren, Pflege-/Krankenkassen) die Realisierbarkeit und somit auch die Kosten des Systems.[47] Der abschließende Forschungsbericht zum STADIWAMI-Projekt geht in diesem Punkt auch gesondert auf die bedeutende Rolle von ehrenamtlichen Helfern ein:

— Sie sind ein maßgeblicher Faktor für die laufenden Kosten von Betreuungsangeboten. Je mehr Ehrenamtliche eingebunden werden können, desto besser sind die Angebotsmöglichkeiten.

— Es gibt Aufgaben, die ein hohes Maß an Vertrauen zwischen Kunden/Nutzern und Dienstleistern erfordern, hier sind Ehrenamtliche sozusagen die Ideallösung. So sind beispielsweise haushaltsunterstützende Dienstleistungsangebote, Botengänge oder Begleitungs- und Betreuungsangebote durch die Nutzer eher akzeptiert, wenn diese die Personen kennen bzw. es sich um vertraute Personen handelt. Dienstleistungen, die hingegen ein hohes Maß an Professionalität erfordern (zum Beispiel Reparaturen oder Gebäudepflege), haben diese Voraussetzungen nicht.

— Für die ehrenamtlichen Helfer muss jedoch ebenfalls ein Betreuungs-, Begleitungs- und Unterstützungsangebot eingerichtet werden, um diese bei Konflikten, Rückfragen, Überlastung, Einarbeitung und Motivation zu unterstützen.[48]

4.3
Alternativer Grundaufbau von AAL-Geschäftsmodellen

Begreift man ein Geschäftsmodell im Kern als die Grundidee, wie ein einzelnes Unternehmen oder eine beliebige Organisationsstruktur aus mehreren kooperierenden Partnern Wertschöpfung erzielt, so können die in den Projekten realisierten Vorgehensweisen als Wegweiser für einen unterschiedlichen Grundaufbau von Geschäftsmodellen verwendet werden.

---

[45] Eichener et al. 2013, S. 15ff; BMBF 2013; Meyer& Mollenkopf 2011
[46] BMBF 2013b, S. 66f.
[47] BMBF 2013b, S. 68
[48] BMBF 2013b, S. 135ff

Für diese Betrachtung steht im Vordergrund, auf welche Weise sich ein Partner in ein Geschäftsmodell einbringt und innerhalb dieses Systems in der Lage ist, eigene Wertschöpfungsbeiträge zu erzielen.

4.3.1
Klassisches wohnungswirtschaftliches Geschäftsmodell

Als ersten Ansatz soll ein Grundaufbau formuliert werden, der sich eng an das klassische wohnungswirtschaftliche Geschäftsmodell anlehnt. Dieses klassische Geschäftsmodell basiert darauf, unterschiedlich ausgestattete und beschaffene Wohnungen zu bewirtschaften und zu vermieten. Es entspricht dem typischen Vorgehen, die Wohnungen abhängig beispielsweise von ihrer Lage und den grundlegenden Voraussetzungen (zum Beispiel Grundrissgestaltung, baulich-technische Voraussetzungen wie beispielsweise Bausubstanz und Erhaltungszustand) so auszustatten, dass sie von den anvisierten Mieter- bzw. Zielgruppen zu einer am Markt durchsetzbaren Miete gut angenommen werden. Eine solche zielgruppengerechte Ausrichtung des Unternehmens setzt sich angesichts sich ausdifferenzierender Lebenslagen und Lebensstile immer mehr durch.

Ein zielgruppenorientiertes Vorgehen wird sowohl bei der Planung größerer Modernisierungsvorhaben als auch bei der Herrichtung oder Einzelmodernisierung von Wohnungen im Falle einer Wiedervermietung angewendet. Um eine frei gewordene Wohnung zu vermieten, stellt sich die Frage, ob beispielsweise das Bad modernisiert werden soll und in welchem Standard, ob beispielsweise Bodenbeläge erneuert oder neu eingebracht werden sollen. Die Miete richtet sich auch nach dem Umfang von Ausstattung und der Qualität der durchgeführten Modernisierungsmaßnahmen. Oft enthalten Mietspiegel Zuschlagsmerkmale für bestimmte Ausstattung, die über einen üblichen Standard hinausgeht, bzw. Abschläge, falls ein bestimmter Standard nicht erreicht wird.[49]

Die Entscheidung, beispielsweise technische Assistenzsysteme für hilfebedürftige Haushalte in eine Wohnung einzubringen, ist daher zunächst als typisch anzusehen, wenn der Wohnungsbestand zielgruppengerecht weiterentwickelt werden soll.

Vor dem Hintergrund der Marktsituation ist zu entscheiden, in welchem Umfang eine höhere Miete durchgesetzt werden kann, beispielsweise ein Zuschlag für ein technisches Assistenzsystem angewendet werden kann, wenn solche Einbauten vorgenommen werden.

Im klassischen wohnungswirtschaftlichen Modell ergibt sich eine vergleichsweise klare Zuordnung, wer welche Kosten übernimmt und auf welche Weise eine Refinanzierung stattfindet. In der folgenden Grafik ist diese Kostenzuordnung zu verschiedenen Akteuren vorgenommen worden.

---

[49] Derzeit sind keine AAL-Merkmale in Mietspiegeln bekannt.

Abbildung 11: Kostenzuordnung im klassischen wohnungswirtschaftlichen Geschäftsmodell[50]

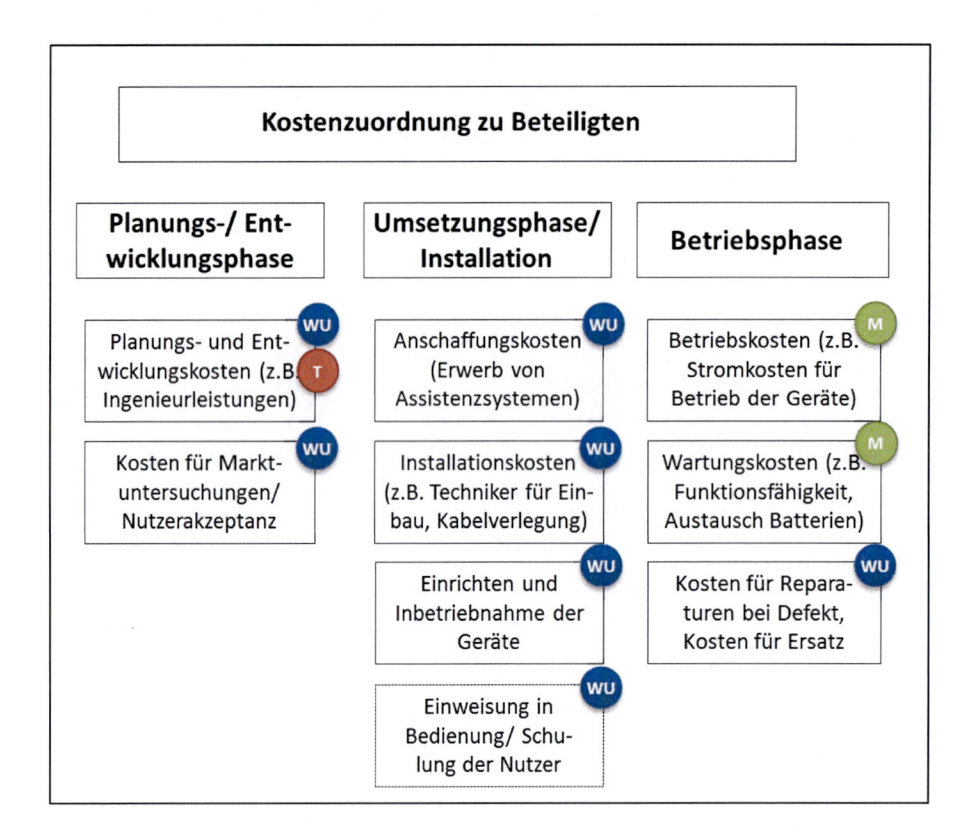

Kostenzuordnung zu Beteiligten

Planungs-/ Entwicklungsphase	Umsetzungsphase/ Installation	Betriebsphase
Planungs- und Entwicklungskosten (z.B. Ingenieurleistungen) [WU][T]	Anschaffungskosten (Erwerb von Assistenzsystemen) [WU]	Betriebskosten (z.B. Stromkosten für Betrieb der Geräte) [M]
Kosten für Marktuntersuchungen/ Nutzerakzeptanz [WU]	Installationskosten (z.B. Techniker für Einbau, Kabelverlegung) [WU]	Wartungskosten (z.B. Funktionsfähigkeit, Austausch Batterien) [M]
	Einrichten und Inbetriebnahme der Geräte [WU]	Kosten für Reparaturen bei Defekt, Kosten für Ersatz [WU]
	Einweisung in Bedienung/ Schulung der Nutzer [WU]	

Quelle: Eigene Darstellung

Das klassische wohnungswirtschaftliche Modell enthält kein ergänzendes Dienstleistungsangebot wie zum Beispiel pflegerische oder hauswirtschaftliche Leistungen. Das technische Assistenzsystem, das damit korrespondiert, könnte eine Herdabschaltung oder der Betrieb von Rauchmeldern sein, die über keine Anbindung nach außen verfügen.

In diesem klassischen Modell übernimmt das Wohnungsunternehmen sämtliche Kosten in der Umsetzungs- und Installationsphase wie Anschaffung, Installation, Einrichtung und Inbetriebnahme der Geräte. Im Rahmen der Wohnungsübergabe nehmen beispielsweise Hausmeister oder Servicemitarbeiter die Einweisung der Mieter vor. Das Wohnungsunternehmen kommt im Betrieb auch für Reparaturkosten auf und tauscht Geräte bei Defekt aus.

Der Technikanbieter steht in der Wertschöpfungskette nachgelagert hinter dem Wohnungsunternehmen. Das Wohnungsunternehmen erwirbt die Geräte von dem Techniker. Bei Installation sowie Einrichtung und Inbetriebnahme besteht die Wahl, ob diese Arbeiten von eigenen Mitarbeitern des Wohnungsunternehmens, von Handwerksunternehmen oder vom Hersteller durchgeführt werden. Dadurch verändern sich die Wertschöpfungsketten, wobei sich nichts daran ändert, dass das Wohnungsunternehmen die Kosten dafür trägt.

---

[50] Die Abkürzungen lauten: DL = Dienstleistungsunternehmen, M = Mieterhaushalt, T = Technikanbieter und WU = Wohnungsunternehmen.

Das Wohnungsunternehmen kann auch die Planungs- und Entwicklungskosten tragen, beispielsweise für die ordnungsgemäße Planung, um die Herdabschaltung später korrekt einbauen zu können. Oder es wurden ergänzende Marktuntersuchungen selbst oder mithilfe externer Unterstützung durchgeführt, in welchem Umfang solche Systeme von verschiedenen Zielgruppen angenommen werden.

Der gerätebezogene Anteil an Planungs- und Entwicklungskosten wird in der Regel vom Technikhersteller übernommen.

Der Mieter trägt die unmittelbaren Betriebskosten für die Geräte (wie zum Beispiel den anfallenden Betriebsstrom, der über einen Energieversorger bezogen und zusammen mit dem Verbrauch anderer Geräte mit dem Haushalt abgerechnet wird). Die auf den Betrieb der Geräte entfallenden Kosten können nicht vernachlässigt werden. So zeigt das Beispiel der ersten Pilotwohnung der WBG Burgstädt, dass je nach Umfang der eingebrachten Systeme und wie diese installiert werden mitunter sehr hohe Betriebskosten anfallen können.

Im klassischen wohnungswirtschaftlichen Geschäftsmodell existieren unterschiedliche Zahlungsströme entsprechend der vorhandenen rechtlichen Grundlagen. Ein Teil der anfallenden Zahlungen bzw. Kosten wird im Rahmen des Mietverhältnisses behandelt, ein Teil außerhalb. Der Betriebsstrom wird vom Mieter unmittelbar an den Energieversorger gezahlt. Für den Energieversorger wird zu einem Preis im Rahmen seines Geschäftsmodells abgerechnet. Der Preis enthält auch Gewinnbestandteile.

Die anderen Kosten werden im Rahmen des Mietverhältnisses behandelt. Die Wartungskosten können im Rahmen der Betriebskostenabrechnung abgerechnet werden, sofern die Voraussetzungen dafür erfüllt sind, d. h. die Kosten als eine Betriebskostenart nach Betriebskostenverordnung (BetrKV) aufzufassen und vereinbart sind. Bezieht das Wohnungsunternehmen die Wartungsleistung von einem Lieferanten, so enthalten diese Kosten als Preis für die Vorleistung Gewinnbestandteile und lösen beim Lieferanten eine Wertschöpfung aus. Diese Kosten werden in voller Höhe auf den Mieter umgelegt.

Während Betriebskosten und die Wartungskosten jeweils vollständig und direkt vom Mieter zu tragen sind, werden die anderen anfallenden Kosten im Rahmen des typischen Geschäftsmodells Gebrauchsüberlassung/Miete behandelt. Es findet keine direkte Erstattung von Kosten statt, sondern eine Vergütung im Rahmen der Mietzahlung. Die vom Wohnungsunternehmen in der Regel in der Umsetzungs- und Installationsphase aufgewendeten Kosten werden über die Miete refinanziert. Idealerweise ergibt sich für die zusätzlich eingebaute technische Ausstattung eine in dem Maße höhere Miete, wie es für die Erwirtschaftung einer angemessenen, vom Unternehmen festgesetzten Rendite erforderlich ist.

Abbildung 12: Wertschöpfungsstruktur zwischen Wohnungsunternehmen und Mieterhaushalt im klassischen Geschäftsmodell

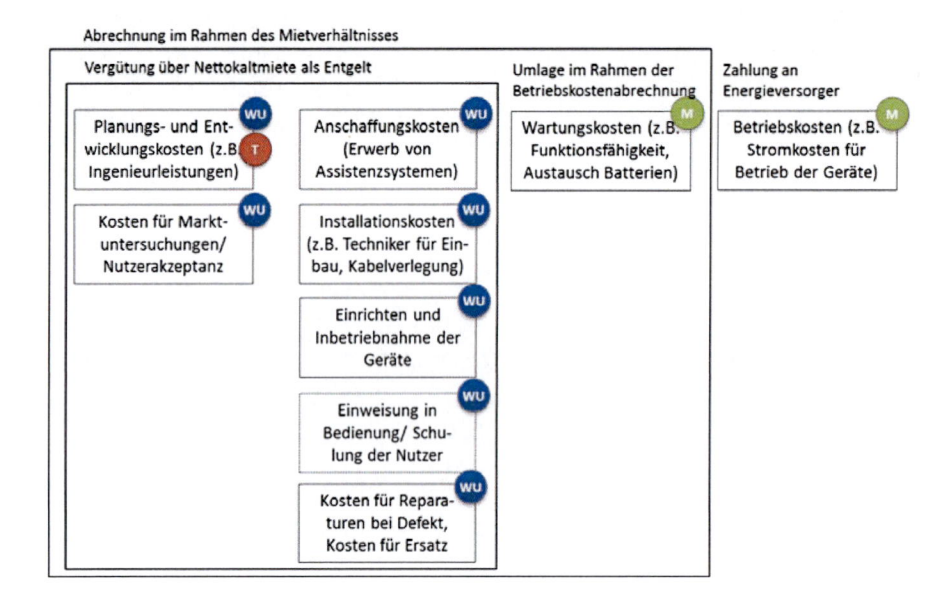

```
Abrechnung im Rahmen des Mietverhältnisses
┌──────────────────────────────────────────────────┬─────────────────────┬──────────────────┐
│ Vergütung über Nettokaltmiete als Entgelt        │ Umlage im Rahmen    │ Zahlung an       │
│                                                  │ der Betriebskosten- │ Energieversorger │
│                                                  │ abrechnung          │                  │
│ ┌──────────────┐  ┌──────────────┐               │ ┌──────────────┐    │ ┌──────────────┐ │
│ │ Planungs-    │  │ Anschaffungs-│               │ │ Wartungskos- │    │ │ Betriebskos- │ │
│ │ und Entwick- │  │ kosten (Er-  │               │ │ ten (z.B.    │    │ │ ten (z.B.    │ │
│ │ lungskosten  │  │ werb von As- │               │ │ Funktions-   │    │ │ Stromkosten  │ │
│ │ (z.B. Ingeni-│  │ sistenzsys-  │               │ │ fähigkeit,   │    │ │ für Betrieb  │ │
│ │ eurleistun-  │  │ temen)       │               │ │ Austausch    │    │ │ der Geräte)  │ │
│ │ gen)         │  │              │               │ │ Batterien)   │    │ │              │ │
│ └──────────────┘  └──────────────┘               │ └──────────────┘    │ └──────────────┘ │
│ ┌──────────────┐  ┌──────────────┐               │                     │                  │
│ │ Kosten für   │  │ Installations│               │                     │                  │
│ │ Marktunter-  │  │ kosten (z.B. │               │                     │                  │
│ │ suchungen/   │  │ Techniker    │               │                     │                  │
│ │ Nutzerakzep- │  │ für Einbau,  │               │                     │                  │
│ │ tanz         │  │ Kabelverle-  │               │                     │                  │
│ │              │  │ gung)        │               │                     │                  │
│ └──────────────┘  └──────────────┘               │                     │                  │
│                   ┌──────────────┐               │                     │                  │
│                   │ Einrichten   │               │                     │                  │
│                   │ und Inbe-    │               │                     │                  │
│                   │ triebnahme   │               │                     │                  │
│                   │ der Geräte   │               │                     │                  │
│                   └──────────────┘               │                     │                  │
│                   ┌──────────────┐               │                     │                  │
│                   │ Einweisung   │               │                     │                  │
│                   │ in Bedienung/│               │                     │                  │
│                   │ Schulung der │               │                     │                  │
│                   │ Nutzer       │               │                     │                  │
│                   └──────────────┘               │                     │                  │
│                   ┌──────────────┐               │                     │                  │
│                   │ Kosten für   │               │                     │                  │
│                   │ Reparaturen  │               │                     │                  │
│                   │ bei Defekt,  │               │                     │                  │
│                   │ Kosten für   │               │                     │                  │
│                   │ Ersatz       │               │                     │                  │
│                   └──────────────┘               │                     │                  │
└──────────────────────────────────────────────────┴─────────────────────┴──────────────────┘
```

Quelle: Eigene Darstellung

Für Zwecke der Kalkulation und des Nachweises wäre es von Vorteil, wenn ein Zuschlag eindeutig identifiziert werden könnte, um die Kosten mit der erzielten höheren Miete in ein Verhältnis setzen zu können. Für das Wohnungsunternehmen kommt es aber auf eine Gesamtbetrachtung an: Eine höhere Miete ist nicht zwingend erforderlich, wenn die zusätzliche Ausstattung dazu beiträgt, dass die Wohnung schneller vermietet wird und beispielsweise Leerstandszeiten reduziert oder ganz vermieden werden. An die Stelle einer direkten, höheren Mietzahlung tritt der Wegfall von Erlösschmälerungen. Wie bereits geschildert, sind auch weitere indirekte Erträge denkbar, beispielsweise Zinsvorteile, ein Mieter länger in der Wohnung verbleibt und aufwendige Modernisierungskosten zeitlich weiter in die Zukunft hinein verlagert werden.

Der Einbau eines solchen Assistenzsystems, wie beispielsweise die Herabschaltung, kann vom Wohnungsunternehmen als vorteilhaft angesehen werden, solange die direkten oder indirekten Erträge die anfallenden Kosten im Rahmen der längerfristigen Wirtschaftlichkeitsüberlegungen übersteigen. Kann für das technische Assistenzsystem ein zusätzliches Entgelt vereinbart werden, sodass sich die Miete entsprechend erhöht, so ist eine vergleichsweise transparente Kalkulation möglich. Kann das Entgelt aber nicht erhöht werden, beispielsweise weil die Zielgruppe über kein ausreichendes Einkommen verfügt, so ist es schwierig, die Effekte zu kalkulieren. Dazu liegen momentan auch keine weiteren Erkenntnisse vor.

Der Technikanbieter erzielt seine Wertschöpfung dadurch, dass das Wohnungsunternehmen dessen Produkte und Leistungen (Anschaffung und Installation, Inbetriebnahme und ggf. Wartung) in Anspruch nimmt.

Während das Wohnungsunternehmen als Ziel formulieren wird, dass möglichst alle Wohnungen vermietet sind, hat der Technikanbieter vor allem ein Interesse daran, möglichst viele Produkte und Leistungen zu veräußern. In dem klassischen Modell trägt das Wohnungsunternehmen auf seiner Erlösseite typische Risiken, nämlich für Zahlungsausfall und Leerstand sowie dafür, dass zusätzliche Kosten für den Einbau eines technischen Assistenzsystems entstanden sind, die sich nicht durch zusätzliche Nettokaltmietanteile oder indirekte Erträge (Verringerung von Erlösschmälerungen) refinanzieren lassen.

Der vermehrte Einbau von technischen Assistenzsystemen (hier am Beispiel einer Komponente wie eine Herdabschaltung) hängt somit davon ab,

- inwieweit Mieterhaushalte für sich die Notwendigkeit einer Herdabschaltung erkennen, einen Einbau nachfragen und dafür auch eine Zahlungsbereitschaft besitzen,

- inwieweit Wohnungsunternehmen diese Nachfrage wahrnehmen und eine direkte und indirekte Ertragschance erkennen,

- inwieweit technische Systeme von Herstellern angeboten werden, die geeignet sind, die Bedürfnisse der Haushalte zu befriedigen, und deren Kosten so angemessen sind, das sie sowohl dem Wohnungsunternehmen als auch dem Technikhersteller Wertschöpfungsanteile sichern bzw. Ertragschancen bieten.

Der vorstehend skizzierte Fall wurde bewusst einfach gehalten. Er beschränkt sich auch auf das klassische wohnungswirtschaftliche Geschäftsmodell, d. h. ohne weitere Dienstleistungskomponente. Da die Dienstleistungskomponente fehlt, handelt es sich eingeschränkt bzw. noch nicht um ein AAL-Vorhaben.

4.3.2
Klassisches wohnungswirtschaftliches Geschäftsmodell, erweitert um Dienstleistungen

Die Mehrzahl der beobachteten Projekte verfügt über eine Dienstleistungskomponente, d. h. eine Service- und Betreuungsstelle, die oft zugleich eine 24 Stunden-Bereitschaft bietet und Notrufe entgegennimmt und sie weiterleitet.

Abbildung 13: Kostenzuordnung im klassischen wohnungswirtschaftlichen Geschäftsmodell bei Erweiterung um Dienstleistungen (Notruf)

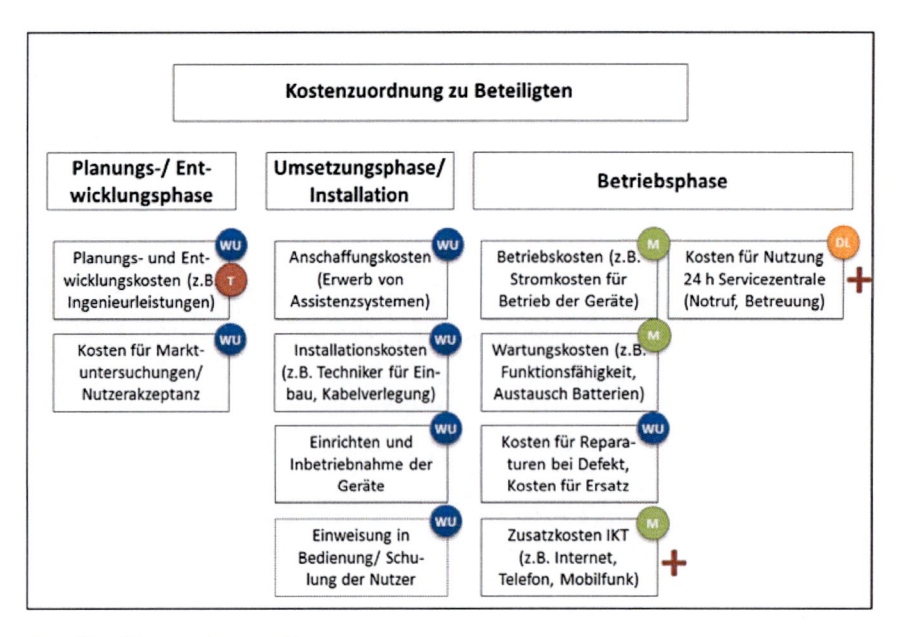

Kostenzuordnung zu Beteiligten

Planungs-/ Entwicklungsphase
- Planungs- und Entwicklungskosten (z.B. Ingenieurleistungen) [WU, T]
- Kosten für Marktuntersuchungen/ Nutzerakzeptanz [WU]

Umsetzungsphase/ Installation
- Anschaffungskosten (Erwerb von Assistenzsystemen) [WU]
- Installationskosten (z.B. Techniker für Einbau, Kabelverlegung) [WU]
- Einrichten und Inbetriebnahme der Geräte [WU]
- Einweisung in Bedienung/ Schulung der Nutzer [WU]

Betriebsphase
- Betriebskosten (z.B. Stromkosten für Betrieb der Geräte) [M]
- Wartungskosten (z.B. Funktionsfähigkeit, Austausch Batterien) [M]
- Kosten für Reparaturen bei Defekt, Kosten für Ersatz [WU]
- Zusatzkosten IKT (z.B. Internet, Telefon, Mobilfunk) [M] +
- Kosten für Nutzung 24 h Servicezentrale (Notruf, Betreuung) [DL] +

Quelle: Eigene Darstellung

In der einfachen Variante nimmt die Notrufzentrale lediglich einen Notruf entgegen, der von einem technischen Assistenzsystem ausgelöst wird. Dadurch entstehen auf Mieterseite direkt zusätzliche Kosten für die Telekommunikation. Die Kosten für den Betrieb der 24 Stunden-Notrufzentrale trägt beispielsweise ein externer Dienstleister. Im Rahmen seines Geschäftsmodells wird der Dienstleister eine monatliche Servicepauschale vom Mieter erheben.

Durch diese zusätzlichen Leistungen erhöht sich zwar die Attraktivität des Gesamtsystems für den Mieter, aber es entstehen auch zusätzliche Kosten. In diesem Fall kommen eine monatliche Servicepauschale sowie laufende Kosten für einen Kommunikationsanschluss dazu. Viele Haushalte verfügen bereits über einen Kommunikationsanschluss, sodass zusätzliche Entgelte erst entstehen, wenn im Rahmen der Inanspruchnahme von AAL-Leistungen ein solcher neu vereinbart werden muss.

Abbildung 14: Wertschöpfungsstruktur zwischen Wohnungsunternehmen und Mieterhaushalt im klassischen Geschäftsmodell mit Dienstleistungsangebot (Notruf)

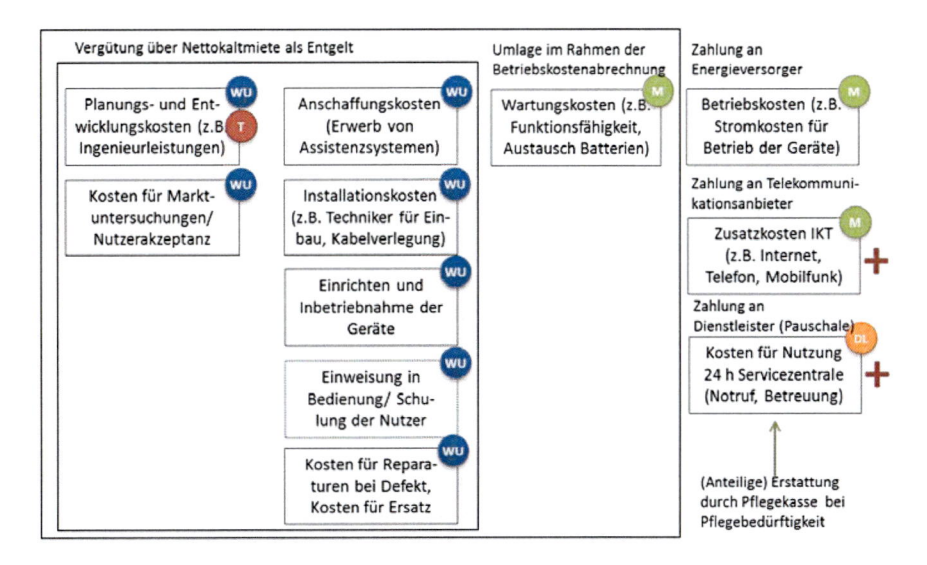

Quelle: Eigene Darstellung

Für Mieterhaushalte, bei denen Pflegebedürftigkeit festgestellt und eine Pflegestufe festgesetzt wurde, werden die Kosten für den Notruf von der Pflegekasse mit übernommen. Dadurch wird der Mieterhaushalt entlastet.

Auf der Grundlage einer vorhandenen Infrastruktur können weitere technische Angebote und Dienstleistungen modular in ein AAL-Konzept integriert werden, wodurch die Attraktivität des Leistungspaketes insgesamt, aber auch für weitere Zielgruppen gesteigert werden kann. Beispielsweise ist es dann leichter möglich, weitere Nutzer zu gewinnen, um durch deren Entgelte anfallende Fixkosten zu decken. Verfügt ein AAL-Konzept bereits über eine 24 Stunden verfügbare Einrichtung als Leitstelle beispielsweise für die Notrufannahme, so kann diese Stelle auch für weitere Services, zum Beispiel für Beratung und Betreuung oder die Vermittlung weiterer Dienstleistungen genutzt werden.

Abbildung 15: Kostenzuordnung im klassischen wohnungswirtschaftlichen Geschäftsmodell bei Erweiterung um Dienstleistungen (voll ausgebaut)

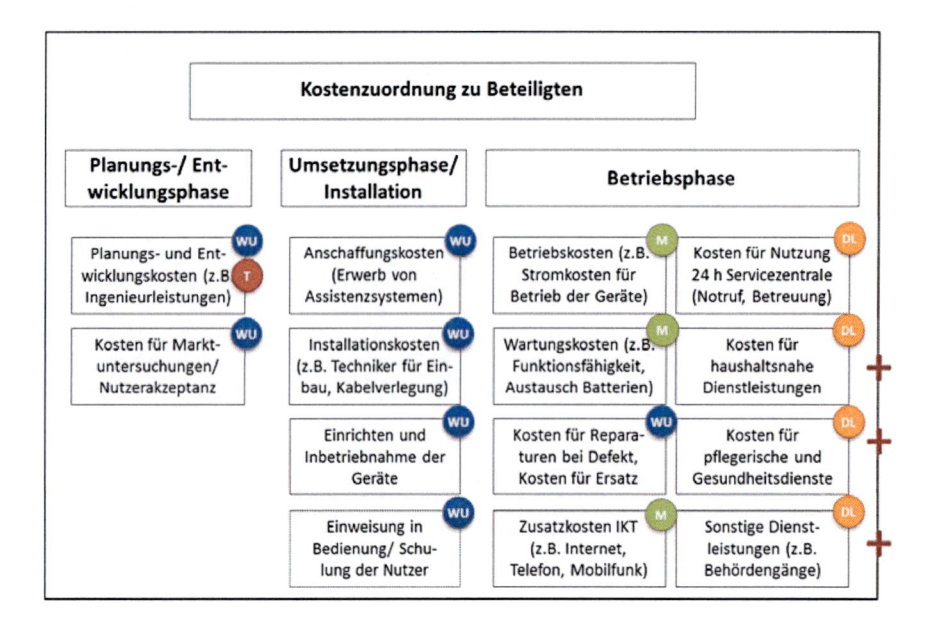

Quelle: Eigene Darstellung

Allerdings birgt diese Konstellation auch das Risiko, dass zusätzliche Kosten generiert werden. Eine Servicezentrale, die zusätzlich die Vermittlung von Leistungen übernimmt, verursacht u. U. höhere Kosten als eine Zentrale, die lediglich von einem technischen Assistenzsystem einen Notruf entgegennimmt. Solche Zusatzkosten erhöhen die Servicepauschale oder werden in die Kosten bzw. Entgelte für einzeln in Anspruch genommene Dienstleistungen eingerechnet.

Die Interessen des Dienstleistungsanbieters spielen ebenfalls eine Rolle: Das Leistungsangebot kann wirtschaftlich nur ab einer bestimmten Nutzeranzahl erbracht werden, jedenfalls in Fällen, in denen das Angebot vollständig neu aufgebaut werden muss. Es ist von Vorteil, wenn bereits ein Anbieter existiert, der ein wirtschaftlich tragfähiges Modell besitzt und daher auch für eine geringe Anzahl von Kunden beispielsweise die (Mit-)Nutzung einer bestehenden Servicezentrale anbieten kann.

4.3.3
Das Wohnungsunternehmen als Full-Service-Anbieter
Ausgehend von den ersten beiden Alternativen sind weitere Varianten des Grundmodells denkbar, die jeweils spezifische Vor- und Nachteile aufweisen.

Wohnungsunternehmen könnten sich als Full-Service-Anbieter begreifen und – so weit wie möglich – sämtliche Leistungen anbieten oder gegenüber dem Kunden bündeln und abrechnen. Beispielsweise könnte ein Wohnungsunternehmen die für die Informations- und Kommunikationstechnologien anfallenden Zusatzkosten gebündelt einkaufen und für Wohnungen, die mit technischen Assistenzsystemen ausgerüstet sind, kostengünstiger anbieten. Auch die Wartungskosten können pauschaliert und entweder in die Nettokaltmiete eingerechnet oder in eine Servicepauschale integriert werden.

Abbildung 16: Kostenzuordnung bei Wohnungsunternehmen als Full-Service-Anbieter

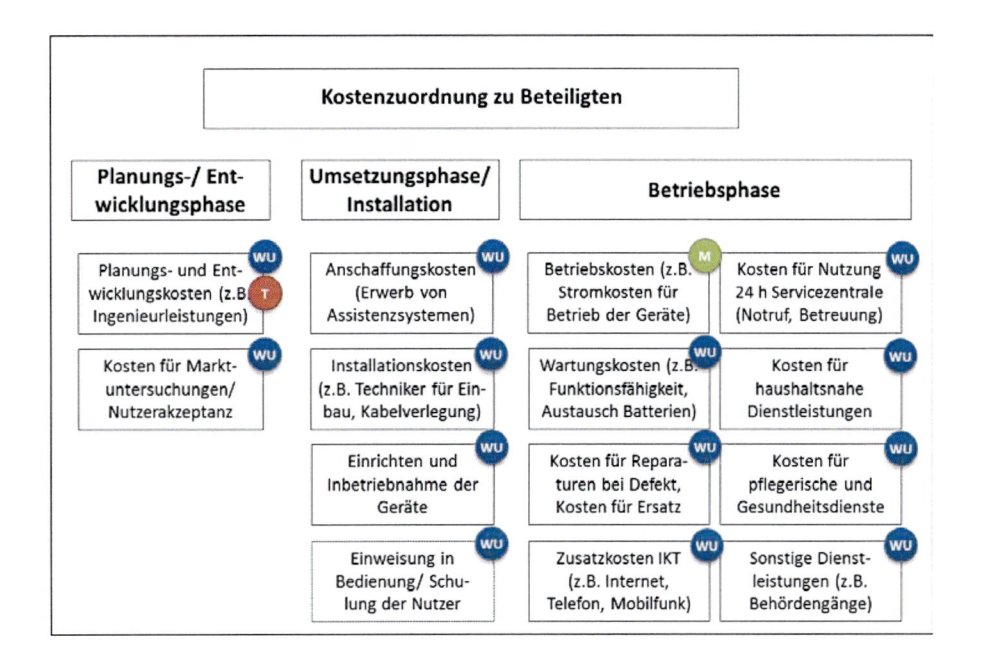

Quelle: Eigene Darstellung

Das Wohnungsunternehmen könnte auch die 24 Stunden-Serviceeinrichtung mit eigenem Personal ausstatten und Personal vorhalten, um alle anderen Dienstleistungen breitzustellen.

Für den Mieter hätte dies den Vorteil, dass er – abgesehen vom Betriebsstrom für technische Geräte – nur einen Vertragspartner hat. Die Leistungen würden jedoch nicht nur im Rahmen des Mietverhältnisses, sondern in ergänzenden Vereinbarungen abgerechnet. Eine Entgeltstruktur könnte beispielsweise folgendermaßen aussehen:

– Nettokaltmiete für Wohnung, Anschaffung/Installation technischer Komponenten sowie deren Reparatur,

– Servicepauschale für Wartung, IKT-Zusatzkosten sowie Betrieb 24 Stunden-Servicezentrale (einschließlich Notruf),

– Einzelpreise für die Inanspruchnahme zusätzlicher Dienstleistungen.

Überlegungen von Wohnungsunternehmen, die Leistungspalette um wohnbegleitende Dienstleistungen zu erweitern, hat es in unterschiedlichen Modellen gegeben. Grundsätzlich gehören solche Leistungen nicht zum Kerngeschäft von Wohnungsunternehmen. Daher ist es eher unüblich, dass Wohnungsunternehmen eigenes Personal für Dienstleistungen vorhalten, die sich zu weit vom Kerngeschäft entfernen. In der Praxis ist es die Regel, dass mit bewährten Dienstleistern Kooperationen geschlossen und deren Geschäftsmodelle genutzt werden.

Hier sind zwei Varianten denkbar:

- Das Wohnungsunternehmen rechnet wechselseitig Leistungen mit den Mietern und den Dienstleistern ab. Es schaltet sich sozusagen zwischen Mieter und Dienstleister. Das ist ein vergleichsweise aufwendiges Vorgehen, das zudem eindeutig im Rahmen von Vereinbarungen abgebildet werden muss.

- Das Wohnungsunternehmen macht auf Dienstleister aufmerksam (unverbindliche Empfehlungen für Mieter) oder schließt Kooperationsvereinbarungen mit Dienstleistern, damit Einfluss auf den Dienstleister genommen werden kann. Beispielsweise für Zwecke der Qualitätssicherung, des Leistungsumfanges und der Preisgestaltung.

Das Modell des Wohnungsunternehmens als Full-Service-Anbieter findet sich in keinem der beobachteten Projekte. In Schönebeck stellt es eine Variante dar, dass sich die SWB in Schönebeck mit anderen Partnern zusammen um die Gründung des Vereins "Selbstbestimmt Wohnen e.V." gekümmert hat, der die Telehilfe als Betreiber der Servicezentrale und des Notrufs betreibt.

4.3.4 Der Technikhersteller als Anbieter von Finanzierungsmodellen

Auch Technikanbieter können sich sehr weit in ein alternatives Geschäftsmodell hinein begeben. Sie könnten auf der Grundlage von eigenen Planungs- und Entwicklungsleistungen sowie Marktanalysen mit den Wohnungsunternehmen Gestattungsverträge schließen und in den Wohnungen Geräte installieren und betreiben. Sie könnten IKT-Zusatzkosten bündeln sowie Reparatur- und Wartungskosten pauschalieren.

Abbildung 17: Kostenzuordnung bei Technikhersteller als Anbieter von Finanzierungsmodellen

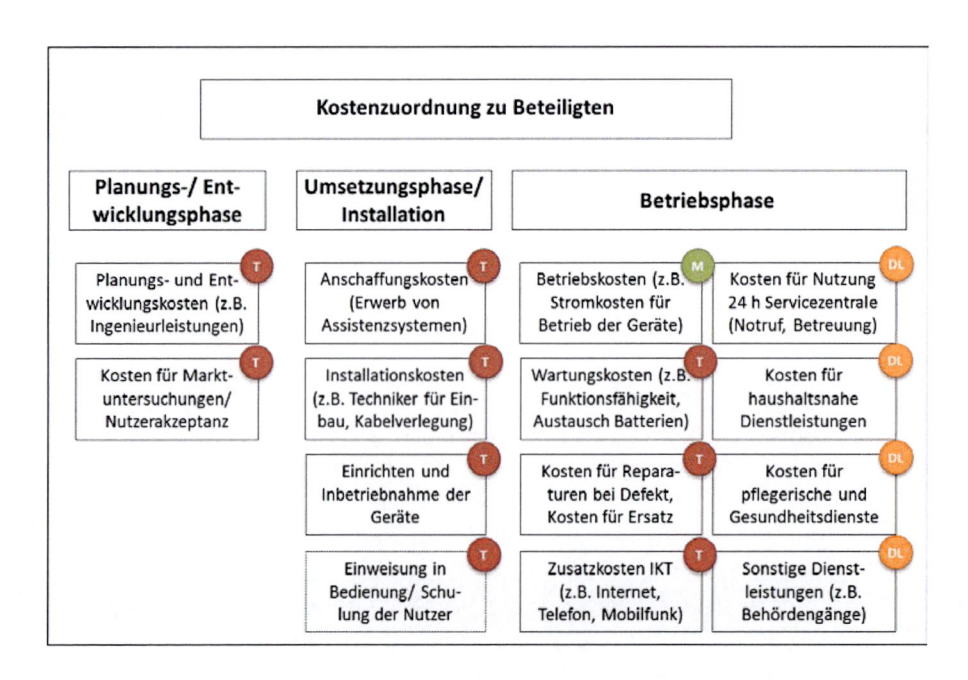

Quelle: Eigene Darstellung

Denkbar sind verschiedene Modellvarianten:

- Der Technikhersteller kalkuliert sein Entgelt auf der Grundlage einer einzigen Servicepauschale, die Gerätemiete und Wartungs- sowie Reparaturkomponenten etc. umfasst.
- Der Technikanbieter kalkuliert einen Kaufpreis für die technischen Assistenzsysteme und eine Servicepauschale für Wartung, Reparatur und beispielsweise IKT-Zusatzkosten.

- Der Technikanbieter kann direkt mit dem Wohnungsunternehmen abrechnen, das seinerseits gegenüber dem Mieter in unterschiedlichen Varianten abrechnet, oder wendet sich direkt an den Mieter.

Ob diese Variante überhaupt infrage kommt und mit welchem Abrechnungssystem, hängt von der Ausgestaltung des Technikpaketes zusammen. Überdies ist auch zu klären, ob es sich um einen Technikanbieter handelt oder mehrere.

Der Mieter kann die Dienstleistungsangebote separat nutzen und bezahlen. Zwar ist es auch denkbar, dass der Technikanbieter Dienstleistungsangebote integriert, dieser Aspekte soll hier aber nicht weiter verfolgt werden.

Ansätze, in denen der Technikhersteller als Anbieter von Finanzierungsmodellen auftritt, konnten wir nicht identifizieren.

4.3.5 Mieterhaushalte als Eigentümer von Komponenten

In der letzten Variation des Grundmodells rückt der Mieter in den Fokus der Betrachtungen. Auch der Mieter kann technische Assistenzsysteme erwerben und installieren lassen. Sofern dafür bauliche Veränderungen mit Substanzeingriff erforderlich sind, ist die Zustimmung des Vermieters erforderlich. In der Regel wird der vollständige Rückbau bei Auszug zur Auflage gemacht. Bei frühzeitiger Abstimmung sind Vermieter immer häufiger bereit, Regelungen über den Verbleib der technischen Assistenzsysteme mit dem Mieter zu vereinbaren.

Abbildung 18: Kostenzuordnung bei Mieterhaushalt als Eigentümer der Komponenten

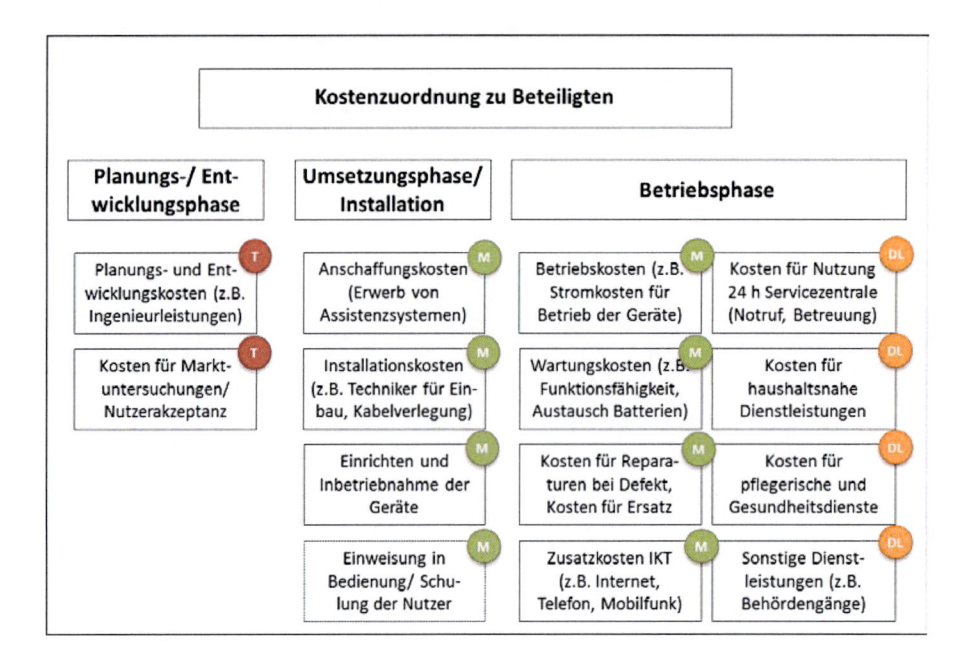

	Kostenzuordnung zu Beteiligten		
Planungs-/ Entwicklungsphase	**Umsetzungsphase/ Installation**	**Betriebsphase**	
Planungs- und Entwicklungskosten (z.B. Ingenieurleistungen) [T]	Anschaffungskosten (Erwerb von Assistenzsystemen) [M]	Betriebskosten (z.B. Stromkosten für Betrieb der Geräte) [M]	Kosten für Nutzung 24 h Servicezentrale (Notruf, Betreuung) [DL]
Kosten für Marktuntersuchungen/ Nutzerakzeptanz [T]	Installationskosten (z.B. Techniker für Einbau, Kabelverlegung) [M]	Wartungskosten (z.B. Funktionsfähigkeit, Austausch Batterien) [M]	Kosten für haushaltsnahe Dienstleistungen [DL]
	Einrichten und Inbetriebnahme der Geräte [M]	Kosten für Reparaturen bei Defekt, Kosten für Ersatz [M]	Kosten für pflegerische und Gesundheitsdienste [DL]
	Einweisung in Bedienung/ Schulung der Nutzer [M]	Zusatzkosten IKT (z.B. Internet, Telefon, Mobilfunk) [M]	Sonstige Dienstleistungen (z.B. Behördengänge) [DL]

Quelle: Eigene Darstellung

Dieses Modell eignet sich insbesondere dann, wenn technische Assistenzsysteme verwendet werden, die überwiegend auf Funkbasis operieren und damit keine feste Installation oder Verkabelung in der Wohnung erforderlich ist.

Dienstleistungen ordert der Mieterhaushalt – wie in den anderen Beispielen auch – am freien Markt oder auf Empfehlung des Wohnungsunternehmens.

4.4
Resümee und weiterführende Ansätze

Trotz des vielfach dokumentierten Nutzens sowohl für den Mieter als auch für eine größere Zahl weiterer Akteure haben sich AAL-Technologien noch nicht auf breiter Front durchgesetzt. Dies bestätigt auch die im Rahmen dieses Forschungsprojektes durchgeführte Befragung bei den GdW-angehörigen Wohnungsunternehmen. Als wesentliche Ursache wird dabei kritisiert, dass keine intelligenten Geschäftsmodelle entwickelt worden sind, um den Markt zu erschließen.

Die Analyse der Unternehmensbeispiele zeigt, dass derzeit noch nicht alle Fragestellungen abschließend geklärt sind, um Geschäftsmodellvarianten auch für umfassende technische Assistenzsysteme in Kombination mit Dienstleistungsangeboten zu erarbeiten.

Die Vorhaben der SWB Schönebeck sowie der Joseph-Stiftung in Bamberg sowie der degewo in Berlin sind als reife Geschäftsmodelltypen aufzufassen, die jeweils einen Ausschnitt der möglichen Leistungspalette von technischen Assistenzsystemen abbilden. Für diesen Ausschnitt haben sie sich bewährt.

Angesichts der zunehmenden Möglichkeit, einzelne oder Kombinationen von technischen Ausstattungskomponenten ohne größeren baulichen Aufwand in einer Wohnung nachzurüsten (wie beispielsweise Einbruchsensoren, Herdabschaltung, medizinische Geräte) lassen sich AAL-Funktionalitäten bei Bedarf und ausreichender Zahlungsfähigkeit und -bereitschaft der Mieter von den Wohnungsunternehmen im Rahmen des bestehenden, nachhaltigen Geschäftsmodells anwenden.

Aus den Unternehmensbeispielen ist es (noch) nicht möglich, allgemeingültige Geschäftsmodelle abzuleiten. In Kapitel 4.3 haben wir aus den Elementen, die in den analysierten Projekten beobachtet werden konnten, alternative Geschäftsmodelle formuliert. Sie sollen Wege aufzeigen, wie Geschäftsmodelle aufgebaut werden können. Sie zeigen auch, dass viele Detailfragestellungen zu lösen sind und die Ausgestaltung solcher Modelle rasch eine größere Komplexität annimmt, mit der sich die Beteiligten auseinandersetzen müssen.

Geht man beispielsweise von einem Notrufsystem als Basisausstattung wie bei der SWB Schönebeck aus, so könnte man erwägen, weitere technische Assistenzsysteme wie einen Falldetektor fest in das Konzept zu integrieren. Während ein optionales Zusatzangebot ein anderes bzw. zusätzliches Kundensegment erschließen hilft, kann eine feste Kombination mit den bisherigen Produkten dazu führen, dass die Kunden sich nicht mehr angesprochen fühlen. Das kann einerseits damit zusammenhängen, dass der zusätzliche Nutzen nicht von jedem Kunden als vorteilhaft wahrgenommen wird. Andererseits kann eine mögliche ablehnende Haltung bisheriger Kunden darin zu sehen sein, dass durch die zusätzliche Leistung höhere Kosten entstehen und die Miete entsprechend erhöht werden muss, sodass sich bisherige Kundengruppen das Angebot nicht mehr leisten können. Womöglich sind für die Zusatzleistungen weitere Technikpartner erforderlich oder es entstehen im Betrieb höhere Kosten. Ist das Zusatzprodukt in der Nutzung erklärungsbedürftig, so muss die Kundenbeziehung anders aufgebaut werden.

Die Entwicklung eines Geschäftsmodells und dessen Optimierung ist daher ein iterativer Prozess, der vergleichsweise komplex ist und mit verhältnismäßig hohem Aufwand verbunden ist. Wie die Erprobungs- und Forschungsvorhaben zeigen, lassen sich verschiedene Erkenntnisse nur in der Praxis gewinnen, beispielsweise durch Markttests unter möglichst realitätsnahen Bedingungen. Es ist daher nicht verwunderlich, dass mehrere der Erprobungs- und Forschungsprojekte an einem Geschäftsmodell arbeiten, aber bislang dazu noch keine (abschließenden) Ergebnisse vorgelegt haben.

Die beiden Projektkonstellationen der SWB Schönebeck und SOPHIA (Joseph-Stiftung, Bamberg/degewo, Berlin) weisen bereits eine beachtliche Komplexität auf, sind aber von der Grundidee her noch vergleichsweise einfach und überschaubar gehalten. Überschaubar bleiben viele Konzepte, solange auf bestehende Leistungen in funktionierenden Geschäftsmodellen zurückgegriffen werden kann, während die Komplexität umso rascher ansteigt, je mehr Aspekte neu berücksichtigt werden müssen.

Betrachtet man die alternativ skizzierten Geschäftsmodellansätze in Kapitel 4.3, so konnten insbesondere klassische wohnungswirtschaftliche Modelle mit Erweiterungen (Kapitel 4.3.1 und 4.3.2) identifiziert werden. Die Weiterentwicklung in Richtung der genannten anderen Typen – Wohnungsunternehmen als Full-Service-Anbieter, Technikhersteller als Anbieter von Finanzierungsleistungen oder gar als zentraler Aggregator – steht noch aus.

Wohnungsunternehmen können die Weiterentwicklung nicht allein, sondern nur in Zusammenarbeit mit Partnern leisten, hier insbesondere den Technikherstellern, aber auch den Dienstleistungsanbietern. Gleichwohl kommt Wohnungsunternehmen aufgrund ihrer Position bei der Entwicklung von Geschäftsmodellen bzw. der Entwicklung des Marktes für AAL-Projekte eine Schlüsselrolle zu. Wohnungsunternehmen …

- … besetzen die Schnittstelle zum Anwender, d. h. dem Mieter einer Wohnung, der zugleich als Kunde für den Erwerb von Technologien und die Beauftragung von Serviceleistungen aktiv werden kann.

- … können "Verfügungsrechte" über die Wohnung zur Installation von Technologien, wie beispielsweise einer Basisinfrastruktur gewähren.

- … können die Funktion von "Orchestratoren" in einem kooperativen Leistungsmodell verschiedener Technik- und Dienstleistungsanbieter übernehmen oder eng in unterschiedlich gestalteten Beziehungsgeflechten mit diesen kooperieren.

- … haben ein eigenes Interesse daran, Kundenbindung zu erhöhen und können durch den längeren Verbleib in der Wohnung "Sekundärerträge" generieren (vermiedene oder hinausgezögerte Aufwendungen, ggf. höhere Sollmieterträge).

- … treten letztlich selbst als Kunden für Technikanbieter auf, weil sie die erforderlichen Technologien selbst erwerben und anschließend im Rahmen des eigenen Geschäftsmodells anwenden können.

Der zuletzt genannte Aspekt ist sehr wichtig: Die Wohnungswirtschaft verfügt bereits über ein eigenes, nachhaltiges Geschäftsmodell, über das auch AAL-Technologien angeboten werden können. Allerdings können damit keine ausreichenden Impulse gegeben werden, um dem Markt für AAL-Technologien damit zu einem Durchbruch zu verhelfen.

Auch wenn sich die in Kapitel 4.3 dargestellten Modelle in ihrer Grundanlage deutlich voneinander unterscheiden, so haben sie eine wichtige Gemeinsamkeit: In jedem Modell trägt der Mieterhaushalt grundsätzlich einen höheren Kostenanteil, wenn nicht gar die Hauptlast, und zwar unabhängig davon, wie sich der jeweilige Entgeltbestandteil (einmalig, monatlich regelmäßig) aufbaut oder bezeichnet wird (Kaufpreis, Miete, Servicepauschale).

Dienstleistungs- und Technikanbieter können ihre Leistungen und Produkte so günstig wie möglich anbieten, sie müssen jedoch kostendeckend arbeiten bzw. die anvisierte Gewinnmarge erreichen.

Will man Kosten und Nutzen objektiv bewerten, so entsteht bei Wohnungsunternehmen der schwer quantifizierbare Nutzen, dass Mieterhaushalte mit technischen Assistenzsystemen zufriedener sind und länger in der Wohnung verbleiben. In einem Modell, in dem sie einen Großteil der Kosten für Installation und Betrieb tragen, wie es dem klassischen Geschäftsmodell entspricht, besteht die Gefahr, dass Kosten, die der Mieter nicht durch eine höhere Nettokaltmiete oder im Rahmen von Wartungs- oder sonstigen Pauschalen aufbringen bzw. refinanzieren kann, zwangsläufig vom Wohnungsunternehmen übernommen werden (müssen).

Das ist der Verlustfall für das Wohnungsunternehmen, der dann eintritt, wenn die Kosten für Installation und Betrieb nicht durch direkte und indirekte Erträge wieder eingespielt werden können. Das klassische Geschäftsmodell der Wohnungswirtschaft stößt damit an seine Grenze, wenn die Kosten für die Technikausstattung und für die zusätzlichen Serviceangebote so hoch ausfallen, dass die Zahlungsbereitschaft der Mieter überschritten wird und die Kosten für die technischen Assistenzsysteme nicht in einer ausreichend hohen Nettokaltmiete abgebildet werden können.

Aus dem Blickwinkel der Wohnungswirtschaft besteht zudem das Risiko, dass Investitionen in die Wohnungsbestände auf Dauer verloren sind, wenn nachfolgende Mieter in Wohnungen verbaute Komponenten nicht nutzen bzw. nicht bereit sind, dafür eine höhere Nettokaltmiete zu entrichten, beispielsweise weil sie keinen entsprechenden Hilfe- und Unterstützungsbedarf besitzen oder den Nutzen der technischen Assistenzsysteme anders bewerten als der Vormieter.

Sind die technischen Assistenzsysteme fest in der Wohnung installiert, dann muss bei der Vermietung darauf geachtet werden, dass die Interessenten dafür eine Zahlungsbereitschaft besitzen. Dadurch wird der Kreis der Interessenten eingeschränkt.

Es ist daher empfehlenswert, auf der Grundlage der Ergebnisse dieses Forschungsvorhabens die skizzierten Geschäftsmodellalternativen mit ausgewählten Wohnungsunternehmen und deren Schlüsselpartnern systematisch für die Anwendung in einem größeren Wohnungsbestand weiterzuentwickeln.

5
Empfehlungen und Zusammenfassung

5.1
Zukunftsweisende Technikausstattung

5.1.1
Externe Infrastrukturanbindung der Wohngebäude

Eine leistungsfähige elektronische Kommunikation innerhalb der Wohngebäude erfordert eine breitbandige Kommunikationsanbindung der Wohngebäude an die Außenwelt. Die Datenanbindung muss so beschaffen sein, dass sie für Unterhaltungsangebote ebenso wie für eine Datenkommunikation in den Bereichen Sprache, Video, Telemetrie, Gebäudesteuerung und personenbezogene Daten, zum Beispiel Vitaldaten, geeignet ist.

Telekommunikations- und Wohnungsunternehmen ist das Interesse an einer auf hochauflösende TV-Übertragungen (High Definition – HD) und schnelle Internetanbindungen gerichteten Strategie gemeinsam. Dies gilt unabhängig von Eigentümerstruktur und Größe der Unternehmen. Nicht nur TV-Angebote über das Internet fordern zukünftig immer höhere Übertragungsgeschwindigkeiten. Auch Onlinespiele und Herunterladen von Bildern und Videos aus dem Netz oder Hochladen eigener Daten in einen externen Onlinespeicher lassen den Bedarf an hohen Übertragungsgeschwindigkeiten ebenso steigen wie Gebäude- und Personendaten, die zunehmend zum Beispiel aus Heizungsanlagen, Gebäude- und Vitalsensoren gewonnen, mit Dritten ausgetauscht oder in eine Cloud abgelegt und wieder abgerufen werden.

Wohnungsunternehmen sollten darauf achten, dass mindestens eine breitbandige, kabelgebundene, bidirektionale Infrastruktur (xDSL, Kabelinternet) am Wohngebäude nutzbar ist. Um unter Wettbewerbsaspekten die Medienversorgung der Wohngebäude nicht nur einem Anbieter auf einer Infrastruktur zu überlassen, sollten derzeit möglichst mindestens zwei voneinander unabhängige breitbandige Infrastrukturen verfügbar sein. Zur langfristigen Sicherung einer bestmöglichen Breitbandversorgung wird empfohlen, Glasfaseranbindungen bis zum Wohngebäude bereits jetzt anlassbezogen bei Sanierungen, Ausschreibungen und Vertragsverlängerungen zu prüfen und bei gegebener Wirtschaftlichkeit auch zu realisieren.

5.1.2
Infrastruktur in den Wohngebäuden

Eine Basisinfrastruktur für Wohngebäude muss zunächst einen breitbandigen Internetanschluss und ein hochwertiges TV-Signal für alle Wohnungen gewährleisten. Die klassische Lösung ist ein sternförmiges, rückkanalfähiges Koaxialnetz, das in den meisten Wohnungen neben einem DSL-fähigen Telefon-Zweidrahtsystem bereits vorhanden und bei Neubauten einfach neu zu installieren ist.

Im Hinblick auf den zunehmenden Bandbreitenbedarf und erhöhte Komfort- und Funktionsansprüche sollte von bisher in Wohnbereichen üblichen hersteller- und anwendungsbezogenen Kabelsystemen zu langfristig nutzbaren LAN-ähnlichen Kabelinfrastrukturen nach dem Prinzip der strukturierten Verkabelung übergegangen werden.[51] So wird von wohnungswirtschaftlichen Verbänden schon seit Ende der 1990er-Jahre neben dem üblichen Koaxialkabel (Schirmungsklasse A) für die anforderungsgerechte Versorgung der Endnutzer je Wohnung die Installation von vier Doppeladern Kupfer (Kategorie 5 bzw. 6 oder höher) sowie die Errichtung definierter Haus- und Wohnungsübergabepunkte (HÜP/WÜP) empfohlen.

Jüngsten Empfehlungen zufolge werden Lichtwellenleiter (LWL) bzw. Glasfaserkabel[52] aufgrund ihrer physikalischen Eigenschaften wie hohe Bandbreite, Störstrahlungsfreiheit und geringer Platzbedarf bei der Verlegung nicht nur außerhalb, sondern auch innerhalb der Gebäude als Zukunftsinfrastruktur empfohlen.[53] Allerdings dürften Lichtwellenleiter langfristig eher die Telefon- und Koaxialkabel und nicht die strukturierte Verkabelung ersetzen. Danach ist für Wohnungsunternehmen der folgende Umgang mit LWL empfehlenswert, wobei hier zunächst nur der Einbau der passiven, also nicht mit Lichtsignalen beschalteten Leitung gemeint ist:

- Bei anstehenden Modernisierungs-/Sanierungsmaßnahmen sind Leerrohre für Glasfaser und/oder LWL-Netze zu installieren. Dies gilt auch bei rückkanal- und damit internetfähigen koaxialen TV-Netzen.

- Bei veralteten koaxialen TV-Netzen sind die TV-Netze zu erneuern und zusätzlich Leerrohre und/oder Glasfasernetze zu installieren. Dies gilt auch bei noch langen Restlaufzeiten von Verträgen.

- Bei in Kürze (ein bis zwei Jahre) auslaufenden Gestattungsverträgen gilt speziell:

    - Bei leistungsfähigen koaxialen TV-Netzen sind aktuell keine Glasfaserinvestitionen in Gebäudenetze notwendig. Eine Glasfaseranbindung des Gebäudes sollte aber in jedem Fall geprüft werden.

    - Bei veralteten koaxialen TV-Netzen sind die TV-Netze zu erneuern und zusätzlich Leerrohre und/oder Glasfasernetze zu installieren.

---

[51] Vgl GdW 2007, S. 64ff
[52] Lichtwellenleiter (LWL) ist der Oberbegriff für alle Licht-leitenden Leitungen. Die Glasfaser ist der allgemein bekannteste spezielle Lichtwellenleiter (LWL), dessen Fasern aus Glas bestehen.
[53] Vgl. im Folgenden GdW 2013, S. 16ff

– Für Glasfasernetze bis in die Wohnung (FTTH) gilt generell vorzugsweise eine Verlegung von mehr als einer Faser (bis zu vier Fasern) pro Wohnung.

5.1.3
AAL-Infrastruktur für Gebäude und Wohnung

Entgegen den Empfehlungen im vorherigen Absatz ist die Infrastrukturrealität in Wohngebäuden im Regelfall auf die Ausstattung mit Telefon- und TV-Kabelnetzen beschränkt. Zwar sind auch diese Netzstrukturen im Zusammenspiel mit Funktechnologien für zahlreiche AAL-Anwendungen nutzbar, jedoch in der Regel dafür nicht ausreichend.

Dagegen schafft die oben schon beschriebene strukturierte Verkabelung mittels Doppeladern (Kategorie 5 oder höher) gute Voraussetzungen für eine Vernetzung von Sensoren und Aktoren. Diese bisher fast nur in Bürogebäuden verbreitete Infrastruktur wurde zum Beispiel auch beim "AlterLeben"-Projekt der Wohnungsbaugenossenschaft Burgstädt eG in einzelnen Wohnungen erst neu geschaffen.

Die Anforderungen an eine zeitgemäße Basisinfrastruktur werden in der nachfolgenden Abbildung auf drei Ebenen dargestellt. Die Empfehlungen folgen dem Prinzip, dass alle komplexen Versorgungsanforderungen des Mieters erfüllt werden und ein Anschluss an alle existierenden Netze möglich ist.

Im Steigebereich werden die Verlegung eines TV-Koaxialkabels sowie eines Datenkabels mit vier Doppeladern empfohlen.

Dies wird im Etagenbereich fortgeführt. Die Verlegung der Kabel sollte in ausreichenden dimensionierten Leerrohren erfolgen, die weitere Verkabelungen (zum Beispiel Lichtwellenleiter) aufnehmen können.

Im Wohnungsbereich sollten Leerrohre mit einem Koaxialkabel und einem Datenkabel ringförmig in jeden Raum (ein Kabel/Raum) und Universaldosen installiert oder zumindest vorbereitet werden.

Damit können komplexe Anwendungen (xDSL, Homeworking, ...), eine volle Mobilität der Endgeräte und eine Nachinstallation neuer Medien ermöglicht werden.

Abbildung 19: Vorschlag für eine Gebäude- und Wohnungsverkabelung, Stufe *** "Future Multimedia"

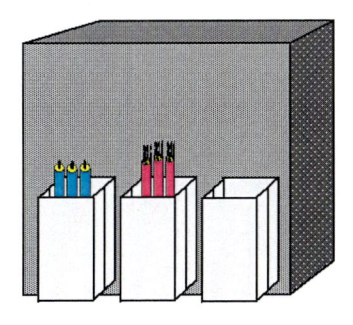

Verkabelung im Steigebereich:

Sternnetz mit.
Koaxialkabel (862 MHz)
Datenkabel mit 4 DA
(Kat. 5 oder besser, für
100BaseT, ATMF155)
in Kanälen verlegt
ein zusätzlicher Kanal

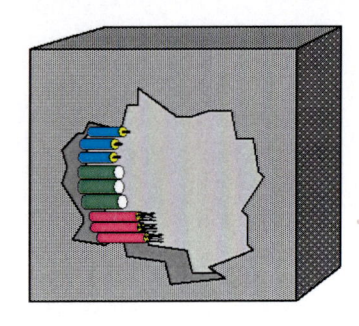

Verkabelung im Etagenbereich:

Sternnetz mit
Koaxialkabel (862 MHz)
Datenkabel mit 4 DA
(Kat. 5 oder besser, für
100BaseT, ATMF155)
unter Putz verlegt
ein zusätzliches Leerrohr

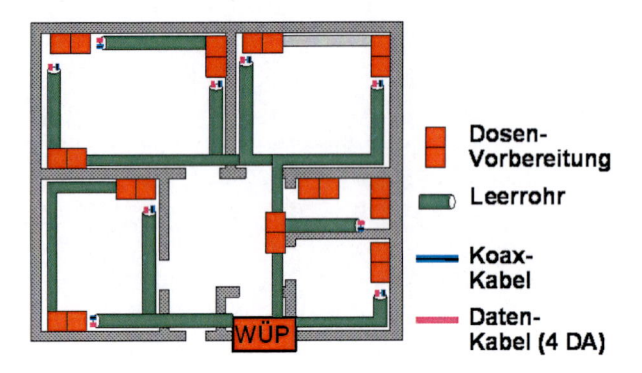

- Dosen-Vorbereitung
- Leerrohr
- Koax-Kabel
- Daten-Kabel (4 DA)

Quellen: BBU/Deutsche Telekom/GdW

Auch die seit Jahren gültige DIN EN 50173-4, die die Errichtung anwendungsneutraler Kommunikationskabelanlagen in Wohnungen beschreibt, hat die Installationen strukturierter Kabelinfrastrukturen in Wohngebäuden bisher nicht befördert. Für Planer und Wohnungsunternehmen bietet sie jedoch eine gute Orientierung. Im Einklang mit den obigen Empfehlungen zur Stufe "Future Multimedia" schreibt sie unter anderem vor, alle Anschluss- und Übertragungseinrichtungen (Übergabedose und Geräte wie Splitter, Kabelmodem etc.) in zentralen Wohneinheitenverteilern und Teilnehmerdosen in jedem Raum zu platzieren.

5.1.4
Umsetzungsstrategien

Technikorientierte Empfehlungen – Erkenntnisse aus den betrachteten Projekten

Technische Assistenzsysteme haben aus wohnungswirtschaftlicher Perspektive für die Betreuung ihrer Mieter unterstützende Bedeutung[54]. So entspricht das wohnungswirtschaftliche Konzept des vernetzten Wohnens einem Drei-Säulen-Modell.[55] Die erste Säule bilden Neubauten und Umbauten im Bestand mit dem Ziel der Herstellung barrierearmer oder barrierefreier Wohnungen. Eine zweite Säule sind technische Einrichtungen, die teilweise direkt auf Menschen mit Mobilitätseinschränkungen und teilweise auf eine generelle Erhöhung des Bedienkomforts zielen. Die dritte Säule bildet das vernetzte Wohnen, das die Schritte 1 und 2 kombiniert und um seit Jahren vorhandene und um neue zielgruppenorientierte Dienstleistungen ergänzt. Die drei Säulen sind fast beliebig kombinierbar.

---

[54] Wedemeier 2012, S. 169
[55] Vgl. im Folgenden ebenda, S. 170f.

In der wohnungswirtschaftlichen Praxis haben seit Jahrzehnten Serviceleistungen, die Bestandteil der dritten Säule sind, eine hohe Bedeutung – jedoch im Regelfall ohne einen Bezug zu technischen Systemen.

Damit können unter Beachtung der genannten generellen Anforderungen an eine Gebäudeinfrastruktur aus den betrachteten Projekten die nachfolgenden Empfehlungen abgeleitet werden:

a) Kabelgebundene Systeme als Basisinfrastruktur Funksystemen vorziehen

Die Erfahrungen der Wohnungsunternehmen in den betrachteten Projekten bestätigen, dass der Fokus der Infrastruktur zunächst auf kabelgebundene Systeme zu legen ist. Kabelgebundene Systeme weisen im Vergleich zu Funksystemen eine höhere Zuverlässigkeit und Leistungsfähigkeit auf.

Unabhängig ist bei Umrüstungen im Gebäudebestand auch vielfach eine Kombination von Kabel- und Funksystemen wirtschaftlich und technisch sinnvoll. Funk wird immer dann angezeigt sein, wenn unklar ist, wo ein Sensor/Lichtschalter etc. installiert werden muss. Ein Nachteil der Verkabelung ist, dass alle Wohnungen installiert werden müssen, auch wenn nur ein Teil der Wohnungen im Laufe der Zeit AAL-Ausstattungen erhalten.

Funklösungen haben den Nachteil, dass sie im Bereich der Aktorik eine Stromversorgung benötigen. Wenn eine Stromversorgung vorhanden ist (zum Beispiel schaltbare Steckdose), ist dies unproblematisch. Anderenfalls müssen entsprechende Stellen vorgerüstet werden.

b) Strukturierte Verkabelung in Neubauten zum Standard machen

Unter AAL-Aspekten ist es empfehlenswert, eine strukturierte Verkabelung zumindest bei Neubauten in ausreichend dimensionierten Leerrohren von vornherein vorzusehen. Hierbei ist mit zusätzlichen Kosten in Höhe von rund 1.000 EUR pro Wohnung zu rechnen. Damit ist es möglich, zu einem späteren Zeitpunkt nachträglich ohne einen unvertretbaren Kostenaufwand weitere Verkabelungen wie eine LWL-Struktur einzurichten.[56] Beide Strukturen sind in der Lage, alle anfallenden Daten sowohl von außerhalb in die Wohnungen als auch in umgekehrter Richtung zu übertragen. Zudem sind an zentralen Punkten sowie an Punkten, an denen Aktoren vorgesehen sind, Stromanschlüsse vorzusehen.

Über die hier betrachteten Unternehmen und Projekte hinaus planen einzelne Wohnungsunternehmen bereits, in Neubauten künftig nur noch Stromleitungen und Lichtwellenleiter zu installieren und damit sowohl auf Telefonleitungen als auch auf koaxiale TV-Kabel zu verzichten. Rein technisch betrachtet handelt es sich hierbei um die Infrastruktur der Zukunft. Eine reine Lichtwellenleiter-Struktur

---

[56] Vgl. GdW 2013

bietet höchstmögliche Übertragungsraten, ist jedoch noch nicht praxiserprobt und technisch anspruchsvoll.[57]

c) Strukturierte Verkabelungen in Bestandsbauten bei allen Sanierungen und auslaufenden sowie neuen Netzbetreiber-Verträgen installieren

Hohe Basisinfrastrukturkosten stehen nach den Erfahrungen vieler Unternehmen häufig dem Ziel entgegen, dass AAL-Pakete kostendeckend und bezahlbar angeboten werden können. Daher ist es aus Sicht der Wohnungsunternehmen sinnvoll, alle geplanten Sanierungen – energetische und barrierereduzierende – auch dafür zu nutzen, die Wohnungen für den möglichen Einsatz von AAL-Systemen vorzubereiten. In Bestandsbauten sollten zudem vor jedem angedachten Vertragswechsel oder einer Vertragsverlängerung mit einem Netzbetreiber sowie bei jeder anstehenden Modernisierung die Möglichkeiten einer strukturierten Verkabelung wirtschaftlich geprüft und ggf. realisiert werden.

d) Empfehlungen für eine Infrastruktur-Standardausstattung mit AAL-Komponenten

Die Ausstattungsvarianten für eine gebäudeinterne Infrastruktur sind vielfältig und reichen bis zu einer High-End-Ausstattung, die hier nicht betrachtet werden soll. Das Ausstattungsspektrum einer Wohnung ist in der nachfolgenden Abbildung 20 dargestellt.

Abbildung 20: Ausstattungsvarianten einer Wohnungsinfrastruktur

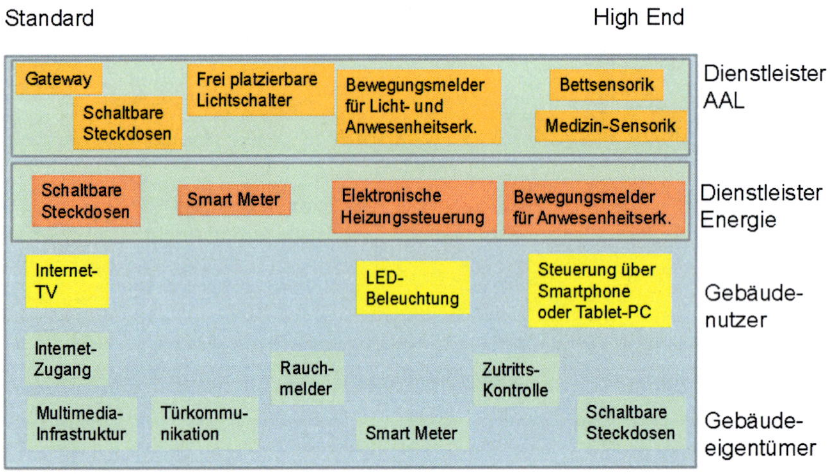

Quelle: Prof. Dr. Viktor Grinewitschus, EBZ Business School, Bochum

Zur Standardausstattung zählen danach eine kabelgebundene Multimedia-Infrastruktur, mindestens ein Gateway, Türkommunikation bzw. Zutrittskontrolle, schaltbare Steckdosen, Rauchmelder, Internetzugang sowie TV-Angebote. Selbst diese "Standardausstattung" entspricht aktuell eher einer "Komfortstufe".

Die Abbildung verdeutlicht, dass zumindest derzeit die Internet- bzw. Breitbandversorgung der Wohnung im Regelfall unabhängig

---

[57] Beispiel: Da noch nicht alle Endgeräte über optische Eingänge verfügen, ist eine hohe Zahl von optisch-elektrischen Wandlern erforderlich.

vom anwendungsbezogenen Gateway ist. Dieses stellt ebenfalls eine Internetverbindung zwischen der konkreten Anwendungshardware und dem Diensteanbieter her. Entsprechend ordnet die Abbildung das Gateway dem Dienstleister und den Internetzugang dem Gebäudenutzer bzw. dem Gebäudeeigentümer zu.

Zudem fällt auf, dass es zukünftig mehrere Geräte zur Erfassung des Energieverbrauches mit Smart Meter (elektronischer Zähler) geben könnte. Zum einen geht es um die elektrische Energie (gehört in der Regel zur Basisausstattung der Wohnung), zum anderen um die Wärmeenergie/Wasser (bringt der Dienstleister in die Wohnung). Natürlich wären alle Verbrauchserfassungen auch über ein Smart Meter möglich und letztlich auch wirtschaftlicher zu gestalten. Die Frage wird sein, inwieweit und für wen der Zugriff auf die Verbrauchsdaten für Anwendungen (zum Beispiel AAL) möglich sein wird oder ob dort ggf. weitere Geräte notwendig sein werden (zum Beispiel für Zwecke des Lastmanagements).

Empfehlenswert wäre, dass der Gebäudeeigentümer das installiert, was bei einem Großteil der Wohnungen benötigt wird oder bei der Nachinstallation Probleme macht und löst so Skaleneffekte aus. Diese Infrastruktur könnte durch den Mieter ergänzt werden, der den Vorteil hat, dass er zusätzliche Elemente mit einem überschaubaren Aufwand nutzen kann. Dienstleister (im Energie- oder AAL-Bereich) könnten dann ebenfalls ihre "eigenen" Geräte mitbringen und zum Beispiel per Funk einbinden.

Bei den Projektpartnern besteht Übereinstimmung, dass eine von unterschiedlichen Anwendungen gemeinsam getragene Infrastruktur deutliche Kostenvorteile bringt und somit die Wirtschaftlichkeit von Investitionen für die Errichtung und den Betrieb von technischen Assistenzsystemen verbessert. Ein mögliches Zusammenwachsen zwischen den derzeit getrennten technischen Welten des Anwendungs-Gateways und des Internet-Gateways wird später beschrieben.

— Basisausstattung und Erweiterungen

Empfohlen wird, eine Basisausstattung mit technischen Assistenzsystemen im Rahmen des Modernisierungszyklus vorzunehmen.[58]

Darüber hinaus wird eine Nachrüstung von Assistenzsystemen bei Einzelmodernisierungen im Zuge von Mieterwechseln empfohlen.

Für Regionen mit prognostizierten überdurchschnittlichen Bevölkerungsverlusten sind differenzierte Strategien gefragt. Die Bandbreite der Maßnahmen kann hier von zielgerichteten Nachrüstungen bis zu Konzepten temporären Wohnens reichen, die zum Beispiel nach dem Abriss nicht mehr von älteren Menschen zu bewohnenden Beständen die Schaffung einzelner barrierearmer und mit Assistenzsystemen bestückter Neubauten[59] umfassen.

---

[58] Ein entsprechendes Konzept wird derzeit zum Beispiel teilweise von den Unternehmen Wewobau, Zwickau, und STÄWOG, Bremerhaven, geplant.

[59] In Bamberg entstand im Dezember 2012 in Zusammenarbeit mit der Joseph-Stiftung, der SOPHIA Living Network GmbH, dem Fertighaushersteller "SmartHouse" ein Living-Lab, das barrierearm und mit unterschiedlicher Technik ausgestattet ist. Dieses SmartHouse wird in verschiedenen Ausstattungsvarianten aktiv vermarktet. Vgl. dazu SOPHIA Living Network

Ein erster Schritt für eine wirtschaftliche Nachrüstung technischer Assistenzsysteme ist damit zunächst die Ausstattung der entsprechenden Wohnungen und Gebäude mit einer kabelbasierten Infrastruktur gemäß den oben genannten Empfehlungen a) bis c). Diese Ausstattung kann dem Modernisierungszyklus folgen und ist – da generationenunabhängig – nicht auf barrierearme oder barrierefreie Wohnungen beschränkt.

Ein zweiter Schritt ist der Einstieg in ein modulares Konzept technischer Assistenzsysteme. Nach den Nutzererfahrungen aus den betrachteten Projekten werden sicherheitsorientierte Anwendungen, die auch Komfortfunktion aufweisen, am stärksten nachgefragt.

Damit erscheint ein Basispaket Sicherheit/Komfort mit einer zentralen Ein-/Aus-Funktion nachfragerecht, wobei auch alternative bzw. weitere Anwendungen möglich sind:

- Licht/Strom – Ein/Aus-Funktion mit

- Bedienung über ein Panel an der Tür

- Optionale Bedienung über ein Smartphone oder Tablet

- Finanzierungsoptionen

Finanzierungsoptionen für dieses Modell sind ein Mieteranteil in Höhe von etwa 5 bis 15 EUR/Monat. Sollte dies nicht kostendeckend sein, müssen eine zusätzliche Querfinanzierung innerhalb des Unternehmens sowie eine Mitfinanzierung durch Dritte (zum Beispiel Technikpartner oder Sozialkassen) realisiert werden.

Eine Finanzierungsalternative ist eine Verbindung dieses Basispakets mit einer Heizungs- und Temperatursteuerung mit dem Ziel, die Kostenbelastung für den Mieter warmmietenneutral zu gestalten. Das Panel an der Eingangstür würde dadurch um entsprechende Bedienfunktionen erweitert.

Ein solcher Ansatz könnte auch mit weiteren optionalen Erweiterungen gegen einen individuellen Aufpreis verbunden werden. Beispiele sind:

- Herd Ein/Aus
- Kommunikationspaket, elektronisches Schwarzes Brett
- Video-Eingangstüren/ggf. in Verbindung mit elektronischem/biometrischem Schlüssel
- Rollläden- oder Funk-Lichtsteuerung.
- Sturzsensor/Notruf
- Gesundheitspaket

Die Aufschaltung klassischer Notrufsysteme bzw. deren Anbindung sind zu prüfen, wobei aus Sicherheitsgründen automatische Notrufsysteme zu empfehlen wären. Je nach Einzelfall sind die Installationsvoraussetzungen für die einzelnen Pakete nach Kabel und Funk zu differenzieren und die Ausstattung entsprechend anzupassen.

GmbH (zitiert nach http://www.sophia.com.de/index.php?id=6) und SmartHouse GmbH (zitiert nach http://www.thesmarthouse.de/).

- Vermieter/Mieter: Wer zahlt was?

Entscheidet sich das Wohnungsunternehmen für das klassische Geschäftsmodell, sollten folgende Komponenten primär vom Vermieter/Wohnungsunternehmen eingebauten/finanziert werden:
- Gebäudeverkabelungen bis in jeden Wohnraum sowie in allen Versorgungsstationen, zum Beispiel Heizung, Aufzug, Waschraum, Dach (Sonnenkollektoren, LTE-Antennen).
- Wanddosen für Internet-Access in jedem Raum
- Wohnungs-Gateway
- Zentrales Display am Wohnungseingang
- schaltbare Wandsteckdosen
- tiefe Installationsdosen für Steckdosen und Lichtschalter
- Basisgebäudeautomation: Fenster, Türen, Zentral EIN/AUS, Lichtsteuerung
- Optional: Heizungs-, Lüftungssteuerung, Sturzerkennung

Folgende Komponenten sollten dann primär vom Mieter finanziert werden:

- Mobile Endgeräte (TV-Panel, Tablets)
- Anschlusskabel (nach Qualitätsvorgaben durch technische Betreiber/Wohnungsunternehmen)
- Portable Funk-Komponenten (soweit nicht zur Wohnungsausstattung gehörend)
- Bezahlbarer Internetzugang

Voraussetzung für die meisten Anwendungen im Zusammenhang mit technischen Assistenzsystemen ist ein Onlinezugang. Nach der ARD/ZDF-Onlinestudie 2013[60] nutzen 77,2 % der Menschen in Deutschland das Internet mindestens gelegentlich. Dies trifft aber nur für 42,9 % der über 60-Jährigen zu.

Um die Zusatzkosten für die notwendige Kommunikation nach außen als mögliches Hemmnis für die Nutzung technischer Assistenzsysteme für Ältere gering zu halten, sollten Telekommunikationsanbieter einen günstigen Internet-Basistarif für das Festnetz (im Ausnahmefall auch für das Mobilfunknetz) anbieten.[61]

e) Kostensparende Optionen nutzen

Zur Reduzierung anfallender Investitionskosten können Wohnungsunternehmen folgende Optionen nutzen:

- Gemeinsame Planungen/Ausschreibungen/Umsetzungen von Wohnungsunternehmen im Quartier
- Speziell Internet-Access und Dienstleistungen sind idealerweise quartiersbezogen zu organisieren (zum Beispiel gemeinsame WLAN-Konzepte mit anderen Wohnungsunternehmen und Netzbetreibern)

---

[60] Vgl. ARD/ZDF-Onlinestudie 2013

[61] Einzelne Kabelnetzbetreiber bieten über Vereinbarungen mit Wohnungsunternehmen TV-Versorgung und Basisinternettarif für das Festnetz als Inklusivpaket an, wobei die damit finanzierte Übertragungsgeschwindigkeit im Regelfall 1 Megabit/Sekunde nicht übersteigt. Diese Geschwindigkeit dürfte für internetaffine Nutzer deutlich zu gering, jedoch für viele AAL-Anwendungen bereits ausreichend sein.

- Skalierungseffekte beim Einkauf und der Installation
- Gemeinsame "App"-Konzepte für smarte Anwendungen
- Standardbasiskonfigurationen, die fallweise erweitert werden können.

5.1.5
Aktuelle Entwicklungen bei AAL-Infrastrukturen

Smart Meter
Im Zusammenhang mit dem derzeitig diskutierten Rollout-Konzept für elektronische Zähler (Smart Meter) rückt das dabei verbindlich vorgeschriebene Smart Meter Gateway (SMG) auch in den Mittelpunkt von AAL- bzw. Smart Home-Diskussionen. Im Mittelpunkt der gesetzlich vorgeschriebenen und wirtschaftlichen Kriterien folgenden Smart Meter-Einführung steht die Installation einer auf Strom und Wärme ausgerichteten sicheren Kommunikationsumgebung, dessen sicherheitsrelevantes Herzstück das nach Vorgaben des Bundesamtes für Sicherheitstechnik (BSI) zu gestaltende Smart Meter Gateway bildet. Tatsächlich könnte dieses Gateway im Rahmen von Gesamtkonzepten die Chance einer gemeinsamen Nutzung für Smart Home- und AAL-Anwendungen bieten, wenn die für AAL-Funktionen notwendigen Sicherheits- und Datenschutzvorgaben gewährleistet werden können. So setzt sich der GdW auch unter wirtschaftlichen Aspekten dafür ein, die künftige Smart Meter-Infrastruktur auch für Smart Building- und Smart Home-Anwendungen einschließlich altersgerechte Assistenzfunktionen nutzbar zu machen.

Abbildung 21: Schema einer sicheren IT-basierten Systemstrategie

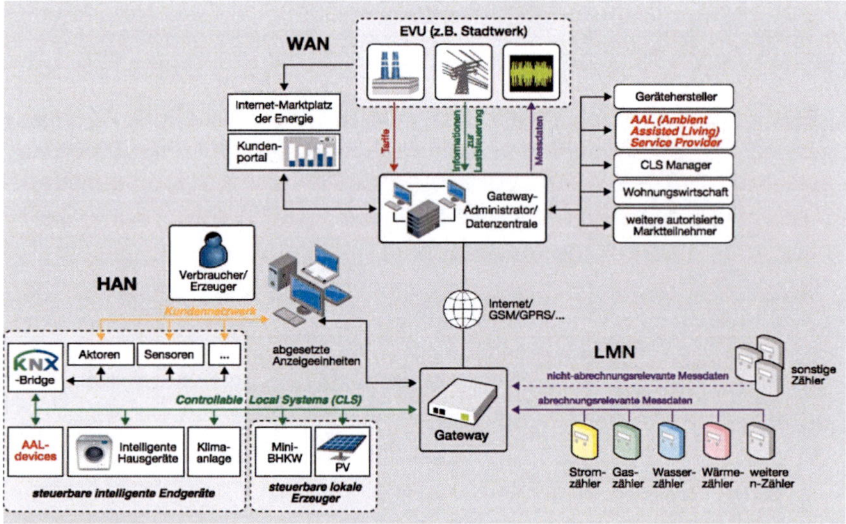

Quelle: DKE

Sind Anforderungen an den Datenschutz und die Datensicherheit erfüllt, könnten auch Gesundheitsdaten, die einer hohen Schutzklasse unterliegen, über das Smart Meter Gateway zu externen Adressaten übertragen werden.

Zudem wäre das Modell auch unter ökonomischen Aspekten vorteilhaft. Da die Kommunikation von Zählerständen und Energiepreisen allein eine ausreichende Refinanzierung einer solchen komplexen IT-Struktur nicht sicherstellt, könnte die Aufnahme weiterer Anwendungen die Wirtschaftlichkeit von IT-Investitionen deutlich verbessern. Dies könnte nicht nur zu einer schnelleren Verbreitung sicherer IT-Systeme als Voraussetzung selbst für den Einsatz sicherheitskritischer Anwendungen im Bereich technischer Assistenzsysteme führen als auch den letztlich von den (Energie)Endkunden zu tragende Kostenlast spürbar senken. Auch nach Auffassung des VDE wird "… die Vernetzung der Smart Meter-Welt … mit der Welt des Energiemanagements respektive der klassischen Home-Automation neuartige Anforderungen an implementierte Schnittstellen und Sicherheitssysteme mit sich bringen …" [62]

Allerdings wurden hinsichtlich der Nutzung von Smart Meter-Infrastrukturen für technische Assistenzsysteme in Projektdiskussionen mit der begleitenden Arbeitsgruppe auch Gegenargumente benannt:

– Die Aufbauten von Basisinfrastrukturen für AAL und Smart Meter könnten sich gegenseitig blockieren und zusätzliche Markteintrittshürden aufbauen.

– Unterschiedliche Sicherheitsanforderungen der Anwendungen führen zu einer erhöhten Komplexität, wenn alles über ein Gateway laufen soll. Erwartete Kostendegressionen könnten somit nicht im vollen Umfang eintreten.

– Auch die Klärung von Zugriffsrechten zu einzelnen Funktionen erhöht die Komplexität.

Nach überwiegender Auffassung sind Smart Meter Gateways technisch in der Lage, künftig eine sichere AAL-Datenkommunikation zu realisieren. Entsprechende Use Cases befinden sich gemäß der Normungs-Roadmap derzeit in den Gremien des DKE in Vorbereitung. Allerdings wäre im Hinblick auf eine mögliche Umsetzung eine entsprechende "Technische Richtlinie" noch zu erarbeiten und vom BSI freizugeben, während diese Voraussetzung für die Kommunikation von Stromdaten bereits heute weitgehend erfüllt ist.[63]

Belastbare Ergebnisse über Nutzen und etwaige Probleme beim Einsatz von Smart Meter Gateways für AAL-Anwendungen lassen sich nur über entsprechende Praxistests gewinnen. Die sich zumindest theoretisch ergebenden erheblichen ökonomischen Vorteile aus der Nutzung einer einheitlichen, sicheren Infrastruktur rechtfertigen eine staatliche Förderung entsprechender Pilotprojekte, die aktuell noch weitgehend fehlen.

Standardisierung
Neue Entwicklungen zeigen sich auch beim Thema Standardisierung. Schon seit Jahren werden fehlende Standards und Interoperabilitäten häufig als Hemmnis für eine schnelle Verbreitung von technischen Assistenzsystemen benannt.[64] Aus Nutzersicht wäre es

---

[62] VDE 2013:, S. 60
[63] Bundesamt für Sicherheit in der Informationstechnik 2014a. Eine europäische Notifizierung der Technischen Richtlinie ist erfolgt.
[64] Vgl. Weiß 2011, S. 13.

empfehlenswert, wenn sich Technikanbieter durch Kooperationszusammenschlüsse oder auch aus eigenem Interesse auf Standards einigen würden. Tatsächlich existieren derzeit neben proprietären Lösungen mehrere im Wettbewerb stehende Zusammenschlüsse mit unterschiedlichen Ansätzen bzw. Übertragungsprotokollen für eine Gebäudeautomation (zum Beispiel KNX, ZigBee, Z-Wave, EnOcean), die teilweise auf Kabelnetze und teilweise auf Funknetze orientiert und im Regelfall nicht kompatibel sind. Andere Kooperationen wie EEBus versuchen, bestehende Interoperabilitäten auf der Ebene von Middleware-Techniken zu überwinden.

Angesichts der in der nachfolgenden Übersicht dargestellten Daten- und Technikvielfalt in einem "smarten" Wohngebäude kann die derzeitige heterogene Situation jedoch nicht überraschen. So fallen in einem Gebäude Daten mit sehr unterschiedlichen Sicherheitsanforderungen an, die überwiegend in den Bereichen Sicherheit, Energie und Gesundheit sehr hohen Schutzniveaus entsprechen. Für Anbieter und Nutzer von nicht datenschutzrelevanten und von technisch einfacheren Anwendungen gibt es ökonomisch hohe Anreize, proprietäre und damit flexible Lösungen technisch unabhängig von hinsichtlich Datenschutz und Technik anspruchsvolleren und damit teureren Produkten in den Markt zu bringen. Unter Berücksichtigung der seit Jahren von allen Technikanbietern verfolgten Strategie, über die Implementierung eigener Systeme den Markteintritt anderer Anbieter zu erschweren, ist die Situation paralleler, nicht kompatibler Infrastrukturen auch künftig nur schwer zu überwinden.

Abbildung 22: Datenaufkommen in einem Smart Home

Anwendungs-szenario	Unterhaltungs-elektronik	Telekomm-unikation	Energie-versorgung	Sicherheit	Komfort	Hausgeräte	Elektro-mobilität	Smart Metering
Beispiele für Geräte	IPTV, Fernsehen, Video, Fotos, Audio, Spielekonsole	Telefon, Smartphone, Tablet, Notebook, PC	Dezentrale Stromerzeuger, HKL, Energiemanagementsysteme, elektrische und thermische Speicher, Smart Meter	Tür, Fenster, Rauch, Alarm, Einbruch, Zutritt, Anwesenheit	Beleuchtung, Temperatur, Anwesenheit, Tür, Fenster	Wasch-maschine, Trockner, Geschirrspüler, Kühlschrank, Kühltruhe	Elektroauto, Elektroroller, Pedelec	Strom, Gas, Wärme, Wasser, Smart Meter Gateway
Datenaufkommen	Hoch (MBit/s)	Mittel (kBit/s)	Mittel (kBit/s)	Niedrig (Bit/s)	Niedrig (Bit/s)	Niedrig (Bit/s)	Niedrig (Bit/s)	Niedrig (Bit/s)
Sicherheit	Niedrig	Hoch	Hoch	Hoch	Niedrig	Mittel	Mittel	Hoch
Verfügbarkeit	Niedrig	Mittel	Hoch	Hoch	Mittel	Mittel	Mittel	Hoch
Stromverbrauch (Kommunikationsknoten)	Hoch	Mittel	Mittel	Niedrig	Niedrig	Niedrig	Niedrig	Niedrig
Reguliert	Nein	Nein	Nein	(Ja) / Teilweise	Nein	Nein	Nein	Ja
Eigentümer	Hausbesitzer / Mieter	Hausbesitzer / Mieter	Hausbesitzer / Mieter, ggf. Energieversorger	Hausbesitzer, Mieter, ggf. Betreiber	Hausbesitzer / Mieter	Hausbesitzer / Mieter	Hausbesitzer / Mieter	Energieversorger

Quelle: VDE (2013), S. 59

Immerhin wurde auf der CEBIT 2014 in einer "Gemeinsamen Erklärung der Verbände und Organisationen zur intelligenten Heimvernetzung, initiiert durch den gleichnamigen BMWi-AK Runder

Tisch"[65], das Bemühen führender Verbände der Telekommunikation, der Industrie und der Wohnungswirtschaft deutlich, künftig für eine Interoperabilität besser Sorge zu tragen. Ziel ist ein möglichst durchgängig standardisiertes Vernetzungskonzept, das die Austauschbarkeit von smarten Geräten und Sensoren, Gateways, Routern und Applikationen und einen Wettbewerb auf allen Ebenen der Wertschöpfung von Services/Anwendungen unabhängig vom jeweils gewählten System im Gebäudebereich ermöglicht. Dahinter steht die Erwartung, dass letztlich nur interoperable Strukturen den Gesamtmarkt für technische Assistenzsysteme und Smart Home zu einem Durchbruch verhelfen können.

Bereits seit einigen Jahren wird unter Federführung des DKE und Beteiligung von Industrie, Ingenieuren, Netzbetreibern und Wohnungswirtschaft an der Umsetzung einer Normungs-Roadmap gearbeitet, die die bestehenden Interoperabilitäten überwinden helfen soll. Dennoch ist davon auszugehen, dass es auch in den nächsten Jahren weder einen einheitlichen technischen Standard, noch eine für alle Anwendungen gültige technische Lösung zur Überwindung der Interoperabilitäten geben wird.

5.2
Empfehlungen aus Sicht der Mieter

Die künftige Strategie der Wohnungsunternehmen sollte sich ebenfalls an dem Bedarf ihrer Mieter nach technischer Assistenz ausrichten. Aus den in dieser Studie durchgeführten Evaluation von 90 Haushalten, die mit AAL-Technologien und entsprechenden Dienstleistungen ausgestattet sind, konnte deutlich herausgearbeitet werden, welche Assistenzsysteme von den Mietern präferiert und welche Voraussetzungen erfüllt sein müssten, damit technische Assistenzsysteme von den Mietern akzeptiert und genutzt werden. Dies ist letztlich die Voraussetzung jeder Zahlungsbereitschaft für solche Systeme.

Die Untersuchungen zeigen, dass die Mieter vor allem Anwendungen überzeugend finden, die ihre "Sicherheit" und ihren "Komfort" unterstützen. Dahinter rangieren gesundheitliche Assistenz und das Energiesparen.

Technische Assistenzsysteme, die den Komfort erhöhen und den Alltag unterstützen, werden von jüngeren und älteren Befragten gleichermaßen als attraktiv bewertet. Inwieweit sie tatsächlich genutzt werden, entscheidet sich vor allem an der Alltagstauglichkeit, der Bedienqualität und Fehlerresistenz der Anwendungen.

Attraktiv für die Älteren sind insbesondere Lösungen, die die subjektive Sicherheit erhöhen, sei es bezogen auf die Wohnungssicherheit oder die persönliche Sicherheit in der Not. Zwar sind ältere

---

[65] BMWi 2014. Zu den unterzeichnenden Organisationen gehören unter anderem die Verbände Bitkom, VDE, ZVEI, ZVEH, ANGA und GdW.

Menschen nur selten bereit, solche Sicherungssysteme bereits präventiv einzusetzen, doch wenn die Systeme die Mieter überzeugen können, länger selbstständig leben zu können, sind selbst wenig technikaffine Nutzer bereit, sich der neuen Technik zuzuwenden.

Technische Assistenz für die eigene Gesundheit, die die Möglichkeit geben, trotz gesundheitlicher Einschränkungen zu Hause betreut werden zu können, werden von den befragten Mietern sehr geschätzt. Dies gilt für chronisch Kranke, multimorbide Patienten und auch für jüngere Personen, die Arztbesuche durch Online-Konsultationen sparen wollen. Durch telemedizinische Anwendungen und Gesundheitsmonitoring werden die Wege zum Arzt kürzer, die Betreuung engmaschiger. Allerdings sind entsprechende Erprobungen in der Praxis noch selten – nicht weil sie von Mietern oder Wohnungsunternehmen abgelehnt würden, sondern weitreichende Anpassungen im Gesundheitssystem erfordern.

Soziale Einbindung zu fördern, Einsamkeit im Alter zu vermeiden und den Zusammenhalt in der Nachbarschaft zu erhöhen, werden von den Mietern ebenfalls als attraktiv angesehen. Entsprechende Assistenzsysteme sind in der Erprobung und teilweise bereits in der Praxis angekommen. Hier ist in den nächsten Jahren mit einer Vielzahl weiterer Anwendungen zu rechnen.

Die Untersuchung derjenigen Wohnvorhaben, die bereits seit Längerem bewohnt sind, zeigen, dass auch Mieter, die anfangs der innovativen Technik zögerlich gegenüberstanden nach einiger Zeit sich an die technischen Assistenzsysteme gewöhnen und dann vom Nutzen der Systeme zunehmend überzeugt sind.

Die durchgeführte Studie erlaubt ebenfalls Schlussfolgerungen darüber, was getan werden muss, um die Akzeptanz und Nutzungs- und Investitionsbereitschaft der Mieter zu erhöhen. Dies wird in folgenden Punkten zusammengefasst.

5.2.1
Technik soll mitaltern: Modularität der Systeme

Eine grundlegende Herausforderung technischer Assistenzsysteme ist die Tatsache, dass sich ältere Menschen grundlegend nach Lebensalter und gesundheitlicher Verfassung, nach Beziehungsformen und familiärem Netzwerk, nach Bildungsniveau und beruflichen Erfahrungen, nach Technikaffinität und Lebensstil unterscheiden. Dieser Heterogenität des Alters kann man nur begegnen durch modulare Lösungen, die auf Interoperabilität, offene Schnittstellen und einen Katalog von Standards abstellen.

Weiterhin ist darauf zu achten, dass die verschiedenen technischen Assistenzsysteme nicht nur untereinander kompatibel werden, sondern im gesamten Anwendungskontext, d. h. im Zusammenspiel mit weiteren Produkten, Systemen und Dienstleistungen, eine zufriedenstellende Systemergonomie aufweisen. Hier sind die deutschen Gremien der Standardisierung und Normierung (VDE, DKE, DIN Institut) gefragt, die seit mehreren Jahren entsprechende Initiativen unterhalten. Ein Beispiel der jüngsten Richtlinientätigkeit des

VDI/VDE ist die Richtlinie 6008, Blatt 3: Barrierefreie Lebensräume. Möglichkeiten der Elektrotechnik und Gebäudeinstallation.[66]).

Doch damit nicht genug: Altern ist weiterhin ein dynamischer lebenslanger Prozess. Im Verlauf der Biografie verändern sich die Bedürfnisse und damit auch die Anforderungen an technische Systeme. Gesundheitliche Einschränkungen und zunehmende Mobilitätseinschränkungen machen spezifische Anpassungen des technischen Equipments an die veränderte Lebenssituation erforderlich. Infolge dessen sollten technische Assistenzsysteme "mitaltern" können.

Aus Mietersicht sind nicht nur einzelne Anwendungen, sondern vielmehr das ganze Spektrum der Möglichkeiten technischer Assistenzsysteme relevant, von der Komfortanwendung für jüngere Personen bis zu Systemen, die die Betreuung und Pflege zu Hause unterstützen und letztlich auch die Palliativversorgung in den eigenen vier Wänden ermöglichen. Gebraucht werden dabei vor allem technische Systeme, die sich dem Alterungsprozess anpassen. Es muss möglich sein, bei zunehmenden körperlichen Einschränkungen entsprechende Module dazuzukaufen oder technikgestützte Dienstleistungen dazuzubuchen.

Voraussetzung hierfür sind Interoperabilität der Systeme, offene Standards und die Integrationsmöglichkeit in unterschiedliche Standards. Aus Mietersicht wären hier selbstlernende Systeme hilfreich, die dem Nutzer vorschlagen, welche Zusatzmodule auf seine inzwischen veränderte Situation reagieren können. Selbstlernende Systeme sind jedoch noch nicht am Markt verfügbar.

5.2.2
Einfache Interaktion zwischen Mensch und Technik

Entscheidende Voraussetzung für die Verbreitung von technischen Assistenzsystemen ist eine einfache Bedienung, die auch für wenig technikaffine Nutzergruppen selbsterklärend ist. Denn die gefundenen AAL-Endgeräte und deren typische Bedienschnittstellen (Tablet, Smartphone, Apps, Internet, Skype) werden von technikabstinenten Mietern bisher nicht im Alltag genutzt. Die Bedienoberflächen der Nutzerschnittstellen sind für sie nicht nutzerfreundlich genug, die Bedienprozeduren zu komplex und die Hürden der Bedienung zu hoch.

Weiterhin sind die Aufgabenstellungen für technikabstinente Nutzer zu komplex, die der Nutzer lernen muss, um mit den Systemen autonom und selbstständig zu agieren: Navigieren auf einem Tablet, Starten der AV-Kommunikation, Einstellen von Szenarien der Haussteuerung, PIN-Eingaben unterschiedlicher Komplexitätsgrade oder das Handling eines Smartphones – alle Prozeduren verlangen feinmotorische Fertigkeiten, Sehschärfe und hohe kognitive Anforderungen und Gedächtnisleistung. Hier besteht weiterhin großer Forschungs- und Entwicklungsbedarf.

Die Ergebnisse der für diese Studie durchgeführten Usability-Beobachtungen zeigt, wie schwierig es ist, eine Bedienschnittstelle

---

[66] VDI/VDE 1/2014

und eine Bedienoberfläche für alle Nutzergruppen bereitzustellen. Es wurde keine Bedienschnittstelle gefunden, die gleichermaßen für alte, technikabstinente User und jüngere, technikaffine Nutzer tauglich und attraktiv ist. Vielversprechend ist vielmehr der Ansatz, unterschiedlich komplexe Bedienprozeduren auf unterschiedlichen Endgeräten zur Verfügung zu stellen.

5.2.3
Gewünscht: Plug and Play

Aus Nutzersicht entscheidend ist, dass technische Assistenzsysteme leicht installiert und ausgetauscht werden können und sich selbstständig in bestehende Wohnungsnetzwerke integrieren. Den Menschen ist Plug and Play von bisherigen technischen Geräten im Haushalt vertraut und wird auch von technischen Assistenzsystemen erwartet. Noch ist es nicht möglich, sich das passende System aus bereits vorhandenen Systemkomponenten zusammenzustellen und ohne Hilfe einer Fachfirma miteinander zum "Spielen" zu bringen. Sie sind auf die Beratung und Installation durch Fachfirmen angewiesen, ein erster Ansprechpartner für sie könnte dabei ihr Vermieter sein.

5.2.4
Stigmatisierung vermeiden

Technische Assistenzsysteme sollten nicht als alters- oder behindertengerechte Lösungen präsentiert werden: Senioren möchten nicht als "alt" adressiert werden, in ihrer Mobilität eingeschränkte Personen nicht als "behindert" und Angehörige, die mit der Unterstützung und Pflege älterer Menschen betraut sind, nicht als "pflegende Angehörige". Versuche, Zielgruppen als "Problemfälle" anzusprechen, für die man geeignete Lösungen bereithält, sind nachdrücklich fehlgeschlagen.

Von daher gilt es, geeignete Begriffe zu entwickeln, die es potenziellen Nutzern erlaubt, sich mit den technischen Systemen positiv zu identifizieren. Gebraucht werden Anspracheformen, die den Nutzen technischer Assistenzsysteme auch für jüngere Adressatenkreise vermitteln. Zielführend könnten Begriffe wie "Assistenz für alle Lebenslagen" oder "Lust auf langes Leben" oder "Wohnfühlen für Jung und Alt" sein, die Assoziationen zu "Behinderung", "Pflegestufe" oder "Heimeinweisung" vermeiden. Hier ist es primär an den Wohnungsunternehmen für ihre technisch ausgestatteten Wohnungen Begriffe zu finden, die ihre potenziellen Mieter attraktiv finden und die ebenfalls adressieren, was die eingebaute Technik leisten kann.

Die für diese Studie durchgeführten Evaluationen zeigen, dass die beiden Hauptattribute, die die Attraktivität von AAL-Wohnungen ausmachen – "Sicherheit" und "Komfort" – sind. Dahinter rangieren gesundheitliche Assistenz und das Energiesparen. Hier sollten die Begriffe verortet sein, die AAL umschreiben. Hilfreich wäre "komfortables Wohnen mit Assistenz", "Sorglos Leben" oder "Modern und komfortabel durch Technik".

5.2.5
Kulturelle Muster und Lebensstil berücksichtigen

Wesentlich für die Akzeptanz der Technologien und Services ist es, wie sie sich in den häuslichen Kontext einpassen. Die private Häuslichkeit, die Gestaltung des persönlichen Alltags und der Schutz der Persönlichkeiten sind für die Realisierung technischer Assistenzsysteme wesentliche Voraussetzungen.

Bei der Analyse der Forschungs- und Erprobungsprojekte wurden vielfältige Beispiele gefunden, in denen sich der Mensch der erprobten Technik anpassen musste. Die gefundenen Projekte, die aus den technischen Kinderkrankheiten herausgewachsen sind, haben ergeben, dass sich die Technik dem Menschen und seinen Gewohnheiten anpassen muss und nicht umgekehrt.

Technische Assistenzsysteme müssen sich gleichfalls kulturellen Mustern anpassen. Dies bedeutet, technische Assistenzsysteme auch unter dem Blickwinkel der Cultural Diversity zu betrachten. Dies ist in den evaluierten Projekten noch wenig der Fall, denn es wohnen dort fast ausschließlich deutsche Mieter. Der demografische Wandel wird die Wohnungsunternehmen aber mit einer wachsenden Gruppe von alternden Migranten in ihren Wohnungen konfrontieren, die gerade im Alter ihre Herkunftskultur praktizieren wollen. Was bedeutet dies für die technischen Assistenzsysteme und für deren Entwickler? Hier geht es um die Mehrsprachigkeit von Bedienschnittstellen oder die Anpassung von Aktivitätsmonitoring-Systemen an andere Haushaltsstrukturen oder um die Einbindung entsprechender Communities. Den Autoren dieser Studie schien es angemessen, wenn die Wohnungsunternehmen auch diesbezügliche Anforderungen an die technische Entwicklung adressieren, um auf die demografische Entwicklung gewappnet zu sein.

5.2.6
Transparenz, Kontrolle und Datensicherheit gewährleisten

Kennzeichen der evaluierten Projekte ist nicht nur die hausinterne Vernetzung von vorhandenen technischen Geräten und neu hinzukommenden Sensoren und Aktoren, sondern die Verbindung dieser Artefakte mit externen Institutionen und Dienstleistern. Die Übertragung von Daten aus der Häuslichkeit an einen oder mehrere Institutionen ist für den Nutzer neu und zunächst mit Ressentiments behaftet.

Grundlage jeder Akzeptanz dieser Datentransfers ist die Transparenz darüber, welche Informationen an wen übertragen werden, welchen Einblick diese Daten in die Privatheit des Nutzers erlauben und was mit den übertragenen Daten geschieht. Es reicht nicht aus, dem Kunden klarzumachen, welchen Sinn und Nutzen die jeweilige Anwendung für ihn haben könnte, vielmehr setzt die Etablierung eines AAL-Systems die explizite Zustimmung der Kunden voraus (Informed Consent), die auf einer umfassenden Information beruht. Dem Kunden ist die Einbettung des AAL-Systems in seiner Wohnung in die entsprechenden AAL-Dienstleistungsstrukturen nicht vertraut. Dies bedeutet, ebenfalls über die Art der Dienstleistungsvermittlung im Hintergrund und die hieran beteiligten Akteure aufzuklären.

Die Vernetzung der Wohnung und Etablierung technischer Assistenzsysteme in der eigenen Wohnung dürfen die Entscheidungsfähigkeit und Entscheidungsfreiheit des Mieters nicht beeinträchtigen. Der Nutzer will und muss "Herr über die Technik" bleiben. Dass der Nutzer die Kontrolle behält, ist insbesondere für die Akzeptanz von Systemen des Gesundheits- oder Verhaltensmonitoring oder der intelligenten Notrufsysteme wesentlich. Auch Fall- und andere Detektoren können den Nutzern das Gefühl vermitteln, nicht mehr eigene Entscheidungen treffen zu können, sondern von dem System "überrumpelt" zu werden. Dieser Aspekt spielt eine wesentliche Rolle für die Akzeptanz und letztlich auch für die Investitionsbereitschaft der Mieter.

Vernetzte Systeme, die Daten aus dem privaten Lebensumfeld (Verbrauchsdaten der Wohnung, Aufenthaltsorte, Bewegungsmuster, Gesundheitsdaten etc.) mit denen von Dienstleistern verbinden, müssen sicher sein. Das Vertrauen auf die Bewahrung der Privatsphäre ist Voraussetzung für die unbefangene Nutzung. Dies gilt sowohl für jede Form technischer Unterstützung im Alter, aber auch für das Auslesen von Verbrauchsdaten, Fernwartungen, von außen initiierte Steuerungen im Haushalt (Kostenersparnis bei Stromverbrauch) etc.
Der Gesetzgeber hat hierfür den rechtlichen Rahmen zu schaffen und vor allem deren Umsetzung sicherzustellen.

5.2.7
Technische Assistenzsysteme publik machen

Die Beobachtung der letzten Jahre zeigt, dass das Interesse der relevanten Gruppen an technischen Assistenzsystemen wächst. Dieses Interesse läuft jedoch häufig ins Leere. Es fehlen Anlaufpunkte, an denen Interessenten sich über die Möglichkeiten der Technologien informieren können. Gebraucht werden Informationsanlaufstellen, Musterwohnungen und "Showrooms" in möglichst allen größeren Kommunen. Bestehende Institutionen wie Wohnraumanpassungsberatungsstellen, Pflegestützpunkte, Familienberatungsstellen können hierfür genutzt werden.

Was gänzlich fehlt sind "Points of Sale": Wohin soll der potenzielle Nutzer gehen, wenn er die Systeme oder einzelnen Komponenten kaufen möchte? Wo findet er ein qualifiziertes Beratungsangebot und die Möglichkeit, entsprechend zu kaufen? Im Gespräch sind sogenannte "AAL-Marktplätze" im Internet, die über das marktfähige Angebot informieren und über die Pros und Cons aufklären. Darüber hinaus werden aktuell "AAL-Kaufhäuser" geplant[67], in denen nicht nur Information erfolgt, sondern das Angebot in Nutzungskontexten integriert (das AAL-Wohnzimmer, das AAL-Bad etc.), die Installations- und Betriebsfragen geklärt und wo Käufe getätigt werden können. Ein erstes solches "AAL-Kaufhaus" soll innerhalb des Vorhabens "Future Living"[68] in Berlin entstehen – die

---

[67] Eberhardt 2014
[68] Unternehmensgruppe Krebs 2013

Perspektive müsste sein, dies an weiteren Orten der Republik aufzugreifen und umzusetzen. Es sollte geprüft werden, ob und wie sich Wohnungsunternehmen einbringen wollen und können.

5.2.8
Kosten überschaubar halten

Benötigt werden Baukastenlösungen für unterschiedliche Bedarfs- und Einkommensgruppen. Hilfreich wären flankierende kostengünstige Dienstleistungskonzepte, die – etwa durch die Einbindung von ehrenamtlichen Mitarbeitern in Nachbarschaftsstrukturen oder kirchlichen Kontexten – auch niedrigere Einkommensgruppen einbeziehen. Hilfreich sind ebenfalls Anstrengungen, die Leistungserbringer und Kommunen zu einer Co-Finanzierung zu bewegen.

Sinnvolle unterstützende Techniken, deren Wirksamkeit nachgewiesen ist, sollten im Sinne einer Teilhabegerechtigkeit im öffentlichen Gesundheitswesen allen Menschen zugänglich gemacht werden. Es ist zu fragen, was erforderlich ist, um den Zugang aller Betroffenen zu assistiven Technologien zu gewährleisten bzw. Benachteiligungen zu vermeiden.

Im Januar 2014 wurde im Auftrag des Bundesministeriums für Gesundheit eine Liste von zwölf technischen Assistenzsystemen erstellt, die die Situation der häuslichen Versorgung von Pflegebedürftigen verbessern, die stationäre Unterbringung vermeiden bzw. hinauszögern und sich für eine Übernahme in den Leistungskatalog der Sozialen Pflegeversicherung (SGB XI) eignen. Hierzu gehören unter anderem die Aktivitätserfassung im Haushalt, Sturzvermeidung und Herdabschaltung, sensorische Raumüberwachung, Erinnerungsfunktionen und Lösungen der Quartiersvernetzung (BG 2014).

Die Aufnahme dieser Systeme in den Leistungskatalog der Pflegeversicherung könnte zu einer (Teil-)Kostenübernahme durch die Versorgungsträger führen. Es ist zu vermuten, dass damit ein wichtiger Meilenstein zur Marktentwicklung im Segment "Pflegebedürftigkeit" getan wird.

Jedoch gilt es, die jüngeren Alten, die nicht von Pflegebedarf betroffen sind, sondern "voll im Leben stehen" ebenfalls vom Nutzen der technischen Assistenzsysteme zu überzeugen. Hier besteht ein weitgehendes Informationsdefizit. Deshalb verwundert es auch nicht, dass Mieter auf die Frage, welche Systeme sie denn gerne in der Wohnung haben wollen, nicht antworten können und nicht bereit sind, eigenes Geld in die Hand zu nehmen. Nachfrage von Kunden kann erst kommen, wenn sie wissen, was es gibt und was man wollen kann. Hier liegt der große Nutzen von Showrooms und von Musterwohnungen – von daher der Appell an die Wohnungsunternehmen Technikanbieter und Kommunen, gemeinsam verstärkt solche Musterwohnungen einzurichten.

5.3
Zusammenfassung: Hoher Nutzen für Mieter, Wohnungswirtschaft und Gesamtgesellschaft

Die von den Autoren dieser Studie durchgeführte Analyse technischer Assistenzsysteme in der Praxis der Wohnungswirtschaft hat zahlreiche positive Wirkungen für die Mieter und die Wohnungsbauunternehmen dokumentiert. Die in die Evaluation einbezogenen 17 Projekte wurden in den Jahren 2012 bis 2014 von der Projektgruppe aus sozialwissenschaftlicher (SIBIS-Institut), technischer (GdW) sowie ökonomischer Perspektive (InWIS Institut) untersucht. Die sozialwissenschaftliche Studie stützt sich auf insgesamt 90 Fallstudien mit Mietern aus diesen 14 Projekten. Hinzu kommen die Ergebnisse von N=50 teilstandardisierten Interviews mit den Geschäftsleitungen der Wohnungsunternehmen, den jeweiligen Projektleitern, Kunden- und Objektbetreuern sowie mit den Herstellern der eingesetzten Technologien. Die in den Mieterhaushalten erhobene Datenbasis ist aktuell die umfassendste Datenbasis in Deutschland, die mit einer einheitlichen systematischen Methode (Interviews und Usability-Beobachtungen bei den Probanden zu Hause) erhoben wurde.

Zwar konnte auch mit dieser Studie kein streng wissenschaftlicher Nachweis für die Wirkung von technischen Assistenzsystemen erbracht werden; hierfür ist die Fallzahl immer noch zu klein, die untersuchten Fallbeispiele verfolgen unterschiedliche technische Schwerpunkte und die hinterlegten Vernetzungskonzepte sowie Sensoren und Aktoren weichen voneinander ab. In keinem der Projekte kann valide belegt werden, wie oft zum Beispiel die Erinnerungsfunktion an ein vergessenes Bügeleisen Brandschäden oder der Fenster-Schließen-Hinweis bei Verlassen der Wohnung einen Einbruch verhindert hat. Es ist zwar davon auszugehen, dass die Sicherheit vor Bränden, Wasserschäden und Einbruch durch die Technik erhöht wird; auch das Risiko, nach einem Sturz längere Zeit nicht gefunden zu werden, dürfte durch die Notrufmeldefunktionen minimiert werden, jedoch fehlen hierfür eindeutige empirische Belege.

Die eingesetzte standardisierte methodische Vorgehensweise erlaubt jedoch valide Ergebnisse zur Attraktivität der gebotenen Assistenzsysteme und zum Nutzen für die Mieter. Die meisten der identifizierten Projekte haben aus den bisherigen Erfahrungen gelernt und die Bedürfnisse und Interessen der Nutzer zum Ausgangspunkt gemacht. Es geht nicht mehr wie in früheren Erprobungsprojekten für innovative Technologien darum, dass Technologie eine Anwendung sucht, sondern es wird von den Bedürfnissen der Mieter und den Anforderungen der Wohnungsunternehmen und der ambulanten Dienstleister ausgegangen, um zweckmäßige Technologie zur Verfügung zu stellen. Auch dies ist ein wichtiger Fortschritt gegenüber früheren Jahren.

Die Studienautoren gehen im Gesamtergebnis von einem hohen Nutzen technischer Assistenzsysteme sowohl für die Bewohner als auch für Wohnungsunternehmen aus. Der Nutzen beruht besonders darauf, dass ältere Menschen länger sicher und komfortabel in ihrer angestammten Umgebung leben und gesundheitlich eingeschränkte Personen in ihren Wohnungen besser betreut werden können. Hier liegt nicht nur ein wesentlicher Nutzen technischer Assistenzsysteme für den Mieter, sondern auch für Wohnungsunternehmen und die Gesellschaft. Daraus folgt auch, dass ein vermehrter Einsatz technischer Assistenzsysteme, insbesondere der bisher noch wenig eingesetzten gesundheitsbezogenen Systeme, in der Lage sein dürfte, den Betreuungsgrundsatz "ambulant vor stationär" in der Praxis zu befördern und eine frühzeitige stationäre Betreuung zu vermeiden.

Die Autoren dieser Studie sind davon überzeugt, dass zur weiteren Beförderung technischer Assistenzsysteme in der Praxis die Umsetzung einer interdisziplinären Strategie notwendig ist. Dies betrifft die Wohnungswirtschaft ebenso wie die Geräteindustrie, Gesundheitswirtschaft, Forschung und Politik. Unternehmen und Institutionen unterschiedlicher Branchen müssen stärker kooperieren und gemeinsam bezahlbare Lösungen auch für jene Haushalte finden, die nicht zu den einkommensstarken Gruppen zählen.

Bei der Marktansprache sind Stigmatisierungen und damit ein alleiniger Bezug auf bestimmte Personengruppen wie Ältere zu vermeiden. Technische Assistenzlösungen sind kein Indikator für eine Hilfsbedürftigkeit. Sie sind vielmehr im Sinne von elektrischen Fensterhebern im Kfz-Bereich oder von Brillen als eine dem heutigen Grad der Technisierung selbstverständliche technische Alltagsunterstützung zu akzeptieren, die eine selbstständige Lebensführung oder einen höheren Komfort ermöglicht.

Wichtiges Hemmnis für die Verbreitung von technischen Assistenzsystemen ist, dass die potenziellen Nutzer – seien es Wohnungsunternehmen oder die Mieter selbst – diese Systeme nicht genau genug kennen und ihren Nutzen nicht einschätzen können. Es werden Anlaufstellen benötigt, die über die AAL-Systeme und deren Nutzen für die Wohnungswirtshaft einerseits und die Nutzer andererseits – aufklären. Hier liegt der großen Nutzen von Musterwohnungen, die von Wohnungsunternehmen und Technikherstellern eingerichtet werden.

Aus der Arbeit an der hier vorgelegten Studie leiten die Autoren folgende Schlussfolgerungen und Empfehlungen ab, die sie an Wohnungsunternehmen, Technik- und Geräteanbieter, Kranken- und Pflegekassen, Kommunen und Politik richten:

5.3.1
Empfehlungen an Wohnungsunternehmen

Die für diese Studie durchgeführten Evaluationen zeigen, dass "Sicherheit" und "Komfort" die beiden Hauptattribute sind, die die Attraktivität von Wohnungen mit technischen Assistenzsystemen ausmachen. Dahinter rangieren gesundheitliche Assistenz und das Energiesparen.

Gebäudeinfrastruktur

a) Im Neubau oder umfassender Modernisierung: am besten kabelgebunden

Kabelgebundene Systeme weisen im Vergleich zu Funksystemen eine höhere Zuverlässigkeit und Leistungsfähigkeit auf. Unabhängig davon kann bei Umrüstungen im Gebäudebestand als Basisinfrastruktur auch vielfach eine Kombination von Kabel- und Funksystemen wirtschaftlich und technisch sinnvoll sein. Dies gilt besonders bei der Anbindung von zu bestehenden Infrastrukturen entfernt gelegenen Geräten.

Bei anstehenden Modernisierungs-/Sanierungsmaßnahmen sind Leerrohre zu installieren, und – wenn eine zukunftssichere Installation erreicht werden soll – mit Glasfaser und/oder LWL-Netze zu füllen. Dies gilt auch bei vorhandenen rückkanal- und damit internetfähigen koaxialen TV-Netzen.
Bei veralteten koaxialen TV-Netzen sind diese TV-Netze zu erneuern und zusätzlich Leerrohre zu installieren und mit Glasfasernetzen zu füllen. Dies gilt auch bei noch langen Restlaufzeiten von Verträgen.

Eine strukturierte Verkabelung mittels Doppeladern (Kategorie 5 oder höher) schafft gute Voraussetzungen für eine Vernetzung von Sensoren und Aktoren und sollte im Regelfall bei allen Neubauten und bei umfassenden Modernisierungen eingesetzt werden.

b) Im Bestand: Mix aus Kabel und Funk

Anders verhält es sich, wenn einzelne Wohnungen technisch auf AAL vorbereitet werden sollen, ohne dass grundlegende Modernisierungsmaßnahmen vorgenommen werden können: In diesem Fall ist es erforderlich, die technisch vorzuziehende Verkabelung, wie wir sie für Neubauten oder umfangreiche Modernisierung empfehlen, mit Funkkomponenten zu koppeln, um aufwendige Mauer- und Putzarbeiten in vermieteten Wohnräumen zu verhindern.

Das Gateway als strategische Kommunikationsstelle

Für alle Anwendungen, die eine Kommunikationsschnittstelle außerhalb der Wohnung oder des Gebäudes erfordern, ist ein Wohnungs- oder Gebäude-Gateways erforderlich. Der Betreiber eines solchen Gateways hat im Rahmen rechtlicher Grenzen nicht nur Zugriff auf Gebäude- und Mieterdaten, sondern auch Einfluss darauf, wer welche Anwendungen anbietet.

Der Markt ist derzeit durch Diensteanbieter-abhängige Gateways gekennzeichnet. Anbieterunabhängige Gateways haben sich auf dem Markt bisher nicht etabliert, sind jedoch strategisch vorzuziehen, um Anwendungen verschiedener Anbieter über ein zentrales Gateway realisieren zu können. Voraussetzungen dafür sind interoperable technische Lösungen sowie vertragliche Vereinbarungen zwischen Wohnungsunternehmen und Gateway-Betreiber, sofern das Wohnungsunternehmen die Rolle des Gateway-Betreibers nicht selbst innehat.

Die Diskussion um die Rolle von Gateways wird aktuell im Rahmen der Smart Meter-Diskussionen befördert. Derzeit ist technisch, wirtschaftlich und rechtlich noch nicht hinlänglich geklärt, unter welchen Bedingungen eine – grundsätzlich ökonomisch sinnvolle – gemeinsame Nutzung des langfristig für alle Haushalte vorgesehenen Smart Meter Gateways auch für Smart Home- und AAL-Anwendungen sinnvoll ist. Daher können verlässliche Empfehlungen derzeit nicht gegeben werden.

Basisausstattung in der Wohnung plus modulare Zusatzkomponenten

Empfohlen wird, eine Basis-Ausstattung mit technischen Assistenzsystemen im Rahmen des Modernisierungszyklus in die Wohnungen einzubauen. Darüber hinaus wird eine Nachrüstung von Assistenzsystemen bei Einzelmodernisierungen im Zuge von Mieterwechseln empfohlen.

Empfohlen wird ein Basispaket mit einer zentralen Ein-/Aus-Funktion, wobei auch alternative Anwendungen möglich sind. Grundsätzlich kommt jeweils eine Basisausstattung mit Sicherheitsfunktionen und modularen Komfortfunktionen in Betracht.

Nach der klassischen Markt-/Finanzierungsrolle sollten folgende Komponenten eher Bestandteil der Wohnung sein und primär vom Vermieter/Wohnungsunternehmen eingebaut/finanziert werden:

- Gebäudeverkabelungen Wanddosen für Internet-Access in jedem Raum
- Wohnungs-Gateway
- Zentrales Display am Wohnungseingang
- schaltbare Wandsteckdosen sowie tiefe Installationsdosen für Steckdosen und Lichtschalter
- Gebäudeautomation: Fenster, Türen, Zentral EIN/AUS.

Ermittlung quantitativer Bedarfe und Ausnutzung von Einkaufsvorteilen

Investitionskosten können durch gemeinsame Planung von Mengengerüsten für technische Assistenzsysteme und gemeinsame Ausschreibungen gesenkt werden, wenn zum Beispiel zusammen mit anderen Wohnungsunternehmen in einem Quartier über größere Stückzahlen verhandelt werden kann. Dadurch können sich Skaleneffekte bei Einkauf – zum Beispiel von technischen Komponenten und für Internet-Access-Angebote sowie Dienstleistungen – und der Hardwareinstallation ergeben. Diese Effekte würden durch eine Standardbasiskonfiguration verstärkt, die in vielen Wohnungen eingesetzt wird. Ebenso könnten Erweiterungslösungen im Vergleich zu Einzelprojekten kostengünstiger realisiert werden. Vorteile ergeben sich ebenso bei der Entwicklung von gemeinsamen App-Lösungen für Betreuungsangebote und die Vernetzung der Bewohner im Quartier.

Möglichkeiten einer unternehmerischen Quersubvention

In Konstellationen, in denen die Mieterhaushalte aufgrund ihres Einkommens nicht in der Lage sind, den Einbau technischer Assistenzsysteme in einer höheren Nettokaltmiete zu vergüten und ergänzende Dienstleistungskomponenten zu bezahlen, sind Möglichkeiten zu prüfen, wie verfügbare Budgets anteilig zur Finanzierung herangezogen werden können, um den Nutzen einer höheren Attraktivität des Wohnungsbestandes und einer höheren Kundenbindung zu erreichen (Quersubventionierung). In ausgeglichenen und entspannten Wohnungsmärkten können vermiedene Leerstandszeiten oder deren Hinauszögern (Verringerung drohender Erlösschmälerungen) kalkulatorisch berücksichtigt werden. Das lässt die Realisierung von technischen Assistenzsystemen im Rahmen des klassischen wohnungswirtschaftlichen Geschäftsmodells zu.

Entwicklung und Erprobung neuer Finanzierungs- und Geschäftsmodelle

Da das klassische wohnungswirtschaftliche Geschäftsmodell bei AAL-Vorhaben, die über geringinvestive Maßnahmen hinausgehen, häufig an seine Grenzen stößt, sollten sich andere Akteure, seien es die System- und/oder Dienstleistungsanbieter, die Kommunen oder auch Kranken- oder Pflegekassen durch innovative Modelle an der Finanzierung technischer Assistenzsysteme beteiligen, um damit die Verbreitung zu unterstützen und die Kostenbelastung für Mieterhaushalte zu senken. Darüber hinaus wären kooperative Geschäftsmodelle anzustreben, in die sich alle Akteure anteilig unter Berücksichtigung ihres Nutzens einbringen.

5.3.2
Empfehlungen an Technikhersteller/Industrie

Technische Assistenzsysteme helfen allen Altersgruppen:

Aus Mietersicht sind nicht nur Anwendungen für gesundheitlich eingeschränkte oder hochbetagte Menschen relevant, sondern vielmehr das ganze Spektrum der Möglichkeiten technischer Assistenzsysteme: von der Komfortanwendung für jüngere Personen bis zu Systemen, die die Betreuung und Pflege zu Hause unterstützen und letztlich auch die Palliativversorgung in den eigenen vier Wänden ermöglichen. Aus Mietersicht sind die Grenzen zwischen technischen Assistenzsystemen im engeren Sinne und Smart Home-Anwendungen, die auf die Vernetzung und Automatisierung der Wohnumgebung insgesamt zielen, fließend. Infolgedessen müssen die Anwendungen der verschiedenen technischen Kontexte (AAL, Gebäudeautomatisierung, Smart Home) miteinander verknüpfbar und gegeneinander austauschbar sein.

Interoperabilität und Standardisierung:

Den vielfältigen Ansprüchen der Mieterschaft sowie auch der Heterogenität des Alters kann am besten durch modulare Lösungen begegnet werden, die auf Interoperabilität, offene Schnittstellen und einen Katalog von Standards abstellen: Die verschiedenen technischen Assistenzsysteme müssen nicht nur untereinander kommunizieren können, sondern im gesamten Anwendungskontext, d. h. im Zusammenspiel mit weiteren Produkten, Systemen und Dienstleistungen, eine zufriedenstellende Systemergonomie aufweisen. Gebraucht werden technische Systeme, die sich dem Alterungsprozess anpassen. Es muss möglich sein, bei zunehmenden körperlichen Einschränkungen entsprechende Module dazuzukaufen oder technikgestützte Dienstleistungen dazuzubuchen. Aus Nutzersicht ist weiterhin entscheidend, dass technische Assistenzsysteme leicht installiert und ausgetauscht werden können und sich selbstständig in bestehende Wohnungsnetzwerke integrieren.

Usability/Bedienqualität:

Entscheidende Voraussetzung für die Verbreitung von technischen Assistenzsystemen ist eine einfache Bedienung, die auch für wenig technikaffine Nutzergruppen selbsterklärend ist. Während jüngere Zielgruppen mit entsprechend höherer Technikaffinität und Technikkompetenz auch mit komplizierteren Bedienmodalitäten klarkommen, mit Smartphones, Tablet und Apps umgehen können, werden die gefundenen AAL-Endgeräte und deren typische Bedienschnittstellen (Tablet, Smartphone, Apps, Internet, Skype) von technikabstinenten Mietern bisher nicht im Alltag genutzt. Die Bedienoberflächen der Nutzer-Schnittstellen sind für sie nicht nutzerfreundlich genug, die Bedienprozeduren zu komplex und die Hürden der Bedienung nach wie vor zu hoch.

Kostengünstige Baukastenlösungen:

Es werden Baukastenlösungen für unterschiedliche Bedarfs- und Einkommensgruppen sowie flankierende kostengünstige Dienstleistungskonzepte, die – etwa durch die Einbindung von ehrenamtlichen Mitarbeitern in Nachbarschaftsstrukturen oder kirchlichen Kontexten – auch niedrigere Einkommensgruppen einbeziehen. Hilfreich sind ebenfalls Anstrengungen, die Kranken- und Pflegekassen sowie Kommunen zu einer Co-Finanzierung zu bewegen.

5.3.3
Empfehlungen an Kranken- und Pflegekassen

Leistungskatalog der Pflegeversicherung erweitern

Die Autoren begrüßen die im Koalitionsvertrag festgeschriebene Aufnahme technischer Unterstützungssysteme in den Leistungskatalog der Pflegeversicherung und die entsprechende Empfehlung im jüngsten Gutachten des BMG[69]. Dies kann besondere Anreizwirkungen für eine wohnnahe Versorgung auslösen und würde endlich auch die Pflegekassen in ein Kooperationsmodell einbeziehen.

Die im Oktober 2014 beschlossenen höheren Zuschüsse, beispielsweise für barrierefreie Umbauten und Notrufsysteme im Rahmen von "wohnumfeldverbessernden Maßnahmen" von 2.557 EUR auf 4.000 EUR nach § 40 Abs. 4 SGB XI, sind dazu ein erster wichtiger Schritt. Die dabei förderfähigen Hilfsmittel sind im Pflegehilfsmittelverzeichnis festgelegt. Diese Liste reicht derzeit aber nicht aus. Sie

---

[69] Vgl. Bundesministerium für Gesundheit (BMG) (Hrsg.) 2013.

muss um mobilitätsfördernde Einbauten zur Erhöhung der Selbstständigkeit im Bereich technischer Assistenzsysteme in der Wohnung erweitert werden und sollte aufgrund hoher Stromkosten der Geräte auch Betriebskostenanteile beinhalten.

Zuschüsse der Leistungsträger:

Die Aufnahme von technischen Assistenzsysteme in den Leistungskatalog der Pflegeversicherung könnte zu einer (Teil-)Kostenübernahme durch die Versorgungsträger führen. Damit wäre ein wichtiger Meilenstein zur Marktentwicklung im Segment "Pflegebedürftigkeit" getan. Sinnvolle unterstützende Techniken, deren Wirksamkeit plausibel ist, sollten im Sinne einer Teilhabegerechtigkeit im öffentlichen Gesundheitswesen allen Menschen zugänglich gemacht werden.

5.3.4
Empfehlungen an Kommunen

Erarbeitung von Demografiekonzepten zur Bedarfsermittlung

Für Kommunen sind Demografiekonzepte wegweisend, in denen die zukünftige Alterung der Bevölkerung kleinräumig – idealerweise auf der Ebene von Quartieren – dargestellt wird und die zu erwartenden Hilfebedarfe unterschiedlicher Zielgruppen, beispielsweise Demenzkranke, Haushalte mit Bewegungseinschränkungen und/oder dauerhaftem Unterstützungsbedarf, ausgewiesen werden. Demografiekonzepte sind eine wichtige Grundlage, um Wohnungen in den Quartieren den zukünftigen quantitativen und qualitativen Bedarfen entsprechend umzugestalten und auch mit technischen Assistenzsystemen auszustatten.

Entwicklung von integrierten, quartiersorientierten Lösungsansätzen

Angesichts der Bedeutung von Quartieren als zentrale Handlungsebene für die zukunftsorientierte Weiterentwicklung von Wohnungs- und Immobilienbeständen ist es notwendig, dass Kommunen geeignete Instrumente zur Erarbeitung und Umsetzung integrierter quartiersbezogener Ansätze entwickeln. Dies geht heute nicht mehr ohne die Implementierung geeigneter technischer Lösungen; eine davon ist die technische Grundausstattung der Wohnungen. Innovative Ansätze führen Maßnahmen einer baulichtechnischen Bestandsentwicklung mit erforderlichen sozialen, gesundheitsbezogenen und pflegerischen Dienstleistungen zusammen. Dazu ist es erforderlich, frühzeitig auf Quartiersebene Akteure zu identifizieren, mit denen solche integrierten Quartierslösungen konzeptionell entwickelt und schrittweise umgesetzt werden.

Aktivierung bürgerschaftlichen und ehrenamtlichen Engagements

Um kostengünstige Dienstleistungsangebote für eine größere Zahl einkommensbenachteiligter Haushalte zur Verfügung zu stellen ist es notwendig, Konzepte für die Einbindung ehrenamtlicher Helfer in das Leistungsangebot zu entwickeln und dafür Sorge zu tragen, dass im Bedarfsfalle ehrenamtliche Helfer in ausreichender Zahl für die reguläre Leistungserstellung aktiviert und organisiert werden können.

5.3.5
Empfehlungen zur Weiterentwicklung des Marktes für technikunterstütztes Wohnen

Knappe Fördermittel müssen effizient und effektiv eingesetzt werden. Das kann nur gelingen, wenn staatliche Fördermaßnahmen regelmäßig evaluiert werden. Hier gibt es in Deutschland immer noch Nachholbedarf. Dabei ist insbesondere der Nachweis von Interesse, welche assistierenden Technologien und Dienstleistungen unter welchen Bedingungen bei welchen Anwendern zu welchen Ergebnissen führen.

Der Erfolg von technischen Assistenzsystemen und flankierenden Dienstleistungen wird nicht zuletzt davon abhängen, ob ihr Mehrwert und ihre Effektivität für die Akteure und die Gesellschaft nachgewiesen werden können. Hierzu sind sozialwissenschaftliche Studien erforderlich, die den Nutzen für Ältere, Angehörige und pflegerisches Personal analysieren sowie ökonomische Gutachten mit entsprechenden Kosten-Nutzen-Rechnungen.

Solche Studien, insbesondere wenn sie auf Wirkungsnachweise und verallgemeinerbare Aussagen abzielen, erfordern eine ausreichend große Stichprobe an technisch ausgestatteten Wohnungen bzw. von Haushalten, die die relevanten Technologien in ihrem Alltag erproben. Die für diese Studie untersuchte Stichprobe von N=90 reicht nicht aus, er wären mehrere Hundert Wohnungen bzw. Haushalte einzubeziehen. Forschungsförderung und Wohnungswirtschaft sollten gemeinsam prüfen, inwieweit der Aufbau eines entsprechenden Untersuchungssettings gefördert und darauf aufbauend sozialwissenschaftliche Evaluierungen sowie ökonomische Bewertungen angestoßen werden könnten. Die Ergebnisse dieser Forschung sind wesentlich für das weitere Engagement der Industrie, der Wohnungswirtschaft sowie der Kranken und Pflegekassen.

Entwicklung und Erprobung kooperativer Geschäftsmodelle

Die weitere Entwicklung des Marktes erfordert es, dass die Marktpartner – Wohnungsunternehmen, Gerätehersteller und die Anbieter von Dienstleistungen – über das bisherige Maß hinaus kooperativ an der Entwicklung von tragfähigen Geschäftsmodellen oder Geschäftsmodellvarianten arbeiten. Zusätzlich zu den traditionellen Marktrollen sollten neue Konzepte erprobt werden, mit denen die Belastung für die Mieterhaushalte möglichst gering gehalten wird bzw. deren Zahlungsmöglichkeit nicht übersteigt und für die anderen Beteiligten – Wohnungsunternehmen, Geräteanbieter und Anbieter von Dienstleistungen – Kosten und Nutzen in einem angemessenen Verhältnis zueinanderstehen.

Handlungsleitend für neue Konzepte sind folgende Fragen:

– Lässt sich analog zu Verträgen der Wohnungswirtschaft mit Kabelnetzbetreibern eine größere Zahl von Wohnungen mit Assistenzsystemen ausrüsten, wenn Geräteanbieter die Finanzierung der technischen Komponenten gegenüber der Wohnungswirtschaft übernehmen und durch Skalenerträge Vorteile entstehen?

- Lässt sich der Absatz erhöhen, wenn Gerätehersteller in Abstimmung mit Wohnungsunternehmen Systeme insgesamt oder Teile davon den Mieterhaushalten direkt anbieten? Entscheidend sind zum Beispiel preiswerte Lösungen im Nachrüstbereich, sodass auch Mieter investieren können und nicht nur darauf angewiesen sind, Systeme vom Vermieter zur Verfügung gestellt zu bekommen.

- Welche Vorteile entstehen daraus, wenn der Dienstleister zugleich Anbieter von zusätzlichen technischen Assistenzsystemen ist?

Für diese Ansätze sind die Zahlungsströme zu definieren und die erforderlichen vertraglichen Regelungen zu gestalten. Zu prüfen ist außerdem, welche technischen Assistenzsysteme, insbesondere im Hinblick auf die Notwendigkeit eines festen Einbaus in die Wohnungen, nur für bestimmte Arten von Geschäftsmodellen geeignet sind. Ausgehend von dem Nutzen unterschiedlicher Baukastenlösungen von Assistenzsystemen ist zu prüfen, inwieweit sich Vorteile für Kranken- und Pflegekassen ergeben und welchen Finanzierungsbeitrag sie leisten können.

Die Entwicklung kooperativer Geschäftsmodelle kann letztlich nur auf lokaler Ebene gelöst, jedoch zum Beispiel auf Landesebene unter Beteiligung von Unternehmen und Verbänden initiiert werden. Dagegen sind notwendige Gesetzesinitiativen zum Beispiel im Gesundheitsbereich auf Bundesebene zu initiieren.

KfW-Programm "Altersgerecht Umbauen"

Es wird empfohlen, das bestehende KfW-Programm "Altersgerecht Umbauen" für die Förderung barrierefreier und barrierearmer Umbauten mit dem Fokus einer Zuschussförderung für Eigentümer und Mieter stärker finanziell zu unterlegen. Die Prognos AG hat in ihrer "Potenzialanalyse altersgerechte Wohnungsanpassung"[70] im Auftrag des BBSR positive fiskalische Effekte des KfW-Kreditprogramms sowie Einsparungen bei der Sozialhilfe und der Pflegeversicherung bestätigt. Besondere Anerkennung gebührt der Politik und der KfW mit der Entscheidung im Jahr 2012, Bedienelemente und technische Assistenzsysteme als Fördertatbestände in das damalige KfW-Eigenprogramm aufgenommen zu haben. Darauf entfielen 2013 rund 14 % aller geförderten Maßnahmen. Die Ausweitung des Zuschussprogramms könnte ältere Menschen dazu anregen, mehr in Umbauten zur Barrierereduzierung zu investieren und auch technische Angebote mehr zu nutzen.

Im Oktober 2014 wurde das KfW-Programm um eine Zuschusskomponente ergänzt, die jedoch auf Kleineigentümer und Mieter beschränkt ist. Um die auch politisch gewollten quantitativen Effekte erreichen zu können, wird empfohlen, die Zuschusskomponente

---

[70] BBSR (Hrsg.) 2014

für Mieter und alle Eigentümergruppen mit deutlich höheren Haushaltsmitteln – bisher 54 Millionen EUR in den Jahren 2014 bis 2017 – auszustatten. Die professionelle Wohnungswirtschaft darf von der Zuschussförderung nicht länger ausgeschlossen bleiben. Auch für diese Unternehmensgruppe sollte es eine Zuschussförderung – mindestens aber einen Tilgungszuschuss in einem Kreditprogramm des Bundes – geben.

Digitalstrategie der Bundesregierung

Die Digitale Agenda der Bundesregierung[71] sieht unter anderem eine Unterstützung der Breitbandversorgung im ländlichen Raum, die Förderung von Smart Home-Anwendungen sowie die Weiterentwicklung gesetzlicher Vorgaben zur Integration der Telemedizin und die Förderung von eHealth-Anwendungen vor.

Diese Absichtserklärung wird von den Autoren ausdrücklich unterstützt. Empfohlen wird, die Nutzung technischer Assistenzsysteme mit nachhaltigen Maßnahmen zu unterstützen:

- Förderung von Projekten zur Schaffung breitbandiger gebäudeinterner Infrastrukturen für jeden Raum einer Wohnung.
- Förderung von Projekten zur Anwendung technischer Assistenzsysteme in Wohngebäuden. Um eine ausreichende Stichprobe für wissenschaftliche Evaluierungen zu erhalten, sind in dieses Programm mindestens mehrere Hundert Haushalte bzw. Wohnungen und unter dem Aspekt "ambulant vor stationär" auch Pflege- und Gesundheitsanwendungen einzubeziehen.

Ethische Rahmenbedingungen berücksichtigen

Die Erfolgschancen technischer Assistenzsysteme sind gleichermaßen von sozio-ökonomischen, rechtlichen und ethischen Rahmenbedingungen abhängig. In dieser Beziehung bestehen noch deutliche Forschungsdefizite. Es sind Lösungen anzustreben, die die Rolle und die Rechte der unterstützten Menschen stärken und ihre ausdrückliche Zustimmung zum Einsatz und zur Ausdifferenzierung der Dienste erfordern. Auch die ethische Diskussion des Einsatzes von AAL steht in Deutschland noch am Anfang. Diese Diskussion sollte verstärkt in die Öffentlichkeit getragen und von Forschungen unterfüttert werden. Hierbei geht es nicht um eine Neuauflage der Diskussion der 80er-Jahre "Ethik versus Technik", sondern vielmehr darum, ethische Fragestellungen für die Entwicklung und Umsetzung der AAL-Technologien frühzeitig wirksam zu machen.

Datensicherheit und Datenschutz

Werden Daten aus der Wohnung übertragen – sei es an Wohlfahrtsverbände, Sicherheitsunternehmen oder das Wohnungsunternehmen – ist Transparenz darüber erforderlich, welche Informationen an wen übertragen werden, welchen Einblick diese Daten in die Privatheit des Nutzers erlauben und was mit den übertragenen Daten geschieht. Es reicht nicht aus, dem Kunden klarzumachen, welchen Sinn und Nutzen die jeweilige Anwendung für ihn haben könnte, vielmehr setzt die Etablierung eines AAL-Systems die expli-

---

[71] Bundesministerium für Wirtschaft und Energie et al. (Hrsg.) 2014

zite Zustimmung der Kunden voraus, die auf einer umfassenden Information beruht (Informed Consent). Dem Mieter ist die Einbettung des AAL-Systems in seiner Wohnung in die entsprechenden AAL-Dienstleistungsstrukturen nicht vertraut.

Das Vertrauen auf die Bewahrung der Privatsphäre ist Voraussetzung für die unbefangene Nutzung. Dies gilt sowohl für jede Form technischer Unterstützung im Alter, als auch für das Auslesen von Verbrauchsdaten, Fernwartungen, von außen initiierte Steuerungen im Haushalt (Kostenersparnis bei Stromverbrauch) etc.

Aufgrund des bestehenden Mietverhältnisses setzt der Mieter auch hinsichtlich des Datenschutzes und der Datensicherheit besonderes Vertrauen in seinen Vermieter. Dies bedeutet, dass der Vermieter – wenn er entsprechende Systeme einbaut und mit externen Dienstleistern vernetzt – ebenfalls über die Art der Dienstleistungsvermittlung im Hintergrund und die hieran beteiligten Akteure aufklärt.

Technische Assistenzsysteme bekannt machen

Die Anwendungsmöglichkeiten technischer Assistenzsysteme sind nicht genügend bekannt. Politik und Wirtschaft sind gleichermaßen gefordert, durch entsprechende Kampagnen zu informieren und über die Potenziale aufzuklären. Hierzu gehören Kongresse und Workshops sowie die Distribution von Broschüren und Prospekten über Verbände und Verbraucherorganisationen. Ebenfalls weiterführend wären Ausstellungen, Produktdatenbanken im Internet, die Verbreitung von Best Practice-Beispielen und die Verbreitung von Forschungsergebnissen aus dem europäischen Ausland, den USA und Asien.

Förderlich sind Medienpartnerschaften zu den Printmedien, aber auch zu Radiosendern und TV-Produktionen. Wegweisende Entwicklungen auf dem Gebiet der technischen Assistenzsysteme sollten einen festen Sendeplatz in den Fernsehprogrammen, insbesondere im Vorabendprogramm der Regionalprogramme erhalten, die von den potenziellen Nutzergruppen regelmäßig gesehen oder gehört werden.

6
Anhang

6.1
Grundlagen zu Geschäftsmodellen und zur Geschäftsmodellentwicklung

Der Begriff des Geschäftsmodells nahm Mitte der 1990er-Jahre zunächst in der Praxis seinen Ursprung, hat aber ab dem Ende der 1990er-Jahre seine Beachtung in der wissenschaftlichen Diskussion und in der Forschung gefunden.

Das Konzept des Geschäftsmodells hat mittlerweile in der Praxis – gemessen an der Berichterstattung in praxisorientierten Veröffentlichungen – eine Daseinsberechtigung erhalten. Hingegen fällt es der Wissenschaft nach wie vor schwer, den Begriff hinreichend klar zu spezifizieren. Während die klassische Betriebswirtschaftslehre den Fokus auf unterschiedliche Teildisziplinen wie Beschaffung, Produktion, Vertrieb, Finanzierung, Personalwesen etc. legt, richtet das Konstrukt des Geschäftsmodells den Blick auf die Unternehmung oder ein einzelnes Geschäftsfeld als Ganzes, um sämtliche für die Leistungserbringung und den Erfolg relevanten Aspekte zu erfassen.

Bereits das Managementkonzept des Marketing hat die klassische, auf Funktionen gerichtete Betrachtungsweise aufgehoben und gefordert, das Unternehmen und seine Teile auf den jeweiligen Zielmarkt auszurichten und die Bedürfnisse und Wünsche der dort vorhandenen Kunden möglichst gut zu befriedigen.[72] Das Marketing war als Herausforderung der älteren Konzepte entstanden, nimmt aber zentral die Perspektive des Marktes und der Zielkunden ein.

Insofern kann man den Geschäftsmodellansatz auch als Konzept begreifen, die einzelnen Teile des Unternehmens gleichberechtigt nebeneinanderzustellen und zu einer zunächst wertfreien Analyse zu gelangen, welche einzelnen Schlüsselfaktoren für den Erfolg entscheidend sind.

Verschiedene Autoren haben in den letzten 15 Jahren unterschiedliche Versuche unternommen, den Begriff des Geschäftsmodells oder des Businessmodels in der englischen Ausdrucksweise zu definieren. Grundlage waren umfassende Literaturauswertungen, um die Breite des Themas vollständig erfassen zu können.[73] Da die Autoren jeweils eigene Definitionen verwenden, die weitgehend selbstständig nebeneinanderstehen, hat sich noch keine einheitliche Meinung

---
[72] Vgl. Kotler/Bliemel 2001, S. 20 ff.
[73] Vgl. Scheer/Deelmann/Loos 2003, S. 8 ff. und Zott/Amitl/Massa 2011, S. 6 ff.

und noch kein Konsens über eine einheitliche Definition gebildet. Damit ist auch nicht ausgeschlossen, dass jeder – ob in Praxis oder Wissenschaft – etwas anderes unter dem Begriff eines Geschäftsmodells versteht.

Tabelle 7: Übersicht über gängige Definitionsansätze für den Begriff Geschäftsmodell[74]

Quelle	Definition
Timmers, P. (1998) Business Models for Electronic Markets. **Electronic Markets**, 8 (2), S.	"The business model is an architecture of the product, service and information flows, including a description of the various business actors and their roles; a description of the potential benefits for the various business actors; a description of the sources of revenues." (S. 2)
Amit & Zott, 2001 Amit, R. & Zott, C. (2001) Value creation in E-business. Strategic Management Journal, 22 (6-7), S. 493-520.	"A business model depicts the content, structure, and governance of transactions designed so as to create value through the exploitation of business opportunities." (S. 511)
Chesbrough, H.W. & Rosenbloom, R.S. (2002) The role of the business model in capturing value from innovation: evidence from Xerox Corporation's technology spin-off companies. Industrial and Coporate Change, 11 (3), S.529- 555.	The business model is "the heuristic logic that connects technical potential with the realization of economic value" (S. 529).
Magretta, J. (2002) Why business models matter. **Harvard** business **review**, 5, S.86-93.	Business models are "stories that explain how enterprises work. A good business model answers Peter Drucker's age old questions: Who is the customer? And what does the customer value? It also answers the fundamental questions every manager must ask: How do we make money in this business? What is the underlying economic logic that explains how we can deliver value to customers at an appropriate cost?" (S. 87).
Casadesus-Masanell, R. & Ricart, J.E. (2010) From Strategy to Business Models and onto Tactics. **Long Range Planning**, 43 (2-3), S.195- 215.	"A business model, we argue, is a reflection of the firm's realized strategy" (S. 195).
Teece, D.J. (2010) Business models, business strategy and innovation. **Long Range Planning**, 43 (2/3), S.172-194.	"A business model articulates the logic, the data and other evidence that support a value proposition for the customer, and a viable structure of revenues and costs for the enterprise delivering that value" (S. 179).
George, G. & Bock, A.J. (2011) The Business Model in Practice and Its Implications for Entrepreneurship Research. Entrepreneurship Theory and Practice, 35 (1), S. 83-111.	"A business model is the design of organizational structures to enact a commercial opportunity." (S. 99)

---

[74] Kamprath, Martin 2012, S. 4 f.

Scheer/Deelmann/Loos haben aus der eigenen Literaturübersicht folgende eigene Arbeitsdefinition abgeleitet:

"Ein Geschäftsmodell kann als eine abstrahierende Beschreibung der ordentlichen Geschäftstätigkeit einer Organisationseinheit angesehen werden. Diese Abstraktion basiert auf einer Abbildung von Organisationseinheiten, Transformationsprozessen, Transfereinflüssen, Einflussfaktoren sowie Hilfsmitteln oder einer Auswahl hieraus." [75]

Bieger/Bickhoff/Knyphausen-Aufseß sehen im Geschäftsmodell den "Versuch, eine vereinfachte Beschreibung der Strategie eines gewinnorientierten Unternehmens zu erzeugen, die sich dazu eignet, potenziellen Investoren die Sinnhaftigkeit ihres Unternehmens deutlich zu machen." [76]

Osterwalder/Pigneur formulieren es anschaulicher und verkürzen es auf das Wesentliche: "Ein Geschäftsmodell beschreibt das Grundprinzip, nach dem eine Organisation Werte schafft, vermittelt und erfasst." [77]

Mit diesen Definitionen ist jedoch noch nicht geklärt, welche Aspekte ein Geschäftsmodell zwingend darstellen und behandeln sollte. Wirtz hat dazu eine Übersicht mit verschiedenen Partialmodellen eines integrierten Geschäftsmodells entwickelt.[78] Danach umfasst ein Geschäftsmodell,

- ein Kapitalmodell mit einem Finanzierungs- und einem Erlösmodell,

- ein Marktmodell, aus dem auch Nachfrageaspekte und die Frage des Wettbewerbes formuliert werden,

- ein Beschaffungsmodell, aus dem ersichtlich ist, welche Komponenten erforderlich sind,

- ein Leistungserstellungsmodell, das die Leistungserbringung beschreibt,

- ein Leistungsangebotsmodell, aus dem das spezifische Angebot bzw. Produkt- und Dienstleistungskombinationen ersichtlich sind und ein

- Distributionsmodell, das die Vertriebswege erläutert.

---

[75] Scheer/Deelmann/Loos, 2003, S. 22.
[76] Bieger/Bickhoff/Knyphausen-Aufsess, D.z. 2002, S. 50.
[77] Osterwalder/Pigneur 2011, S. 18.
[78] Wirtz 2001

Das Zusammenwirken ist in der folgenden Abbildung dargestellt.

Abbildung 23: Überblick über wesentliche Elemente eines Geschäftsmodells

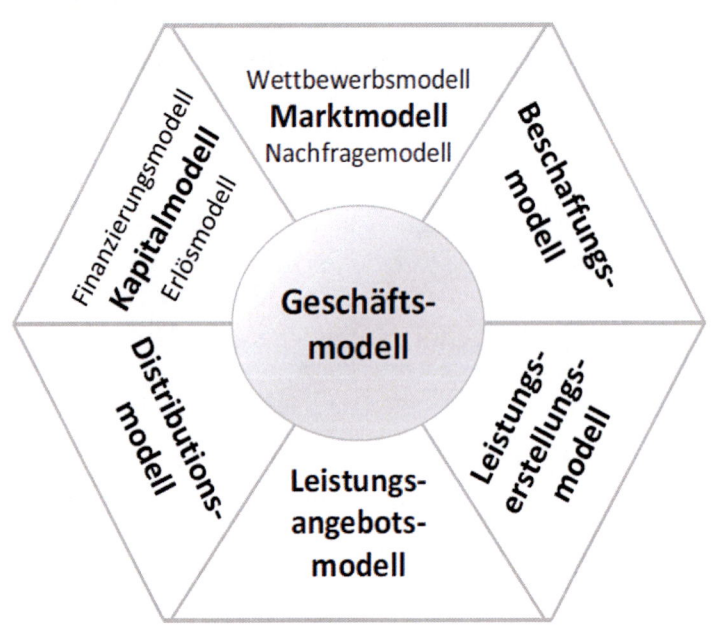

Hexagonales Diagramm mit zentralem Element "Geschäftsmodell" und sechs umliegenden Partialmodellen:
- Marktmodell (Wettbewerbsmodell / Nachfragemodell)
- Beschaffungsmodell
- Leistungserstellungsmodell
- Leistungsangebotsmodell
- Distributionsmodell
- Kapitalmodell (Finanzierungsmodell / Erlösmodell)

Quelle: Wirtz, B., 2001.

Osterwalder/Pigneur haben sich intensiv insbesondere mit der Entwicklung von Geschäftsmodellen auseinandergesetzt und für die umfassende Darstellung aller Aspekte eines Geschäftsmodells das Tool einer sogenannten Business Model Canvas entwickelt. Damit wird es möglich, auf einer hohen Granulationsstufe der Körnigkeit der Aspekte zu arbeiten, aber keinen wichtigen Aspekt außen vor zu lassen.

In der folgenden Tabelle sind die Bausteine bzw. Partialmodelle und ihre wesentlichen Bezugspunkte dargestellt:

Tabelle 8: Bausteine für die Geschäftsmodellentwicklung nach Osterwalder/Pigneur[79]

Baustein/Partialmodell	Betrachtungsgegenstand
Kundensegmente	Definition der verschiedenen Gruppen von Personen oder Organisationen, die ein Unternehmen erreichen oder bedienen will.
Wertangebote	Paket von Produkten und Dienstleistungen, das für ein bestimmtes Kundensegment Wert schöpft. Welche Probleme des Kunden werden damit beispielsweise gelöst, welche Kundenbedürfnisse werden erfüllt?
Kanäle	Beschreibung, über welche Kanäle die Kundensegmente erreicht und angesprochen werden, um das Wertangebot zu vermitteln. Darunter fallen Kommunikations-, Distributions- und Verkaufskanäle.
Kundenbeziehungen	Arten von Beziehungen, die mit einem bestimmten Kundensegment eingegangen werden sollen. Die Bandbreite reicht von persönlich bis hin zu automatisiert. Aktivitäten sind auch Kundenakquise und -pflege.
Einnahmequellen	Befasst sich mit den Einkünften, die ein Unternehmen aus jedem Kundensegment bezieht (Umsatz minus Kosten gleich Gewinn). Dazu zählen die Höhe, aber auch die Art des Preises (fest, variabel, pauschal) sowie wie der Kunde bezahlen möchte.
Schlüsselressourcen	Beschreibt die wichtigsten Wirtschaftsgüter, die für das Funktionieren eines Geschäftsmodells notwendig sind. Ressourcen können Produktionsanlagen sein oder erforderliches Personal.
Schlüsselaktivitäten	Beschreibung der wichtigsten Dinge, die ein Unternehmen tun muss, damit sein Geschäftsmodell funktioniert. Für ein Softwareunternehmen wäre dies beispielsweise Softwareentwicklung.
Schlüsselpartnerschaften	Damit wird das Netzwerk von Lieferanten und Partnern beschrieben, die zum Gelingen des Geschäftsmodells beitragen.
Kostenstruktur	Beschreibt alle Kosten, die bei der Ausführung eines Geschäftsmodells anfallen.

---

[79] Vgl. Osterwalder/Pigneur 2011, S. 20 bis 45.

Die einzelnen Bausteine bedingen einander. Veränderungen an einer Stelle lösen Veränderungen an anderer Stelle aus. Daher kann ein Geschäftsmodell nur in der Summe aller Teilaspekte betrachtet werden. Einzelne Variationen können daher zu einem vollständig anderen Profil eines Geschäftsmodells führen.

6.2 Fragebogen der Initialerhebung

Abbildung 24: Fragebogen der Initialerhebung, Seite 1

Angebote/Projekte im Bereich "Vernetztes Wohnen"

Ähnliche Begriffe: Technikunterstütztes Wohnen, Ambient Assisted Living – AAL, Smart Home

Fragebogen zu dem vom BBSR im Rahmen der Forschungsinitiative Zukunft Bau geförderten Projekt "Technische Assistenzsysteme für ältere Menschen/AAL", Az. SWD-10.08.18.7-12.49

Herrn
Diplom-Ökonom Ralf Lindert
InWIS Forschung & Beratung GmbH
Springorumallee 5
44795 Bochum

Bitte beantworten Sie diesen Fragebogen
bis zum 18.03.2013:
im Internet:
www.gdw.de/umfrage
per E-Mail:
Ralf.Lindert@inwis.de
per Fax: +49 234 89034-49

1. Wie viele Angebote/Projekte haben Sie im Bereich Vernetztes Wohnen? ☐

Wenn Sie keine Angebote/Projekte im Bereich Vernetztes Wohnen haben, entfällt die Beantwortung des Fragebogens.

2. Firma:

3. Firmensitz:

4. Ansprechpartner/Kontaktdaten für Rückfragen zum Angebot/Projekt:

5. Bezeichnung des aussagekräftigsten Angebotes/Projektes:

Beschreiben Sie kurz das Besondere Ihres Projektes (Stichworte möglich):

6. Das Angebot/Projekt befindet sich im: (Mehrfachnennung möglich)
   a. ☐ Neubau
   b. ☐ Bestand

7. Status dieses Angebotes/Projektes:
   a. ☐ in Planung
   b. ☐ laufend, und zwar seit dem Jahr ☐
   c. ☐ abgeschlossen, und zwar im Jahr ☐

8. Welche technischen Assistenzsysteme werden eingesetzt?

Abbildung 25: Fragebogen der Initialerhebung, Seite 2

9. Die technische Vernetzung in der Wohnung erfolgt:
    a. ☐ funkbasiert
    b. ☐ kabelbasiert

10. Welchem Funktions-/Einsatzbereich sind diese Technologien zuzuordnen?
    (Mehrfachnennungen sind möglich)
    a. ☐ Sicherheit (z. B. Einbruchsicherung, Notruf)
    b. ☐ Gesundheit (z. B. Prävention, Telemedizin, Pflege, Reha)
    c. ☐ Energie (z. B. Steuerung, Visualisierung des Energieverbrauchs)
    d. ☐ Komfort (z. B. Beleuchtung, Rollläden)
    e. ☐ Kommunikation/Information (z. B. elektronisches Mieterportal, soziale Kontaktbörse)
    f. ☐ Sonstiges, und zwar:

11. Welche konkreten Angebote/Dienstleistungen werden/wurden Mietern technikgestützt angeboten?

12. Kooperationspartner:
    (Mehrfachnennungen sind möglich)
    a. ☐ Kommune
    b. ☐ Krankenkasse, Pflegekasse
    c. ☐ Arzt, Klinik, andere Gesundheitsdienstleister
       (z. B. Pflegedienste, Apotheker, Physiotherapie)
    d. ☐ Wohlfahrtsverbände (z. B. DRK, Johanniter, Caritas, Diakonie)
    e. ☐ Anbieter haushaltsnaher Dienstleistungen, und zwar:

    f. ☐ Ehrenamtliche
    g. ☐ Sonstige, und zwar:

13. Das Leistungsangebot richtet sich an folgende Zielgruppe(n):
    (Mehrfachnennungen sind möglich)
    a. ☐ alle Bewohner
    b. ☐ Senioren
    c. ☐ Personen mit gesundheitlichen Einschränkungen, und zwar:

    d. ☐ Sonstige, und zwar:

14. In wie vielen Haushalten ist/war das Angebot/Projekt verfügbar? ☐

15. Wie erfolgt die Finanzierung des Angebotes/Projektes?
    (Mehrfachnennungen sind möglich)
    a. ☐ öffentliche Finanzierung (z. B. Förderung durch Land, Bund, Europa, Sozialkasse)
    b. ☐ private Finanzierung (z. B. Wohnungsunternehmen und/oder Bewohner)

Vielen Dank für Ihre Unterstützung.

GdW 28.02.2013

7
Literaturverzeichnis

AAL-Expertenrat: Meyer, S., Gothe, H., Grunwald, A., Hackler, E., Mollenkopf, H., Niederlag, W., Rienhoff, O., Steinhagen-Thiessen, E. & Ch. Szymkowiak (2010): Technische Assistenzsysteme für den demografischen Wandel – eine generationenübergreifende Innovationsstrategie (Loccumer Memorandum), Bonn/Berlin.

ARD/ZDF (2013): Onlinestudie 2013 – Onlinezugang. http://www.ard-zdf-onlinestudie.de/index.php?id=395. Abruf am 23.06.2014.

Arnhold, H. (2013): Der Konsolidierungsprozess ist schon in vollem Gange! Die fünf Geschäftsmodelle der Smart Home-Unternehmen. Energie und Technik, 12.11.2013. http://www.energie-und-technik.de/smart-energy/artikel/102898/1/. Abruf am 16.06.2014.

Balasch, M., Gerneth, M., Klaus, H., Helmuth, V., Schwaiger, D., Pfaff, K. & S. Zeidler (2014): Das Projekt SmartSenior – Erkenntnisse aus dem Projekt und Erfahrungen aus dem Praxiseinsatz im Feldtest, in: VDE (Hrsg.): Wohnen – Pflege – Teilhabe "Besser leben durch Technik". 7. Deutscher AAL-Kongress mit Ausstellung. Elektronische Ressource. Berlin, 21.–22.01.2014. VDE-Verlag, Berlin.

BBSR (Hrsg.) (2014): Potenzialanalyse altersgerechte Wohnungsanpassung, März 2014, Bonn

Bieger T./Bickhoff, N./Knyphausen-Aufsess, D.z. (2002): Einleitung, in: Bieger, T./Bickhoff, N./Caspers, R./Knyphausen-Aufseß, D.z./Reding, K. (Hrsg.): Zukünftige Geschäftsmodelle – Konzepte und Anwendungen in der Netzökonomie, Berlin/Heidelberg

BMBF (Hrsg.) (2013a): Abschlussbericht – Verbundprojekt: Gesund und länger zu Hause leben durch systemübergreifende Vernetzung und altersgerechte Assistenzen – WohnSelbst. HSK Rhein-Main GmbH, September 2013. Wiesbaden.

BMBF (Hrsg.) (2013b): Geschäftsmodellentwicklung für wohnbegleitende Dienstleistungen im Technikunterstützten Leben (AAL) – Erkenntnisse und Herausforderungen – Das Projekt STADIWAMI. Juli 2013, Berlin.

Bundesministerium für Gesundheit (BMG) (Hrsg.) (2013): Bundesministerium für Gesundheit – Abschlussbericht zur Studie: Unterstützung Pflegebedürftiger durch technische Assistenzsysteme, vorgelegt von der VDI/VDE Innovation + Technik GmbH, Berlin, Dezember 2013.

BMG (Hrsg.) (2014): Unterstützung Pflegebedürftiger durch technische Assistenzsysteme, Berlin.

BMWi (Hrsg.) (2013): Best Practice-Studie Intelligente Netze – Beispielhafte IKT-Projekte in den Bereichen Bildung, Energie, Gesundheit, Verkehr und Verwaltung. Roland Berger Strategy Consultants, Dezember 2013. Berlin.

BMWi (Hrsg.) (2014): Vernetztes Wohnen + Mobiles Leben. Gemeinsame Erklärung der Verbände und Organisationen zur intelligenten Heimvernetzung initiiert durch den gleichnamigen BMWi-AK Runder Tisch, 10.03.2014. Berlin.

Bundesministerium für Wirtschaft und Energie, Bundesministerium des Innern, Bundesministerium für Verkehr und digitale Infrastruktur (Hrsg.) (2014): Digitale Agenda 2014 – 2017.

Bundesamt für Sicherheit in der Informationstechnik (2014a): BSI TR-03109 – Technische Vorgaben für intelligente Messsysteme und deren sicherer Betrieb. https://www.bsi.bund.de/DE/Themen/SmartMeter/TechnRichtlinie/TR_node.html. Abruf am 23.06.2014.

Bundesamt für Sicherheit in der Informationstechnik (2014b): Smart Metering Systems. https://www.bsi.bund.de/DE/Themen/SmartMeter/smartmeter_node.html. Abruf am 23.06.2014.

Eberhardt, B. (2014): Kaufhäuser und Erlebniswelten für technische Assistenzsysteme – ohne dass Verbraucher auf Produkte treffen, entsteht kein Markt, in: VDE (Hrsg.): Wohnen – Pflege – Teilhabe "Besser leben durch Technik". 7. Deutscher AAL-Kongress. Elektronische Ressource. Berlin, 21.–22.01.2014. VDE-Verlag, Berlin.

Eichelberg, M. (Hrsg.) (2012): Interoperabilität von AAL Systemkomponenten, 2 Bände. VDE Verlag, Frankfurt a. M.

Eichener, V., Schauerte, M., Klein, K. (2002): Zukunft des Wohnens. Perspektiven für die Wohnungs- und Immobilienwirtschaft in Rheinland und Westfalen. Gutachten im Auftrag des VdW Rheinland Westfalen. Bochum.

Eichener, V. (2008): Wohnen als dritter Gesundheitsstandort, Vortrag, Veranstaltung "Innovatives Wohnen", VdW südwest, 10.09.2008. Darmstadt,

Eichener, V., Grinewitschus, V. & F. Külpmann (2013): "I-stay@home" statt Pflegeheim: Assistenzsysteme für das Wohnen im Alter – Ein Zwischenbericht aus dem europäischen Forschungs- und Entwicklungsprojekt "I-stay@home – ICT Solutions for an Ageing Society". In: Zeitschrift für Immobilienwirtschaft und Immobilienpraxis (ZIWP) – Nr. 1 2013, S. 7-24. URL: http://www.ebz-business-school.de/fileadmin/ebz-business-school/storage/pdf/ZIWP_Nr.1_web.pdf (abgerufen am: 23.04.2014).

Ennovatis GmbH (Hrsg.) (2013): AutAGef – Schlussbericht. Oktober 2013. Großpösna.

Fachinger, U., Künemund, H. & F.-J. Neyer (2012): Alter und Technikeinsatz. Zu Unterschieden von Technikaffinität und deren Bedeutung in einer alternden Gesellschaft. In: Hagenah, J. & H. Meulemann (Hrsg.): Mediatisierung der Gesellschaft? S. 239–256, Münster.

Friesdorf, W. & A. Heine (Hrsg.) (2007): Sentha – Seniorengerechte Technik im häuslichen Alltag. Ein Forschungsbericht mit integriertem Roman, Berlin.

GdW (Hrsg.) (2014), Wohnungswirtschaftliche Daten und Trends 2014/2015, November 2014, Berlin

GdW (Hrsg.) (2014): Flächendeckender Rollout "Smart Meter und Smart Meter Gateway", GdW Position, Juli 2014, Berlin.

GdW (Hrsg.) (2013): Strategiepapier Glasfaser. GdW Arbeitshilfe Nr. 67, Februar 2013, Berlin.

GdW (Hrsg.) (2007): Vernetztes Wohnen – Dienstleistungen, Technische Infrastruktur und Geschäftsmodelle. GdW Arbeitshilfe Nr. 54, Mai 2007, Berlin.

GdW (Hrsg.) (2013): Wohntrends 2030 – Studie, GdW Branchenbericht 6, Berlin.

Generali Zukunftsfonds (Hrsg.) und Institut für Demoskopie Allensbach: Generali Altersstudie 2013. Wie ältere Menschen leben, denken und sich engagieren, Frankfurt 2013 (Fischer Tb)

Gersch, M., Lindert, R. & Schröder, S. (2010): Innovative Geschäftsmodelle im Bereich E-Health@Home. Verbundprojekt "Entwicklung von Geschäftsmodellen zur Unterstützung eines selbstbestimmten Lebens in einer alternden Gesellschaft". Berlin.

Gohde, J. (2014): Wohnen für ein langes Leben – Wohnen im Quartier. In: DW – Die Wohnungswirtschaft, Nr. 3/2014, S. 19.

Gövercin, M., Meyer, S., Schellenbach, M., Weiss & B. Steinhagen-Thießen (2014): SmartSenior@home: User Acceptance und Usability of an Ambient Assisted Living System in 35 households. Results of a clinical field trial, in: Informa Healthcare 2014 (im Druck).

Hastedt, I., (2012) Geschäftsmodellentwicklung im Projekt "Lange selbstbestimmt zu Hause leben durch situative Assistenzsysteme und bedarfsgerechte Dienstleistungen für pflegende Angehörige" – Perspektiven aus der Praxissicht eines Pflegedienstleisters, in: Tagungsband des 5. Deutschen AAL-Kongress, 24. –25.01.2012. Berlin.

Heinze, R. G., Ley, C. (2009): Vernetztes Wohnen: Ausbreitung, Akzeptanz und nachhaltige Geschäftsmodelle, September 2009. Bochum.

Hunziker, C. (2014): AAL-Kongress 2014 – Das lange Warten auf den Durchbruch. In: DW – Die Wohnungswirtschaft, Nr. 3/2014, S. 20–22.

Hübner, G. (2013): Technikgestützte Pflege-Assistenzsysteme und rehabilitativ-soziale Integration unter dem starken demografischen Wandel in Sachsen-Anhalt, November 2013. Halle (Saale).

Joseph, G., Orr, D. (2013), Independent living through technology – Elderly and disabled people's view about the use of information communication technology. Proceedings of the I stay@ home project, Bamberg

Kamprath, Martin (2012): Geschäftsmodelle in der Personalisierten Medizin – Operationalisierung und erste Ergebnisse, Lehrstuhl für Innovationsmanagement und Entrepreneurship, Potsdam

Klaus, H. (2012): Geschäftsmodelle für vernetztes Wohnen – Beispiele aus dem Forschungsvorhaben SmartSenior. Vortrag auf der Fachtagung "Vernetztes Wohnen" am 22.03.2012. Hannover.

Kotler, Philipp/Bliemel, Friedhelm (2001): Marketing-Management, Stuttgart, 2001

Kotschi, B. (2013): Smart Home für EVU und Stadtwerke. Kundenbindungsinstrument, Revenue-Säule oder Fehlinvestition, Vortrag, BITKOM Fachforum "Smart Home meets Energy", 05.03.2013, Hannover.

Künemund, H. & N. M. Tanschus (2013): Gerotechnology: Old age in the electronic jungle. In: Komp, K. & M. Aartsen (Hrsg.): Old Age In Europe: A Textbook of Gerontology. S. 97–112, Springer, New York.

Meyer, S. & E. Schulze (2009): Smart Home für ältere Menschen. Handbuch für die Praxis. Stuttgart.

Meyer, S. (2010): Sozialwissenschaftliche Evaluation des Cohnschen Viertels in Hennigsdorf. Ergebnisse aus 12 Fallstudien, Berlin/ Hennigsdorf.

Meyer, S. & H. Mollenkopf (2010): AAL in der alternden Gesellschaft. Anforderungen, Akzeptanz und Perspektiven, Schriftenreihe der BMBF/VDE Innovationspartnerschaft AAL Bd. 2, Berlin.

Meyer, S. & Ch. Fricke (2012): Sozialwissenschaftliche Evaluation des Feldversuchs SmartSenior@home. Anforderungen und Akzeptanz der 35 Testhaushalte in Potsdam, Berlin.

Meyer, S., Bieber, D., Eberhardt, B., Hastedt, I., Lietz, S., Loss, K., Schindler, B., Schöpe, L., Schulze, C., Taube, M. & G. Vogel (2012): DIN SPEC 91280: Klassifikation von Dienstleistungen für ein technikunterstütztes Leben (AAL) für den Bereich der Wohnung und des direkten Wohnumfelds, Berlin.

Meyer, S. & Ch. Fricke. (2014): Sozialwissenschaftliche Evaluation der Mietererfahrungen im Projekt Argentum am Ried in Sarstedt. Ergebnisse aus 20 Fallstudien, Berlin.

Müller, F., Frenken, M., Hoffmann, P., Herzog, O. Hein, A., (2013), LsW – Networked home automation in living environments, in: Lebensqualität im Wandel von Demografie und Technik – 6. Deutscher AAL-Kongress 22.–23.01.2013 in Berlin

Müller, G. (2013): AutAGef – Automatisierte Assistenz in Gefahrensituationen. Vortrag auf der Abschlussveranstaltung "AutAGef" am 09.10.2013. Dresden.

Osterwalder, Alexander/Pigneur, Yves (2011): Business Model Generation – Ein Handbuch für Visionäre, Spielveränderer und Herausforderer, Frankfurt am Main/New York

Reinboth, C.; Fischer-Hirchert, U.H.P. & Witczak, U. (2012): Technische Assistenzsysteme zur Unterstützung von Pflege und selbstbestimmtem Leben im Alter – das ZIM-NEMO-Netzwerk TECLA. Tagungsband des 5. Deutschen AAL-Kongress, 24.–25.01.2012. Berlin.

Rosales-Saurer, B., Röll, N., Kunze. CH, Görlitz, R., Vetter, T., Wieser, M., Lutze, S., /2012), easyCare Service Plattform – Erste Praxiserfahrungen aus der Beta-Phase, in: Tagungsband des 5. Deutschen AAL-Kongress, 24.–25.01.2012. Berlin.

Rost, K. et al. (2013): Integration von technikgestützten Pflegeassistenzsystemen in der Harzregion. Vortrag auf dem 6. Deutschen AAL-Kongress, 22.–23.01.2013. Berlin.

Röll, N., Chiriac, S., Rosales Saurer, B., Vetter, T. (2014) Evaluationsgetriebene Entwicklung eines praxistauglichen Assistenzsystems, in: VDE (Hrsg.): Wohnen – Pflege – Teilhabe "Besser leben durch Technik". 7. Deutscher AAL-Kongress. Elektronische Ressource. Berlin, 21.–22.01.2014. VDE-Verlag, Berlin.

Röll, N., Rosales Saurer, B., Parada Otte, J., Bartelmes, R., Vetter, T., (2013) Praxiserfahrung aus der Einführung eines technischen Assistenzsystems in einer Einrichtung für Betreutes Wohnen, in: VDE, AAL und BMBF (Hrsg.): Technik für ein selbstbestimmtes Leben. 5. Deutscher AAL-Kongress mit Ausstellung. Elektronische Ressource. Berlin, 24. –25.01.2012. VDE-Verlag, Berlin/Offenbach.

Scheer, Christian/Deelmann, Thomas/Loos, Peter (2003): Geschäftsmodelle und internetbasierte Geschäftsmodelle – Begriffsbestimmung und Teilnehmermodell (Schriftenreihe des ISYM - Information Systems & Management, Paper 12)

Schelisch, L. (2014): Wer nutzt eigentlich PAUL? Erfahrungen aus dem Praxiseinsatz. in: VDE (Hrsg.): Wohnen – Pflege – Teilhabe "Besser leben durch Technik". 7. Deutscher AAL-Kongress. Elektronische Ressource. Berlin, 21.–22.01.2014. VDE-Verlag, Berlin.

Spellerberg, A. & L. Schelisch (2011): Ambiente Notfallerkennung in der Praxis. in: Innovative Assistenzsysteme im Dienste des Menschen – Von der Forschung für den Markt. Ambient Assisted Living, 4. Deutscher Kongress mit Ausstellung, 25.–26.01.2011 in Berlin. VDE-Verlag, Berlin/Offenbach.

Spellerberg, A. & L. Schelisch (2012): Zwei Schritte vor und einer zurück? Zur Akzeptanz und Nutzung von AAL-Technik in Haushalten. In: VDE, AAL und BMBF (Hrsg.): Technik für ein selbstbestimmtes Leben. 5. Deutscher AAL-Kongress mit Ausstellung. Elektronische Ressource. Berlin, 24.–25.01.2012. VDE-Verlag, Berlin/ Offenbach.

Speelmanns, K. (2013): In Zukunft smart: Der intelligente Stromzähler im cleveren Haus. In: Bundesbaublatt, Heft 9/2013. http://www.bundesbaublatt.de/artikel/bbb_In_Zukunft_smart_Der_intelligente_Stromzaehler_im_cleveren_Haus_1793784.html. Abruf am 23.06.2014.

Unternehmensgruppe Krebs (2013): Future Living Berlin®. http://ugk-berlin.de/projects/future-living-berlin/. Abruf am 23.06.2014.

VDE (Hrsg.) (2014): Die deutsche Normungs-Roadmap AAL (Ambient Assisted Living). Status, Trends und Perspektiven der Normung im AAL-Umfeld (Version 02.01.2014).

VDI/VDE (Hrsg.) (2014): Richtlinie 6008, Blatt 3, Barrierefreie Lebensräume. Möglichkeiten der Elektrotechnik und Gebäudeinstallation, Frankfurt.

VDE (Hrsg.) (2009): VDE-Positionspapier "Intelligente Assistenz-Systeme im Dienst für eine reife Gesellschaft, Frankfurt.

Verband Sächsischer Wohnungsbaugenossenschaften (Hrsg.) (2012): AlterLeben. Die "mitalternde Wohnung", Projektbericht, Dresden.

Verza, R., Lopez Carvalho, M.L., Battaglia, M.A., &M. Messmer Uccelli (2006): An interdisciplinary approach to evaluation the need for assistance technology reduces equipment abandonment. in: Multiple Sclerosis, 2006, Vol. 12(1), S. 88.

VSWG Verband Sächsischer Wohnungsbaugenossenschaften (Hrsg.), (2012) AlterLeben – die mitalternde Wohnung. Sicher & selbstbestimmt wohnen, Dresden

Wedemeier, C. (2012): Vernetztes Wohnen – Konzept und Umsetzung in Wohnungsgenossenschaften, in: ZfgG (Hrsg.) Band 62 (2012) - Heft 3.

Wedemeier, C. (2014): Große Koalition will den Gesundheitsstandort "Wohnung" stärken – Mittel für altersgerechten Umbau fehlen aber, in: GdW Bundesverband deutscher Wohnungs- und Immobilienunternehmen (Hrsg.), wi Wohnungswirtschaftliche Informationen 13/2014.

Weiß, C. (2011): Assistierte Pflege von morgen. In: Institut für Innovation und Technik der VDI/VDE Innovation + Technik GmbH (Hrsg.): Facetten des Demografischen Wandels. Neue Sichtweisen auf einen gesellschaftlichen Veränderungsprozess, Berlin.

Wirtz, Bernd (2001): Electronic Business, Wiesbaden

WohnSelbst (2014): Gesund und länger zu Hause leben durch systemübergreifende Vernetzung und altersgerechte Assistenzen – WohnSelbst ". Abschlussbericht des Verbundprojekts, Wiesbaden

Zott, Christoph/Amit, Raphael/Massa, Lorenzo (2011): The Business Model: Recent Developments and Future Research, Journal of Management, Mai 2011

8
Abbildungsverzeichnis

Abbildung 1:
Stichprobe der evaluierten Haushalte nach dem Alter der
Mieter, N=90 59

Abbildung 2:
Stichprobe der durchgeführten Experteninterviews, N= 50 59

Abbildung 3:
Gestaltung der Bedienschnittstelle bei "PAUL"/CIBEK in
Kaiserslautern und Speyer 79

Abbildung 4:
Gestaltung der Bedienschnittstelle bei Qivicon/
Deutsche Telekom AG im ARGENTUM 80

Abbildung 5:
Kostenanfall nach einzelnen Phasen der Projektrealisierung 93

Abbildung 6:
Kundenstruktur nach Alter 115

Abbildung 7:
Haushaltseinkommen von Mieterhaushalten 116

Abbildung 8:
Zahlungsbereitschaft im Hinblick auf seniorengerechte
Ausstattungsmerkmale 117

Abbildung 9:
Zahlungsbereitschaft von Mietern (über 60 Jahre) 117

Abbildung 10:
Mögliche Finanzierungs- bzw. Einnahmequellen 120

Abbildung 11:
Kostenzuordnung im klassischen wohnungswirtschaftlichen
Geschäftsmodell 128

Abbildung 12:
Wertschöpfungsstruktur zwischen Wohnungsunternehmen
und Mieterhaushalt im klassischen Geschäftsmodell 130

Abbildung 13:
Kostenzuordnung im klassischen wohnungswirtschaftlichen
Geschäftsmodell bei Erweiterung um Dienstleistungen (Notruf)..132

Abbildung 14:
Wertschöpfungsstruktur zwischen Wohnungsunternehmen
und Mieterhaushalt im klassischen Geschäftsmodell mit
Dienstleistungsangebot (Notruf) 133

Abbildung 15:
Kostenzuordnung im klassischen wohnungswirtschaftlichen
Geschäftsmodell bei Erweiterung um Dienstleistungen (voll
ausgebaut) 134

Abbildung 16:
Kostenzuordnung bei Wohnungsunternehmen als
Full-Service-Anbieter 135

Abbildung 17:
Kostenzuordnung bei Technikhersteller als Anbieter von
Finanzierungsmodellen 136

Abbildung 18:
Kostenzuordnung bei Mieterhaushalt als Eigentümer der
Komponenten 138

Abbildung 19:
Vorschlag für eine Gebäude- und Wohnungsverkabelung,
Stufe *** "Future Multimedia" 145

Abbildung 20:
Ausstattungsvarianten einer Wohnungsinfrastruktur 148

Abbildung 21:
Schema einer sicheren IT-basierten Systemstrategie 152

Abbildung 22:
Datenaufkommen in einem Smart Home 154

Abbildung 23:
Überblick über wesentliche Elemente eines Geschäftsmodells 176

Abbildung 24:
Fragebogen der Initialerhebung, S. 1 179

Abbildung 25:
Fragebogen der Initialerhebung, S. 2 180

9 Tabellenverzeichnis

Tabelle 1:
Charakterisierung des Rücklaufs 5

Tabelle 2:
Gemeldete Projekte nach technischen, ökonomischen und
sozialwissenschaftlichen Kriterien (N=59) 6

Tabelle 3:
Ausgewählte Projekte nach technischen, ökonomischen und
sozialwissenschaftlichen Kriterien (N=14) 8

Tabelle 4:
Untersuchte Projekte und Anzahl der Wohnungen 58

Tabelle 5:
Überblick über SOPHIA-Paketlösungen 106

Tabelle 6:
SOPHITAL – Kostenrichtwerte für unterschiedliche Pakete 107

Tabelle 7:
Übersicht über gängige Definitionsansätze für den Begriff
Geschäftsmodell 174

Tabelle 8:
Bausteine für die Geschäftsmodellentwicklung nach
Osterwalder/Pigneur 177

GdW Bundesverband
deutscher Wohnungs- und
Immobilienunternehmen e.V.

Mecklenburgische Str. 57
14197 Berlin
Telefon: +49 (0)30 82403-0
Telefax: +49 (0)30 82403-199

Brüsseler Büro des GdW
3, rue du Luxembourg
1000 Bruxelles
BELGIEN
Telefon: +32 2 5 50 16 11
Telefax: +32 2 5 03 56 07

E-Mail: mail@gdw.de
Internet: http://www.gdw.de

ANZEIGE

Bauforschungsportal

www.irb.fraunhofer.de/bauforschung

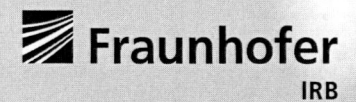

Fraunhofer
IRB

Das Portal **Bauforschung** unterstützt die Umsetzung der Bauforschungsergebnisse in die Praxis, fördert den Ergebnisaustausch zwischen den Forschern und hilft dabei, doppelte Forschungsansätze zu vermeiden.

Zielgruppen sind neben Wissenschaftlern in erster Linie Bau- und Planungspraktiker, die bei der Umsetzung ihrer Aufgaben neueste Erkenntnisse einsetzen wollen. Da das Fraunhofer IRB über einen großen Fundus an Bauforschungsergebnissen verfügt, der weit in die Vergangenheit reicht, können sich die Nutzer auch über den Stand der Technik früherer Jahre informieren.

Wichtige Förderinstitutionen der Bauforschung im deutschsprachigen Raum sorgen schon seit Jahrzehnten dafür, dass sowohl eine Projektbeschreibung bei Beginn des Forschungsvorhabens als auch der Abschlussbericht nach Beendigung der Forschungsarbeit dem Fraunhofer IRB zur Verfügung gestellt wird.

Hinzu kamen und kommen Institutionen, Forschungsinstitute und Forscher, die ihre Forschungsergebnisse zur Verfügung stellen, weil sie an einer Verbreitung ihrer Erkenntnisse interessiert sind.

Forschungsberichte und Dissertationen, Bücher, Aufsätze und Zeitschriftenaufsätze, die sich mit Bauforschung bzw. Forschungsergebnissen beschäftigen sowie Hinweise auf laufende und abgeschlossene Forschungsprojekte.

Weitere Informationen:
Fraunhofer-Informationszentrum Raum und Bau IRB
Nobelstraße 12 | 70569 Stuttgart
Tel. 0711 970-2500 | Fax 0711 970-2507
www.irb.fraunhofer.de/bauforschung
irb@irb.fraunhofer.de

Ansprechpartnerin:
Ursula Schreck-Offermann | Tel. 0711 970-2551 | so@irb.fraunhofer.de

Fraunhofer IRB Verlag
Der Fachverlag zum Planen und Bauen

ANZEIGE

Bauforschung für die Praxis

☐ **Regeldetailkatalog für den mehrgeschossigen Holzbau in Gebäudeklasse 4**
Martin Gräfe, Michael Merk, Norman Werther, Claudia Fülle, Nadine Leopold, u.a.
Band 111: 2015, 244 S., zahlr. Abb., Tab, Kart.
ISBN 978-3-8167-9424-0 | € 40,– [CHF 64,–]

☐ **Bauteilbeschreibungen im Bauträgervertrag**
Rainer Oswald, Ruth Abel, Martin Oswald, Klaus Wilmes, Matthias Zöller
Band 110: 2015, 209 S., zahlr. Abb., Tab., Kart.
ISBN 978-3-8167-9374-8 | € 40,– [CHF 64,–]

☐ **Hochgenaue Strukturerkennung von Holzbauteilen mit 3D-Ultraschall**
Boris Milmann, Martin Krause, Ute Effner, Klaus Mayer, Sabine Müller, u.a.
Band 109: 2014, 105 S., zahlr. Abb.,Tab., Kart.
ISBN 978-3-8167-9212-3 | € 30,– [CHF 50,50]

☐ **Bauen im Bestand – Bewertung der Anwendbarkeit aktueller Bewehrungs- und Konstruktionsregeln im Stahlbetonbau**
Jürgen Schnell, Markus Loch, Florian Stauder, Michael Wolbring
Band 108: 2014, 337 S., zahlr. Abb., Tab., Kart.
ISBN 978-3-8167-9162-1 | € 45,– [CHF 71,–]

☐ **Unterschiedliche Torsysteme in Industriegebäuden unter Berücksichtigung energetischer, bauklimatischer und wirtschaftlicher Aspekte**
Gerhard Hausladen, Klaus Klimke, Jakob Schneegans, Timm Rössel
Band 107: 2014, 90 S., 78 Abb., 18 Tab., Kart.
ISBN 978-3-8167-9155-3 | € 30,– [CHF 50,50]

☐ **Transluzente Glas-Kunststoff-Sandwichelemente**
Andrea Dimmig-Osburg, Frank Werner, Jörg Hildebrand, Alexander Gypser, Björn Wittor, Martina Wolf
Band 106: 2013, 54 S., 44 Abb., 5 Tab., Kart.
ISBN 978-3-8167-9025-9 | € 30,– [CHF 50,50]

☐ **Dezentrale Wärmerückgewinnung aus häuslichem Abwasser**
Marten F. Brunk, Christopher Seybold, Rainard Osebold, Joachim Beyert, Georg Vosen
Band 105: 2013, 81 S., 43 Abb., 10 Tab., Kart.
ISBN 978-3-8167-9012-9 | € 30,– [CHF 50,50]

☐ **Stegplatten aus Polycarbonat**
Ursula Eicker, Andreas Löffler, Antoine Dalibard, Felix Thumm, Michael Bossert, Davor Kristic
Band 104: 2012, zahlr. farb. Abb., Kart.
ISBN 978-3-8167-8828-7 | € 40,– [CHF 64,–]

☐ **Maßnahmen zur Bewältigung von Notfallsituationen behinderter Menschen in Hochhäusern**
Dirk Boenke, Helmut Grossmann, Karin Michels
Band 103: 2012, 288 S., zahlr. farb. Abb., Kart.
ISBN 978-3-8167-8713-6 | € 40,– [CHF 64,–]

☐ **Projektbezogene Kooperationsmodelle für Bau- und Wohnungsunternehmen bei Baumaßnahmen im Bestand**
Peter Racky, Martin Federowski
Band 102: 2012, 136 S., zahlr. farb. Abb., Kart.
ISBN 978-3-8167-8676-4 | € 35,– [CHF 59,–]

☐ **Kosteneinsparung durch Anwendung zerstörungsfreier Prüfverfahren für Betonbauteile beim Bauen im Bestand**
Martin Krause
Band 101: 2012, 95 S., zahlr. farb. Abb., Kart.
ISBN 978-3-8167-8611-5 | € 30,– [CHF 50,50]

☐ **Entwicklung eines kostengünstigen Sanierungsverfahrens für Hausanschlüsse**
Joachim Beyert
Band 100: 2011, 80 S., Abb., Tab., Kart.
ISBN 978-3-8167-8578-1 | € 30,– [CHF 50,50]

☐ **Dauerhaftigkeit und Folgekosten kostengünstig errichteter Mehrfamilienhäuser**
Rainer Oswald, Matthias Zöller, Geraldine Liebert, Silke Sous
Band 99: 2011, 134 S., zahlr. Abb., Kart.
ISBN 978-3-8167-8553-8 | € 35,– [CHF 59,–]

☐ **Baupraktische Detaillösungen für Innendämmungen (nach EnEV 2009)**
Rainer Oswald, Matthias Zöller, Geraldine Liebert, Silke Sous
Band 98: 2011, 135 S., zahlr. Abb., Kart.
ISBN 978-3-8167-8552-1 | € 35,– [CHF 59,–]

☐ **Schadensfreie niveaugleiche Türschwellen**
Rainer Oswald, Ruth Abel, Klaus Wilmes
Band 97: 2011, 178 S., zahlr. Abb. u. Tab., Kart.
ISBN 978-3-8167-8500-2 | € 40,– [CHF 64,–]

☐ **Modernisierungsempfehlungen im Rahmen der Ausstellung eines Energieausweises**
G. Hauser, M. Ettrich, M. Hoppe
Band 96: 2011, 212 S., zahlr. Abb., Kart.
ISBN 978-3-8167-8333-6 | € 46,– [CHF 64,–]

☐ **Ein- und Zweifamilienhäuser im Lebens- und Nutzungszyklus**
R. Weeber, L. Küchel, D. Baumann, H. Weeber
Band 95: 2010, 121 S., zahlr. Abb., Kart.
ISBN 978-3-8167-8309-1 | € 33,– [CHF 55,50]

☐ **Wohnformen für Hilfebedürftige**
Jutta Kirchhoff, Bernd Jacobs
Band 94: 2010, 121 S., zahlr. Abb., Kart.
ISBN 978-3-8167-8222-3 | € 33,– [CHF 55,50]

☐ **Entwicklung von alternativen Finanzierungsmöglichkeiten für mittelständische Bauunternehmen**
E. W. Marsch, C. Hoffmann, K. Wischhof
Band 93: 2010, 100 S., 64 Abb., Kart.
ISBN 978-3-8167-8225-4 | € 31,– [CHF 52,–]

☐ **Rückbau von Wohngebäuden unter bewohnten Bedingungen – Erschließung von Einsparpotentialen**
B. Janorschke, B. Rebel, U. Palzer
Band 92: 2010, 146 S., zahlr. Abb., Kart.
ISBN 978-3-8167-8186-8 | € 32,– [CHF 54,–]

☐ **Smart Home für ältere Menschen**
Sibylle Meyer, Eva Schulze
Band 91: 2010, 94 S., zahlr. Abb. u. Tab., Kart.
ISBN 978-3-8167-8136-3 | € 33,– [CHF 55,50]

☐ **Wohnwert-Barometer**
L. Dammaschk, S. El khouli, M. Keller, u.a.
Band 90: 2010, 172 S., zahlr. Abb. u. Tab., Kart.
ISBN 978-3-8167-8135-6 | € 40,– [CHF 79,–]

☐ **Nachträgliche Abdichtung von Wohngebäuden gegen drückendes Grundwasser unter Verwendung von textilbewehrtem Beton**
Wolfgang Brameshuber, Rebecca Mott
Band 89: 2009, 78 S., zahlr. Abb. u. Tab., Kart.
ISBN 978-3-8167-8024-3 | € 32,– [CHF 54,–]

Alle Bände der Reihe auch zum Download
www.irb.fraunhofer.de/bauforschung
→ Produkte

Bestellung:
Fax 0711 970-2508 oder -2507

Fraunhofer IRB Verlag
Fraunhofer-Informationszentrum
Raum und Bau IRB
Postfach 80 04 69
70504 Stuttgart

Absender
E-Mail
Straße/Postfach
PLZ/Ort
Datum/Unterschrift

Fraunhofer IRB Verlag • Postfach 80 04 69 • 70504 Stuttgart • Tel. 0711/970-2500 • Fax 0711/970-2508 • irb@irb.fraunhofer.de • www.baufachinformation.de

Fraunhofer IRB Verlag
Der Fachverlag zum Planen und Bauen

☐ **Sanierung von drei kleinen Wohngebäuden in Hofheim**
Hrsg.: Institut Wohnen und Umwelt GmbH IWU
Band 88: 2009, 175 S., zahlr. Abb. u. Tab., Kart.
ISBN 978-3-8167-7935-3 | € 40,– [CHF 64,–]

☐ **Kritische Schnittstellen bei Eigenleistungen**
R. Oswald, S. Sous, R. Abel, M. Zöller, J. Kottjé
Band 87: 2008, 62 S., zahlr. Abb. u. Tab., Kart.
ISBN 978-3-8167-7814-1 | € 22,– [CHF 38,–]

☐ **elife**
Hrsg.: Manfred Hegger
Band 86: 2008, 303 S., zahlr. Abb. u. Tab., Kart.
ISBN 978-3-8167-7615-4 | € 46,– [CHF 72,50]

☐ **Biomasseheizungen für Wohngebäude mit mehr als 1.000 qm Gesamtnutzfläche**
Claus-Dieter Clausnitzer
Band 85: 2008, 161 S., zahlr. Abb. u. Tab., Kart.
ISBN 978-3-8167-7614-7 | € 40,– [CHF 64,–]

☐ **Schimmelpilzbefall bei hochwärmegedämmten Neu- und Altbauten**
Rainer Oswald, Geraldine Liebert, Ralf Spilker
Band 84: 2008, 90 S., zahlr. Abb. u. Tab., Kart.
ISBN 978-3-8167-7613-0 | € 31,– [CHF 52,–]

☐ **Zuverlässigkeit von Flachdachabdichtungen aus Kunststoff- und Elastomerbahnen**
R. Oswald, R. Spilker, G. Liebert, S. Sous, M. Zöller
Band 83: 2008, 342 S., zahlr. Abb. u. Tab., Kart.
ISBN 978-3-8167-7612-3 | € 50,– [CHF 79,–]

☐ **Attraktive Stadtquartiere für das Leben im Alter**
G. Steffen, D. Baumann, A. Fritz
Band 82: 2007, 120 S., zahlr. Abb. u. Tab., Kart.
ISBN 978-3-8167-7418-1 | € 30,– [CHF 50,50]

☐ **Barrierearm – Realisierung eines neuen Begriffes**
S. Edinger, H. Lerch, C. Lentze
Band 81: 2007, 192 S., zahlr. Abb. u. Tab., Kart.
ISBN 978-3-8167-7409-9 | € 50,– [CHF 79,–]

☐ **Weiße Wannen – hochwertig genutzt**
Rainer Oswald, Klaus Wilmes, Johannes Kottjé
Band 80: 2007, 72 S., zahlr. Abb. u. Tab., Kart.
ISBN 978-3-8167-7344-3 | € 29,– [CHF 48,90]

☐ **Planung plus Ausführung?**
Hannes Weeber, Simone Bosch
Band 79: 2006, 142 S., zahlr. Abb. u. Tab., Kart.
ISBN 978-3-8167-7247-7 | € 32,– [CHF 54,–]

☐ **Wohnen mit Assistenz**
Gabriele Steffen, Antje Fritz
Band 78: 2006, 240 S., zahlr. Abb. u. Tab., Kart.
ISBN 978-3-8167-7129-6 | € 40,– [CHF 64,–]

☐ **Prognoseverfahren zum biologischen Befall durch Algen, Pilze und Flechten an Bauteiloberflächen auf Basis bauphysikalischer und mikrobieller Untersuchungen**
C. Fritz, W. Hofbauer, K. Sedlbauer, M. Krus, u.a.
Band 77: 2006, 304 S., zahlr. Abb. u. Tab., Kart.
ISBN 978-3-8167-7102-9 | € 50,– [CHF 79,–]

☐ **Eigenkapital im Baugewerbe**
Wolfgang Jaedicke, Jürgen Veser
Band 76: 2006, 94 S., zahlr. Tab., Kart.
ISBN 978-3-8167-7100-5 | € 25,– [CHF 42,90]

☐ **Feuchtepufferwirkung von Innenraumbekleidungen aus Holz oder Holzwerkstoffen**
H.M. Künzel, A. Holm, K. Sedlbauer, u.a.
Band 75: 2006, 55 S., zahlr. Abb. u. Tab., Kart.
ISBN 978-3-8167-7094-7 | € 20,– [CHF 34,90]

☐ **Wärmebrückenkatalog für Modernisierungs- und Sanierungsmaßnahmen zur Vermeidung von Schimmelpilzen**
Horst Stiegel, Gerd Hauser
Band 74: 2006, 184 S., zahlr. Abb. u. Tab., Kart.
ISBN 978-3-8167-6922-4 | € 35,– [CHF 59,–]

☐ **Entwicklung technischer und wirtschaftlicher Konzepte zur Konservierung von leer stehenden Altbauten**
Tobias Jacobs, Jens Töpper
Band 73: 2006, 70 S., zahlr. Abb. u. Tab., Kart.
ISBN 978-3-8167-6921-7 | € 25,– [CHF 42,90]

☐ **Kurzverfahren Energieprofil**
T. Loga, N. Diefenbach, J. Knissel, R. Born
Band 72: 2005, 160 S., zahlr. Abb. u. Tab., Kart.
ISBN 978-3-8167-6911-8 | € 35,– [CHF 59,–]

☐ **Unternehmenskooperationen und Bauteam-Modelle für den Bau kostengünstiger Einfamilienhäuser**
Hannes Weeber, Simone Bosch
Band 71: 2005, 145 S., zahlr. Abb., Kart.
ISBN 978-3-8167-6894-4 | € 35,– [CHF 59,–]

☐ **Technischer Leitfaden Plattenbau**
E. Künzel, J. Blume-Wittig, M. Kott, C. Ost
Band 70: 2004, 200 S., zahlr. Abb., Tab., Kart.
ISBN 978-3-8167-6678-0 | € 49,– [CHF 77,50]

☐ **Untersuchung und Verbesserung der kontrollierten Außenluftzuführung über Außenwand-Luftdurchlässe unter besonderer Berücksichtigung der thermischen Behaglichkeit in Wohnräumen**
D. Markfort, E. Heinz, K. Maschewski, u.a.
Band 69: 2005, 186 S., zahlr. Abb., Tab., Kart.
ISBN 978-3-8167-6635-3 | € 45,– [CHF 71,–]

☐ **Anwendung der Passivtechnologie im sozialen Wohnbau**
H. Schöberl, S. Hutter, T. Bednar, u. a.
Band 68: 2005, 203 S., zahlr. Abb., Tab., Kart.
ISBN 978-3-8167-6634-6 | € 45,– [CHF 71,–]

☐ **Bewertung von dezentralen, raumweisen Lüftungsgeräten für Wohngebäude sowie Bestimmung von Aufwandszahlen für die Wärmeübergabe im Raum infolge Sanierungsmaßnahmen**
W. Richter, T. Ender, R. Gritzki, T. Hartmann
Band 67: 2005, 152 S., zahlr. Abb., Tab., Kart.
ISBN 978-3-8167-6631-5 | € 40,– [CHF 64,–]

☐ **Schimmelpilzbildung bei Dachüberständen und an Holzkonstruktionen**
S. Winter, D. Schmidt, H. Schopbach
Band 66: 2004, 135 S., zahlr. farb. Abb., Kart.
ISBN 978-3-8167-6483-0 | € 38,– [CHF 62,–]

Kostenlose Zusendung von:

☐ Newsletter Bauforschung [4 Ausgaben pro Jahr per E-Mail]

☐ Informationen über Neuerscheinungen

Bestellung: Fax 0711 970-2508 oder -2507

Fraunhofer IRB Verlag
Fraunhofer-Informationszentrum
Raum und Bau IRB
Postfach 80 04 69
70504 Stuttgart

Absender ....
E-Mail ....
Straße/Postfach ....
PLZ/Ort ....
Datum/Unterschrift ....

Fraunhofer IRB Verlag • Postfach 80 04 69 • 70504 Stuttgart • Tel. 0711/970-2500 • Fax 0711/970-2508 • irb@irb.fraunhofer.de • www.baufachinformation.de

Fraunhofer IRB Verlag
Der Fachverlag zum Planen und Bauen

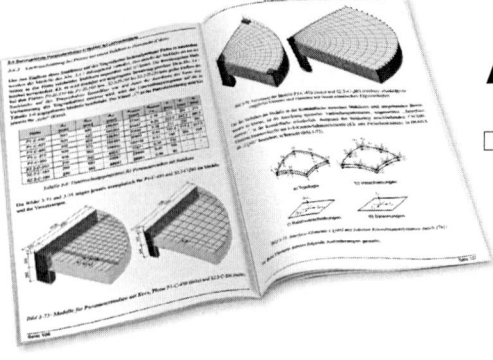

Aus der Reihe Wissenschaft

☐ **Nachweis der Unempfindlichkeit von symmetrischen Satteldächern mit Windrispen und Pultdächern in Nagelplattenbauart gegenüber lokalem Versagen Robustheit**
Martin H. Kessel, Alexander Kühl
Band 38: 2014, 185 S., zahlr. Abb. u. Tab., Kart.
ISBN 978-3-8167-9141-6 | € 30,– [CHF 50,50]
Für die in dem Bericht behandelten Dachkonstruktionen in Nagelplattenbauart wird vorgeschlagen, ihre Robustheit dadurch zu verbessern, dass die Redundanz der Dachkonstruktion erhöht wird, indem z.B. »die Tragelemente der Dachkonstruktion sowie deren Anschlüsse und Stöße so ausgeführt werden, dass bei einem plötzlichen Ausfall eines Haupttragelements die Lasten umgelagert werden können.«

☐ **Diagnostik fachlich-methodischer Kompetenzen**
Daniel Pittich
Band 37: 2014, 249 S., 40 Abb., 39 Tab., Kart.
ISBN 978-3-8167-9125-6 | € 30,– [CHF 50,50]
In der vorliegenden Validierungsstudie wird eine wissensakzentuierte Kompetenztheorie entwickelt und überprüft. Diese Modellierung wird im Rahmen einer empirischen Studie anhand eines spezifischen Verfahrens diagnostisch umgesetzt. Hierbei werden unterschiedliche Verständnisfacetten entlang technischer Artefakte in komplexen beruflichen Handlungen des Tischlerberufs rekonstruiert. Das gesamte methodische Vorgehen wird mit einem durchgängigen Materialbeispiel konkretisiert.

☐ **Zur Durchstanztragfähigkeit lochrandgestützter Platten mit kleiner Lasteinleitungsfläche**
Torsten Welsch
Band 36: 2013, 297 S., zahlr. Abb., Tab., Kart.
ISBN 978-3-8167-9002-0 | € 30,– [CHF 50,50]
Im Rahmen dieser Arbeit wird das Tragverhalten lochrandgestützter Platten mit kleiner Lasteinleitungsfläche mittels FEM-Simulationen untersucht. Auf Grundlage der Simulationsergebnisse werden Bemessungsvorschläge für verschiedene Konstruktionsarten angegeben. Abschließend werden Vorschläge gemacht, mit denen die Simulationsergebnisse in einem zweiten Schritt überprüft werden können.

☐ **Wohnsituation und Wohnwünsche älterer Menschen in ost- und westdeutschen Städten**
Juliane Banse, Andrea Berndgen-Kaiser, u.a.
Band 41: 2015, 133 S., zahlr. Abb. u. Tab., Kart.
ISBN 978-3-8167-9382-3 | € 25,– [CHF 42,90]
Der Bericht betrachtet die Wohnsituation und die Wohnwünsche Älterer 60+. Er präsentiert die Ergebnisse einer vergleichenden empirischen Untersuchung in den vier Fallbeispielstädten Dresden, Döbeln, Dortmund und Arnsberg. Es wurden insgesamt 4.770 mit Fragebogen befragt.

☐ **Theoretische Untersuchung und Entwurf eines Teststandes zur Optimierung von Luftkühlern durch adiabate Kühlung**
Nadine Lefort
Band 40: 2014, 107 S., zahlr. Abb. u. Tab., Kart.
ISBN 978-3-8167-9291-8 | € 25,– [CHF 42,90]
Im Rahmen dieser Arbeit wurde der Effekt der Verdunstungskühlung auf die Energiebilanz und die Wirtschaftlichkeit eines Luftkühlers untersucht. Die so genannte adiabate Kühlung wird durch das Versprühen von Wasser in der Luft erzielt, bevor diese zur Kühlung eines Prozessmediums in den Wärmetauscher eintritt.

☐ **Deutschland 2060. Die Auswirkungen des demographischen Wandels auf den Wohnungsbestand**
Karl-Heinz Effenberger, Juliane Banse, Holger Oertel
Band 39: 2014, 63 S., 21 Abb. u. 48 Tab., Kart.
ISBN 978-3-8167-9281-9 | € 25,– [CHF 42,90]
Die Studie beschäftigt sich mit den Auswirkungen des demographischen Wandels auf die Entwicklung des Wohnungsbestandes. Grundlage bilden eine Analyse zur Bevölkerungs- und Haushaltsentwicklung und deren Hoch-rechnung bis 2060 sowie die Veränderung der Wohnungszugänge und Wohnungsabgänge im Bestand.

☐ **Solarthermie im Denkmalschutz. Beitrag und Untersuchung zur Nutzung von Schiefer als Direktabsorber**
Thomas Duzia
Band 35: 2013, 191 S., zahlr. Abb., Tab. Kart.
ISBN 978-3-8167-8927-7 | € 30,– [CHF 50,50]
Schiefer als ein normaler Dachbaustoff besitzt eine hohe Wärmeleitfähigkeit und ein geringes Albedo. Um Schiefer als passive Absorber auf Dächern zur Vorerwärmung von Luft zu nutzen, fehlten bisher Erkenntnisse, wie die thermischen Reaktionen unter Globalstrahlung von Schiefer ablaufen. Mit einem Prüfstand wurden deshalb in einem Freilandversuch Messungen zum Aufwärmverhalten von Schiefer durchgeführt.

☐ **Mauerwerksanalysen und Verstärkungskonzepte bei Katastrophenlastfällen Bericht 03/02**
Christoph Mayrhofer
Band 34: 2013, 92 S., zahlr. Abb., Kart.
ISBN 978-3-8167-8857-7 | € 25,– [CHF 42,90]
Ziel der Arbeit war, Berechnungsverfahren für auf Biegung beanspruchte gemauerte Wände zu entwickeln, die für Grenzlastzustände Aussagen zum statischen und dynamischen Verhalten ermöglichen. Dazu wurde die Software »Ze-Bau«, Zerstörungskennlinie Bau, erstellt.

☐ **Elektromobilität und Wohnungswirtschaft**
Klaus-Dieter Clausnitzer, Jürgen Gabriel, Marius Buchmann
Band 33: 2013, 137 S., 19 Abb., 22 Tab., Kart.
ISBN 978-3-8167-8855-3 | € 25,– [CHF 42,90]
Elektromobilität ist ein wichtiges Zukunftsthema: Schon 2020 sollen 1 Mio. Elektrofahrzeuge auf deutschen Straßen fahren. Der Verbindung von Elektrofahrzeugen mit den Gebäuden kommt eine besondere Rolle zu. Bisherige Arbeiten fokussieren sich meist auf die Fahrzeuge und auf die intelligenten Kommunikationsnetzwerke. Der vorliegende Forschungsbericht beschäftigt sich dagegen mit den Möglichkeiten und Anforderungen der Wohnungswirtschaft.

Alle Bände der Reihe auch zum Download
www.irb.fraunhofer.de/bauforschung
→ Produkte

Bestellung:
Fax 0711 970-2508 oder -2507

Fraunhofer IRB Verlag
Fraunhofer-Informationszentrum
Raum und Bau
Postfach 80 04 69
70504 Stuttgart

Absender
E-Mail
Straße/Postfach
PLZ/Ort
Datum/Unterschrift